U0225380

中低压直流配用电系统关键技术及应用

刘瑞煌　**主编**

袁宇波　张宸宇　周琦　**副主编**

中国电力出版社
CHINA ELECTRIC POWER PRESS

内 容 提 要

本书结合国内外最新研究进展及工程实证，介绍中低压直流配用电系统关键技术及应用，包括概述、多场景直流配用电系统规划评估技术、直流配用电系统关键装备及原理、直流配用电系统稳定运行及协同控制技术、直流配用电系统故障快速恢复及自愈技术、直流配用电系统工程应用等内容。

本书可供从事交直流配电网、微电网、可再生能源领域研究的专家学者、技术人员，以及高等院校电气工程、电力电子专业的研究生学习参考。

图书在版编目（CIP）数据

中低压直流配用电系统关键技术及应用 / 刘瑞煌主编；袁宇波，张宸宇，周琦副主编. -- 北京：中国电力出版社，2025．1. -- ISBN 978-7-5198-7535-0

Ⅰ．TM727

中国国家版本馆 CIP 数据核字第 2024RQ4774 号

出版发行：中国电力出版社
地　　址：北京市东城区北京站西街 19 号（邮政编码 100005）
网　　址：http://www.cepp.sgcc.com.cn
责任编辑：刘丽平　张冉昕（010-63412364）
责任校对：黄　蓓　李　楠
装帧设计：赵丽媛
责任印制：石　雷

印　　刷：三河市万龙印装有限公司
版　　次：2025 年 1 月第一版
印　　次：2025 年 1 月北京第一次印刷
开　　本：787 毫米×1092 毫米　16 开本
印　　张：18.5
字　　数：438 千字
印　　数：0001—1000 册
定　　价：120.00 元

编 委 会

主　　编　刘瑞煌

副主编　袁宇波　张宸宇　周　琦

参编人员　陈　庆　韩民晓　吴　翊　刘海涛　王守相

　　　　　袁　栋　杨景刚　王议锋　丁　坤　朱　琳

　　　　　王建华　魏星琦　杨　晨　周敬人　董晓峰

　　　　　肖小龙　苏　伟　姜云龙　喻建瑜　贾勇勇

　　　　　郭佳豪　司鑫尧　杨　騉　秦剑华　王鑫达

　　　　　谢文强　葛雪峰　闫安心　张　塱　鹿峪宁

　　　　　何梦雪　彭　湃　汪家铭　杨晓岚

前言

在21世纪的能源革命浪潮中，建设清洁低碳、安全高效的现代化能源体系是我国实现可持续发展的重要战略目标。这一战略不仅关乎国家能源安全和经济结构的优化升级，更是我们对未来绿色、环保、高效能源环境的庄严承诺。其中，大力发展分布式可再生能源技术，是推动我国能源结构转型和能源消费革命的关键路径。然而，要有效提升高渗透率分布式能源的灵活接入、充分消纳和高效利用能力，确保电力系统的安全稳定运行，我们面临着前所未有的挑战和机遇。

随着科技进步和社会发展，大型数据中心、电动汽车充换电站以及通信设备等直流负荷迅猛增长，光伏等直流型分布式电源的大容量分散接入也日益普遍，这导致当前配电网中的荷源储直流特征愈发显著。传统的交流配用电模式因其转换环节繁多、并网难度大、系统效率低下等问题，正面临着严峻挑战。在此背景下，构建一套高效、低耗、可靠的直流配用电系统，成为实现直流型源荷高效匹配的必由之路。

近年来，虽然国内外已经建设了多个中低压直流配用电示范工程，但应用场景单一、核心设备性能差、并网协调及稳定控制技术不成熟等问题，限制了直流配用电系统的进一步发展。因此，面对高比例分布式直流型源荷对电网的灵活接入能力和装备规模化应用提出的更高要求，必须突破现有技术和模式的限制，增强系统的稳定控制与故障自愈能力，满足绿色高效的用能需求，构建一个安全、智能、高效、绿色低碳的能源配置平台。

本书由国网江苏省电力有限公司、西安交通大学、中国电力科学研究院有限公司、天津大学、华北电力大学、南京南瑞继保电气有限公司、东南大学、华中科技大学、国电南瑞科技股份有限公司等单位参与编写，旨在深入探讨直流配用电系统的发展现状、面临的挑战以及未来的发展趋势，提出切实可行的解决策略和技术路径，为实现我国能源战略目标贡献智慧和力量。我们希望本书能为相关领域的研究者、工程师以及政策制定者提供有价值的参考和启示，共同推动我国能源事业的健康发展。

由于编者水平有限，不足和疏漏在所难免，恳请读者不吝指正，万分感谢。

编 者

2024 年 11 月

目录

概　　述

随着大型数据中心、电动汽车充换电站、通信设备等直流负荷的日益增长，以及光伏等直流型分布式电源的高比例、大容量分散接入，当前配电网荷源直流特征愈发显著。直流型分布式电源若通过逆变器接入交流配电网，再通过整流器给直流负荷供电，不仅增加转换环节和并网难度，降低系统整体效率，而且造成电能质量和供电可靠性的下降，因此传统交流配用电模式正面临严峻的挑战。

构建高效、低耗、可靠的直流配用电系统是实现直流型源荷高效匹配的重要途径。国家发展改革委和能源局发布的《能源技术革命创新行动计划（2016—2030年）》已将直流输配电作为现代电网建设的重要研发方向。开展中低压直流配用电系统的关键技术研究和示范，实现直流配用电系统的安全可靠高效运行，对转变传统供用电模式、提高新能源利用率、实现我国社会可持续发展具有重要的里程碑意义。

本章结合国内外研究成果及工程建设，简述直流配用电系统规划评估、关键装备、运行控制、保护方法及示范应用方面的关键技术发展。

1.1　中低压直流配用电系统规划评估

直流配电系统在国内外已广泛应用于工业供电、住宅楼宇供电、交流分区互联、分布式电源接入和数据中心供电等多个领域，在提升电网的自动化和柔性能力的同时，也提高了供电的可靠性，满足高电能质量需求。为推进直流配电系统的普及，各国开展方案研究和示范工程建设验证其可行性和实用性，并制定一系列标准规范，以保障中低压直流配用电系统的稳定高效运行。

电压序列规划方面：中低压直流配用电系统的电压等级序列涵盖中压、低压等多个电压等级，广泛适用于工商业及民用场景。直流电压等级序列配置随着负荷增加以及技术水平进步而调整，是电网规划的关键基础，电压等级序列制定时遵循技术前瞻性、整体优化性、普遍适用性三个原则。目前已经形成 IEC 国际标准《IEC 标准电压》（IEC 60038—2021 IEC Standard Voltages）及国家标准《中低压直流配电电压导则》（GB/T 35727—2017），进一步规范了电压分级。此外直流系统由于其固有的低惯性和弱阻尼特性，对电压波动和干扰更加敏感，这种敏感性使得直流系统在面对电网波动或负载变化时，电压质量容易受到影响。IEC

标准《LVDC systems - Assessment of standard voltages and power quality requirements》明确电能质量标准来指导和规范直流系统的设计和运行，通过设定合适的电压带，减少电压波动，防止电压过高或过低对敏感电子设备造成损害，从而延长设备的使用寿命并减少维护成本，详细分析参见本书 2.2.1 节内容。

直流配电网网架结构方面：直流配电系统中压网架结构可分为辐射式结构、单端环式结构、多端式结构、多端环式结构等。辐射型又称放射型或树型，是配电网中最基本的拓扑结构，适用于电动汽车充换电设施等可靠性要求一般的场所；单端环式取自单个上级电源并采用双路出线形成环型供电网络，满足 $N-1$ 校核，可靠性更高，适用于分布式电源的多点分散接入；多端式结构取自 2 个及以上上级电源，采用单路或双路出线形式，具有很高的供电可靠性；多端环式结构是在多端式结构的基础上，将多电源点出线形成环形网络运行，供电容量大、可靠性高、运行方式灵活，是直流配电系统发展后期的网络形态。低压直流网架可分为辐射状结构、环状结构及多端互联结构。辐射状结构中有用电设备挂接在同一条直流母线上，又可分为单电压等级、多电压等级两类；环状结构利用直流系统可合环运行的特性，在单一直流电压等级上组成环形供电网络，运行方式更为灵活可靠；多端互联结构通过直流系统实现多个交流系统柔性互联，具有多个台区间功率互济、潮流优化及故障转供等功能，详细分析参见本书 2.2.2 节内容。

直流配电系统接线方式方面：直流配电系统的接线形式包括伪双极和真双极两种。伪双极仅需配置一套电源装备及控保装置，经济性较好，但接线在发生单极接地或阀侧单相接地故障时，健全极对地电压可能升至原电压的两倍，因此网侧设备需具备高绝缘性能以承受短时过电压。同时，单极接地故障定位较复杂，接地电阻过大导致故障电流小而难定位，过小则故障电流大，危害设备安全。真双极接线可产生多个电压等级，同时两极独立运行，可靠性较高。但真双级需两套控保设备，控制复杂，投资成本高。此外真双极接线的零电位参考点在直流侧，多电源合环运行时需切换接地点，控制逻辑复杂，详细分析参见本书 2.2.2 节内容。

直流配电系统接地方式方面：低压侧接地方式主要保障人身安全，分为不接地、直接接地和高阻接地三种。对于伪双极接线，不接地方式供电可靠但人身安全性较低，可通过绝缘监测提高安全；正极接地方式供电可靠性低但人身安全性较高。对于真双极接线，中性点直接接地方式确保人身安全但供电可靠性低，可用自动重合闸提高可靠性；中性点经高阻接地提高供电可靠性但安全性较差。中压侧接地方式包括以下四种方式：①联结变压器中性点经电阻接地，优点是配置简单、可靠性高，但要求变压器性能较高，适用于低电压等级；②阀侧星形电抗器接地，能限制短路电流，但可能影响系统电压，且接地系统复杂，占地大；③直流侧经分裂电容接地，电容支撑直流电压，但单极接地故障时电容会迅速放电，导致大电流，影响系统可靠性；④直流侧经分裂电阻接地，结构简单、成本低，但在正常运行时功率损耗较大，适用于交流侧无接地条件的场合，详细分析参见本书 2.2.3 节内容。

1.2 中低压直流配用电系统关键设备

中低压直流配电系统的关键设备主要包括交直流变换器、直流断路器、直流变压器、直

流传感器和直流用电装备等，各类装备的技术难题及主要技术路线如下。

直流断路器的主要功能是执行正常运行中的倒闸操作，并在发生故障时快速可靠地切断直流电流。与交流电流相比，直流电流无自然过零点，灭弧难度大，其技术核心在于创造人工过零点开断电流。目前，直流开断的常见方案包括机械式直流断路器、固态式直流断路器和混合式断路器等。机械式断路器通过引入振荡电路人为制造过零点，利用机械开关实现电流的开断，但小电流下开断时间过长；固态式断路器（又称静态断路器）由全控型电力电子器件构成，通过电力电子开关开断故障电流，具备快速响应的特点，但正常运行时由于电力电子器件管压降造成损耗大，且需配置水冷；混合式断路器则结合了机械开关和电力电子器件，主电路与泄放电路采用不同的实现方式，具有开断速度快、开断电流大的优势，但价格昂贵，不同技术路线直流开断方案技术原理及适应性详见 3.1 节内容。

直流变压器的核心功能是实现不同直流电压等级间的高效能量转换。目前技术路线包括基于模块化多电平换流器（Modular Multilevel Converter，MMC）的拓扑、多电平扩容技术以及非隔离型结构等。其中，串入并出（Input Series Output Parallel，ISOP）结构凭借其卓越的性能、较高的技术成熟度以及良好的故障穿越能力，已成为当前广泛应用并深入研究的主流技术路线，可分为谐振型及移相型两种方案，其中谐振型软开关实现好、效率高，无需配置大电感，但调压性能较弱，常用于小功率紧凑型场景；移相型调压性能好，但需要配置较大电感，常用于大功率变换场景，详细技术原理见第 3.2 节。直流变压器作为一种弱阻尼系统，其故障穿越能力较弱，同时直流变换器的体积较大、效率提升空间有限。因此当前直流变换技术的研究重点集中于进一步提高系统的故障穿越能力和能量转换效率，同时优化结构设计以减小设备体积。

交直流变换器（AC/DC 变换器）的主要功能是实现交流电与直流电之间的高效能量转换。目前，两电平换流器、三电平中点箝位（Nautral-Point-Clamped，NPC）换流器以及 MMC 换流器是柔性直流输电系统中最主要的电压源换流器（Voltage Source Converter，VSC）拓扑结构，其中 MMC 换流器因其模块化特性得到了广泛应用。MMC 通过采用低压器件实现高电压输出，有效避免了开关器件直接串联时的均压问题，适用于高压大容量场景。其电压和容量等级具有良好的扩展性，且便于工程化实施，在高压柔性直流输电中具有显著优势，其详细技术原理见第 3.3 节。在中低压直流配用电系统中，由于设备对占地空间的要求较为严格，现有技术难题在于如何开发紧凑型柜式换流器以减少占地面积和成本、提高经济效益，并降低设备的安装与维护难度。

直流传感器是一类专用于检测直流电压或电流信息的传感设备，通过将感知到的物理量转化为电信号，满足自动化系统中信息采集、传输、处理、显示和控制的需求。中压直流电压传感器通过分压电阻原理实现工作，传感器将分压电阻并联在被测元件两端，通过采集分压电阻上的电压降输出信号。中压直流电流传感器基于分流器、电流互感器、霍尔效应和磁通门等技术实现对直流电流的检测和信号转换。直流传感技术详细技术原理见第 3.4 节。当前直流传感器面临的主要挑战包括抗干扰能力不足和测量精度低，特别是在强电磁干扰或噪声环境中，信号可能失真或精度下降，影响测量结果的可靠性。为解决这些问题，研究重点在于提高抗干扰设计、优化测量原理与算法，并采用分时采样和自校准技术，以确保测量的

准确性。

直流适配器是一种用于直流配电系统中实现电源与负载之间电能转换的关键装备。直流适配器通常采用隔离型 DC/DC 变换器，其中 DAB、LLC 和 CLLC 结构是常见的研究和应用类型。直流适配器主要的技术难点包括如何选择合适的工作频率以平衡变换器的功率密度与效率，以及如何实现零电压开关（Zero Voltage Switch，ZVS）和零电流开关（Zero Current Switch，ZCS）等软开关技术，以进一步提高变换器的转换效率，其详细技术原理见第 3.5 节。为解决这些问题，研究方向主要集中在优化变换器拓扑结构、提高开关频率的同时降低开关损耗，以及在实现高效能量转换的基础上提高系统的稳定性和可靠性。

1.3 中低压直流配用电系统运行控制

直流配电网通常采用分层运行控制框架，包括物理控制层、就地控制层和系统控制层，各层在时间尺度和控制目标上各有侧重，协同实现配电网的高效稳定运行。

物理控制层主要包括交直流负荷、新能源发电、储能系统以及多端 DC/AC 换流器等设备，其核心功能是实现底层的装置级控制。每个换流器（包括 VSC 或 DC/DC 变流器）都具有调制和基本控制功能。通过 PWM 调制技术，物理控制层生成触发脉冲，并实时监控阀组状态，以控制开关器件。该层主要接收换流器或其他变流装置的控制指令（如调制比和移相角），并通过触发脉冲实现精确操作。物理控制层的时间尺度通常为毫秒级，确保快速响应，同时为上层控制提供稳定基础。就地控制层是装置级的运行控制，主要通过实时量测的电气量信息对直流配电网内的各装置或子系统进行快速调节。其基本功能是维持直流电压稳定，确保系统在受到扰动时能够实现快速功率平衡和动态稳定。直流配电网的低惯性和大量可控换流装置，使其对控制策略的要求更高，仅依靠单个换流站的控制难以保证多个运行状态下的稳定性，需要通过多换流站的协同控制实现电压调节和功率平衡。就地控制器的实际策略因配电网的运行特性、拓扑结构和功能不同而有所区别，但其共同目标是对电压进行快速调节，使电压偏移量保持在可接受范围内。常用控制技术包括主从控制、下垂控制和裕度控制等。这些技术通过调整换流器的输出功率，实现快速响应并保证系统的稳定性。就地控制的时间尺度通常为秒级，是直流配电网快速稳定运行的重要保障。系统控制层是直流配电网分层控制的最高层，专注于长时间尺度下的全局优化和协调控制，时间尺度通常为分钟级。其核心任务是维持系统的能量平衡，优化整个直流配电网的运行状态。

同时根据系统控制目标的不同，直流配电网控制可分为一次控制、二次控制和三次控制。一次控制是最基本的控制层，通常包括本地控制，如恒压控制或恒功率控制，其响应速度快，但控制精度相对较低。在直流配电网控制中，通常采用下垂控制对单个换流器的电压和功率进行控制。二次控制主要目标是恢复由一次控制引起的系统偏差，通过通信采集相邻换流器的电压和功率信息，加入一次控制中，解决一次控制带来的电压跌落问题，可实现对局部网络的协调优化。三次控制主要解决秒级甚至分钟级的控制问题，通过系统全局通信与能量优化调度，达到系统监控和保护、电网经济优化运行等目标。

1.4　中低压直流配用电系统保护方法

中低压直流配用电系统的保护技术是保障系统稳定、安全运行的关键，但由于直流配电系统的故障特性复杂，现有保护技术仍面临诸多挑战。

直流配电系统的保护方法分为非单元式保护和单元式保护两大类。非单元式保护依赖单端测量值，无明确保护区域，具备后备保护能力，主要包括过电流保护、距离保护、微分欠压保护和电流微分保护。单元式保护则通过比较保护区域内各端测量值实现动作，具有明确的保护区域，典型方法为差动保护。过电流保护因原理简单、配置成本低，被广泛应用于简单直流系统，但受过渡电阻和网络复杂性的影响，选择性和速动性较差。差动保护通过比较线路两端电流幅值，减少了对故障类型和过渡电阻的依赖，但易受通信延迟和数据同步问题影响，在高速电流变化情况下，可能导致保护动作失误。微分欠压保护利用电压的变化率作为保护判据，结合低压保护实现故障检测，但受故障位置和运行条件的影响较大，可靠性和整定性不足。距离保护在直流系统中的应用尚处于探索阶段，因暂态振荡和阻抗测量精度问题，难以满足快速、精确保护的要求。电流微分保护通过检测电流变化率实现保护，但整定值受故障条件的限制，对采样精度要求较高，详细分析参见本书5.3节内容。

直流配电系统的主要故障类型包括极间短路、单极短路和线路断线故障，其故障机理与换流阀的拓扑结构及控制方式密切相关。直流配电系统故障特性通常表现为非周期性、非线性，且变化速度快、幅值高，尤其在双极短路故障中，故障电流可在毫秒级时间内迅速达到峰值，对保护系统的速动性和可靠性提出了极高要求。中低压直流配用电系统的保护方法需要同时具备快速响应、选择性动作和高可靠性的能力，详细分析参见本书5.1节内容。

现有直流配电系统保护面临直流保护设备研发滞后、故障电流特性极端、保护原理与整定复杂、故障定位与隔离困难、通信延迟等问题，其研究重心在于保护设备更迭、故障特性分析、保护原理优化和通信技术更新等方面。

1.5　中低压直流配用电系统示范应用

在全球能源转型和碳中和目标的背景下，中低压直流配用电系统逐渐成为能源利用高效化、低碳化的重要手段。直流供电系统以其高效的能量传输能力、可再生能源的良好兼容性，在数据中心、船舶岸电、轨道交通、离网制氢、新能源直流汇聚送出等多个应用领域实现了创新应用。

数据中心应用场景：数据中心的负荷主要包括 IT 负荷和行间空调负荷，在 A 类数据中心，IT 负荷采用 2N 冗余供电架构，确保在任一路电源故障时无缝转供，并配备蓄电池组，可靠性高。IT 负荷具有直流化趋势，现有交流供电需多级变换，采用直流供电可减少变换级数，显著提升效率。行间空调负荷为变频类，直流化供电省略变频电机前级 AC/DC 变换器，并利用回馈能量，提高系统效率。直流配电系统设计简洁，支持更高功率密度，适应数据中心增长的计算需求。通过优化配电路径和减少电缆损耗，有限空间内提供更高电力供应能力，

其低电磁辐射特性有效降低电磁干扰，提升敏感电子设备的稳定性，对数据中心电磁环境优化至关重要。

船舶岸电应用场景：随着船载系统电气化水平的提高，配电系统成为船舶设计和建造中的关键因素。相比三相交流配电系统，两相直流系统在船舱布线时减少一条线路，便捷且可靠性高，无需考虑发电机功角稳定、频率稳定和无功功率等问题，因此在船舶供电中广泛应用。船载直流系统的电压等级通常在 1kV 到 6kV 之间，由发电机、直流母线、整流器、逆变器、斩波器、开关设备、配电板及负载组成，结构分为辐射型和环形两种。多数商用船舶采用辐射状配电架构，配置前后两个相互隔离的电源，各自向不同负荷供电。该架构形式简单、节省空间、断路器数量少，适合电力要求和电气负载较少的小型船舶，如渔船、渡轮等。对于大型船舶，如游轮、海军舰艇，采用环形供电网络，划分为相对独立的区域，各区域电气隔离，发生故障时通过跳闸断路器隔离故障，提高供电稳定性和安全性，满足更高的供电可靠性要求。

轨道交通应用场景：在轨道交通领域，地铁供电系统广泛采用 750V 或 1500V 直流供电制式。地铁供电系统通过从城市电网引入电力，经过交-直-交变换为机电系统供电。地铁供电采用双母线系统，包括直流工作母线和旁路母线，每条母线由两路进线供电，正母线连接断路器，负母线连接电动隔离开关，便于自动化和远程调度。直流配电系统单极运行，形成接触网—机车—铁轨供电回路，以铁轨为参考电位。直流母线连接四条馈线，分别为上下行轨道供电，馈线开关通过上网柜与轨道连接，四路馈线通过电动隔离开关与备用母线相连，工作母线和备用母线之间使用直流快速断路器作为旁路开关，确保供电可靠性和灵活性。

离网制氢应用场景：在大规模新能源接入背景下，源荷不平衡问题日益突出，绿电制氢成为解决此问题的重要手段。制氢电解系统集成光伏发电和储能，通过功率转换器提供稳定可靠的低压直流电源，以支持电解反应产生氢气和氧气。绿电制氢充分消纳新能源，对新能源出力波动性不敏感，考虑到光伏、风电、制氢负荷的直流化特性，采用中压直流汇聚绿电，低压直流制氢可缩短建设周期，并便于新能源接入。应用直流配用电系统离网制氢，可促进新能源就地高效消纳，是未来绿电制氢的重要发展方向，已在多地实际应用。

新能源直流汇聚送出应用场景：分布式光伏、集中式光伏和海上风电的装机规模迅速增长。对于远海风电，由于交流传输的容量和距离限制，传统的交流汇集方式因海缆电容大，导致无功损耗和过电压问题，同时需建设海上升压站和换流站，投资高且占地大。直流汇聚送出可有效解决上述问题，减少海上平台面积和投资成本。集中式光伏多分布于沙戈荒等偏远地区，传统交流系统面临极弱电网问题，中压直流汇聚便于新能源和储能接入，通过集中换流或就地制氢消纳，提升电网稳定性和可靠性。分布式光伏接入传统交流系统面临调控困难、反向超重载和电压越限等问题，采用低压直流线路汇聚，通过 AC/DC 变流器和光伏升压变压器并网，可增加供电半径和集中调控能力，节约线路成本和避免电能质量问题。

多场景直流配用电系统规划评估技术

2.1 多电压等级直流配用电系统应用场景

2.1.1 变频类负荷

2.1.1.1 场景分析

变频类设备应用广泛、用电负荷规模较大，同时变频器拓扑中有直流环节，具备直流化改造潜能，其原因有：①变频器采用直流电源直供可省去一级交直流变换环节；②变频电机在制动过程中转子动能转化成回馈电能，采用交流供电方式时多通过制动电阻就地泄能，直流化改造后，制动电能通过直流回路回馈至电网中，能量利用效率得到提升，如图2-1所示。

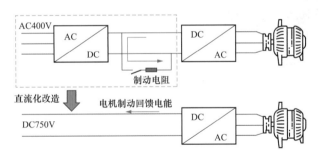

图 2-1　变频器直流化改造示意图

变频类设备的应用范围已覆盖多种国民经济领域，包括公用工程、市政、煤炭、油气开采、石化、塑胶、纺织化纤、食品饮料行业等，主要有火力发电、港口岸电、石油化工、建筑楼宇四大典型场景，如表2-1所示。

根据供电容量及输入电压划分，变频器可分为单相变频器和三相变频器。根据电能质量要求，变频器又分为具备功率因数校正（Power Factor Correction，PFC）电路与不具备功率因数校正电路两类。通过拓扑归纳分析，将目前广泛应用的变频器分为单相含PFC类、三相不控整流类、三相半控整流类及三相全控整流四大类，各类变频器的主要应用范围如下：

（1）单相含PFC类变频器

单相含PFC类变频器以小容量应用为主，如家用空调、洗衣机及小型传送机等。

表 2-1 工商业典型应用变频电机种类及用途

设备种类	用途
火力发电场景	
鼓风机、引风机	向锅炉内吹进空气并抽取炉膛内的热烟气
煤矿传送机	在煤炭采掘、生产、转运、加工过程中传输煤矿
船舶岸电场景	
龙门起重机	用于安装大型设备和起重货物
港口输送机	在散货专业化码头港口运输大宗干散货的机械
岸边起重机	专门用于集装箱码头对集装箱船进行装卸作业的专业设备

设备种类	用途
建筑楼宇场景	
电梯、扶梯	服务于规定楼层的固定式升降设备
中央空调离心机	使气体在惯性离心力作用下从出口甩出，实现气体压由低压区到高压区的转换
石油化工场景	
输油泵	保证柴油在低压油路内循环，并供应足够数量及一定压力的燃油给喷油泵
熔体泵	用于高温、高粘度聚合物熔体的输送、增压和计量
注塑机	利用塑料成型模具将热塑性塑料或热固性塑料制成各种形状的塑料制品

设备种类		用途
	中空成型机	将压缩空气通入处于软化状态的热塑性塑料中，将塑体吹附到一定形状的模腔制成塑料制品
	空气压缩机	一种压缩气体的设备，用于化工行业中某些材料的合成及聚合，也可用于制冷、混合气体的分离
	回转窑	使燃料充分燃烧，物料接受热量后发生一系列的物理化学变化，形成成品熟料
	游梁式抽油机	通过驱动抽传动装置，提取渗透到柱塞中的原油
	矿井提重机	用于竖井和斜井，提升煤炭、矿石、矸石以及升降人员、下放材料、工具和设备

（2）三相不控整流类变频器

三相不控整流类变频器广泛应用于化工化纤、半导体及食品等行业，以交流 400V 电压等级、35～160kW 容量为主。

（3）三相半控整流类变频器

三相半控整流类变频器的电压等级包括交流 400V、690V，常见容量范围为 110～450kW，典型应用有空分泵、鼓风机及大容量空气压缩机等，与半控形整流器相比，具有调压功能。

（4）三相全控整流类变频器

三相全控整流类变频器主要适用于谐波治理、电机能量回馈电网的场合，以交流 690V 电压等级、75kW 以上容量为主，典型应用如岸电、煤矿等场景下的提升泵。

综上所述，工商业领域内变频电机技术路线及典型参数如表 2-2 所示。

表 2-2　　　　　　　　　工商业变频电机技术路线及典型参数表

应用场景	设备类别	设备名称	设备功能	技术路线	电压等级（V）	典型容量（kW）
石油化工	泵	水泵、输油泵、料浆输送泵、空分泵、排浆泵	主要用于输送流体或使流体增压	三相不控整流类	AC400	37～110
		熔体泵、空分泵		三相半控整流类	AC400 AC690	110～355
船舶岸电		提升泵	主要用于物体提升	三相全控整流类	AC690	75～4000
石油化工	风机	鼓风机、引风机、排风机、轴流风机、废气风机	主要用于提高气体压力并排送气体	三相不控整流类	AC400	37～160
火电厂		鼓风机、引风机		三相半控整流类	AC690	2400
石油化工	注射机	包括注塑机、中空成型机等	主要用于加热塑料、空气，并对其施加高压，使其射出而充满模具型腔	三相不控整流类	AC400	18.5～75
建筑楼宇	压缩机	家用空调、冰箱	主要用于将低压气体提升为高压气体	单相含 PFC 类	AC220	1～3
石油化工		工业空调、制冷系统、空气压缩机		三相不控整流类	AC400	1～110
		空气压缩机		三相半控整流类	AC400	110～450
火力发电	传送机	煤矿传送机、生产线传送机、物流传送机、行李传送机、回转窑等	主要用于颗粒、粉状、块状物料的水平传送、倾斜传送、垂直传送等	单相含 PFC 类	AC220	2.2～5.5
				三相不控整流类	AC400	2.2～45

2.1.1.2　典型交流供电方案

如图 2-2 所示，常见的不控整流类交-直-交变频器整体结构包括不控整流电路、软启电路、带电指示灯、制动电路和变频电路。

不控整流电路的作用是将交流电能转换成直流电能并供给直流母线。

软启电路的作用是在启动的时候限制直流母线电容充电电流，充电完成后旁路电阻。

带电指示灯的作用是当变频器直流母线带电后会显示有电状态，此时交流电机可以进行下一步启动。

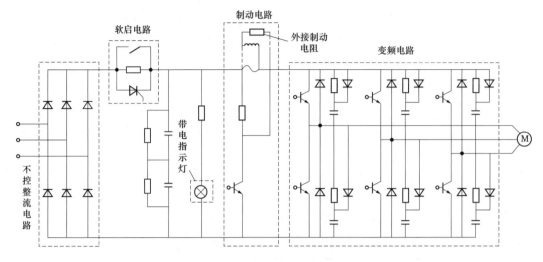

图 2-2　不控整流类变频器结构

制动电路的作用是当负荷需要停机或制动时，能量将由电动机的动能转换为电能回馈变频器，并给直流母线电容充电。当母线电容电压过高时，制动回路导通，电容电压通过 LC 电路进行放电。制动功率越大时，放电电阻越小。对于 15kW 以下的电机，一般在变频器内部集成制动电阻；对于 15kW 以上的电机，由于电阻体积过大，一般采用外接电阻的方式，此时需引出电机的直流母线，该特性也便于变频电机进行直流化改造。

变频电路的作用是将直流电能转换为频率幅值可调的交流电能以控制电机旋转。

应当指出，上述结构的变频器适用于无需频繁启停的电机（如起重机），当带载电机频繁启停时，由于制动电路需要频繁投入，容易造成制动电阻过热，此时也可采用图 2-3 所示的全控型变频器将该部分能量通过逆变变换回馈给电网。

变频器的主电路可分为如下四类：

（1）单相含 PFC 类变频器

如图 2-3 所示，单相含 PFC 类变频器由桥式不控整流、功率因数校正（PFC）环节、直流环节及逆变模块组成。整流模块将单相交流电转化为直流电，并存储在直流环节的电容中；逆变模块由可控器件构成的三相逆变桥组成，将存储在电容中的直流电逆变为频率可变的交流电。

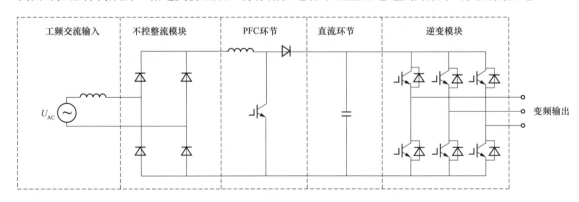

图 2-3　单相含 PFC 类变频器结构示意图

功率因数校正电路通过增加斩波环节来抑制电流波形的畸变，提高电路功率因数，同时维持输出侧母线电压稳定，改善电能质量。

（2）三相不控整流类变频器

如图 2-4 所示，三相不控整流类变频器经整流、逆变模块将三相工频交流电压转化为直流电压，再逆变为频率可调的交流电。其中，整流模块由三相不控桥式整流回路构成。

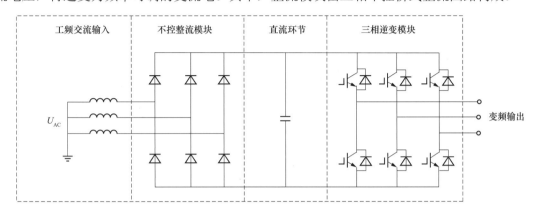

图 2-4　三相不控整流类变频器结构示意图

由于采用不控整流器件，该类变频器输出的直流电压不可调，且整流输出电流呈尖峰状脉冲，谐波含量大，功率因数低。工程上，通常在变频器前端加装无源滤波电路或有源滤波器（APF）以改善波形，并在 10kV 母线上加装无功补偿装置以提高功率因数。

（3）三相半控整流类变频器

如图 2-5 所示，将不控整流模块中的上桥臂二极管用晶闸管代替，构成三相半控整流类变频器，能够实现输出直流电压可调，改善设备性能，同时半控整流电路可以在启动过程中控制启动电流，因此通常在驱动大功率电机时使用，但仍存在功率因数较低、谐波含量较大的不足。

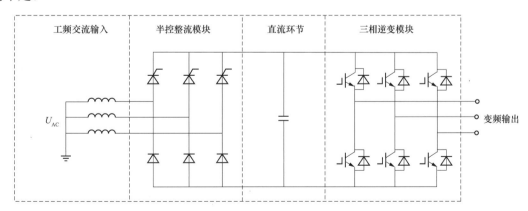

图 2-5　三相半控整流类变频器结构示意图

（4）三相全控整流类变频器

如图 2-6 所示，采用全控型器件构成整流模块，能够实现直流输出电压可调和能量回馈

电网，同时获得更高的功率因数与更优的谐波性能，适用于需要频繁启停制动的电机类负荷。

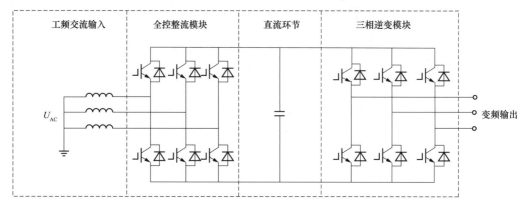

图 2-6　三相全控整流类变频器结构示意图

三相全控整流类变频器的运行方式分为整流供电与能量逆回馈电网两种。在整流供电运行方式下，可等效为不控整流拓扑；在能量回馈电网运行方式下，由该环节的全控型器件实现直流逆变功能。

2.1.1.3　直流化供电方案

以典型的三相不控整流类变频器拓扑为例，介绍四种直流供电改造方案。

1. 交直流混供（直流无变换）方案

当交直流输入电压相互匹配，即直流输入电压略大于三相全桥不控整流输出电压 $1.35U_{AC}$ 时，可采用直流直供方案，即直流电源经止逆二极管直接并联接入变频器，如图 2-7 所示。

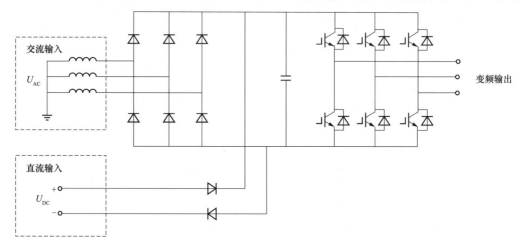

图 2-7　交直流混供（直流直供）方案

考虑到交流输入电压波动以及不控整流电路的控制精度与输出电压纹波，当交流变频器供电电压为交流 380～400V 时，变频器内部直流母线的电压维持在 520～560V。当直流输入电压为 580V、略大于 520～560V 时，交流供电系统处于热备用状态，由直流电源为负载供电。

由于现行标准及实际工程的直流电压大多选取 750V，若采用该直流直供方案，要求直流输入电源上级的变换器具有较宽的输出电压可调节范围，或者变频器选用直流母线电压为

750V 的变频器，以满足交直流输入电压相互匹配的需求。

2. 交直流混供（直流非隔离变换）供电方案

当交直流输入电压不匹配时，需在变频器直流输入前级增加直流变换环节（DC/DC）。DC/DC 又分为非隔离型和隔离型两类拓扑。

对于非隔离型 DC/DC，典型拓扑为 Buck-Boost 电路，如图 2-8 所示。通过增加一级电压变换电路，可以提高输入电压范围，满足多等级的直流电压输入。

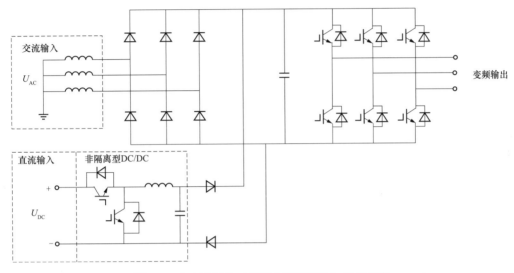

图 2-8　交直流混供（直流非隔离变换）供电方案

应当指出，对于前述两种方案，均需采用浮地的运行方式，同时应防止直流侧发生接地故障。以交直流混供（直流无变换）方案为例进行说明，如图 2-9 所示，若直流侧发生故障，则存在交流电源—不控整流—逆变器—电机—直流电源—接地点的故障回路。同时由于该故障电流较小，保护装置无法跳闸，变频器系统可能长期带电运行，接地点处电流将引起拉弧，危害变频器系统安全稳定运行。采用直流系统绝缘监测装置可预防上述故障，当绝缘监测装置告警时，应断开直流或交流回路，避免交直流回路产生供电环流。

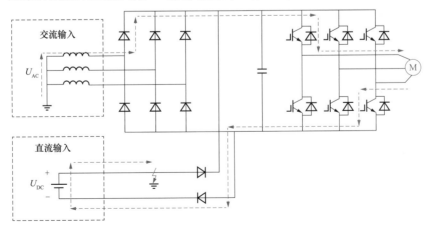

图 2-9　直流非隔离系统产生的故障环流图

3. 交直流混供（直流隔离变换）供电方案

为预防发生图 2-9 所述的交直流故障环流，也可采用隔离型 DC/DC 装置供电，其典型拓扑为如图 2-10 所示的 LLC 谐振型电路。

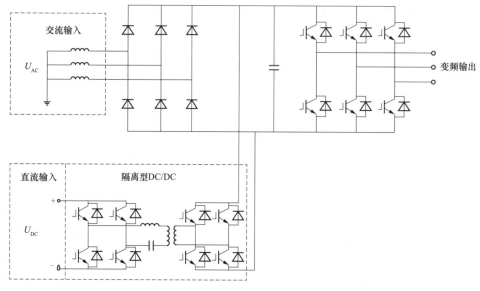

图 2-10　交直流混供（直流隔离变换）供电方案

由于隔离型 DC/DC 本身具备前后级故障电流隔离功能，因此可以不再设置防逆流二极管。

4. 纯直流供电方案

采用纯直流供电方案时，可取消原有交流输入滤波、整流变换及制动电路环节，仅通过直流电源输入与单级 DC/AC 变换电路实现交流变频输出，如图 2-11 所示。

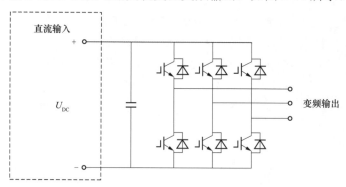

图 2-11　纯直流供电方案

2.1.1.4　能效对比分析

1. 效率计算

（1）单相含 PFC 类变频器效率计算

整流电路在低电压输出条件下一般采用肖特基二极管整流，开关速度快、正向电压低。但是肖特基二极管的正向电压降和整流输出电流的大小有关，整流输出电流越大，则正向电

压降越大，约为 0.5～0.6V。

二极管损耗的计算公式为

$$P_{\text{diode}} = \frac{2}{T}\int_0^{T/2} U_{\text{fw.d}}i_{\text{in}}(t)\mathrm{d}t = \frac{2\sqrt{2}}{\pi}U_{\text{fw.d}}I_{\text{in}} \tag{2-1}$$

式中：P_{diode} 为二极管损耗功率；T 为工频周期；$U_{\text{fw.d}}$ 为二极管正向导通压降；i_{in} 为二极管导通电流瞬时值；I_{in} 为二极管导通电流有效值。

二极管效率的计算公式为

$$\eta_{\text{diode}} = \left(1 - \frac{2\sqrt{2}U_{\text{fw.d}}}{\pi U_{\text{in}}}\right)\times 100\% \tag{2-2}$$

由式（2-2）可知，二极管效率与输入功率无关，轻载和重载下效率一致。假设家用电器功率为 1.5kW，二极管正向导通压降为 0.55V，已知输入电压 220V，工频周期 0.02s，代入式（2-1）计算得到单个二极管损耗功率为 3.375W，整流电路二极管同时导通，总体损耗为 6.75W，效率为 99.55%。

以单开关 Boost 型 PFC 电路、MOSFET 使用英飞凌 CoolMOS 为例，各部分损耗计算公式如下：

电感损耗的计算公式为

$$P_{\text{R.PFC}} = I_{\text{in}}^2 R_{\text{PFC}} + 4.885\times 10^{-5}\times f^{1.63}B^{2.62}W \tag{2-3}$$

式中：等式右边第一项为电感直流电阻损耗，R_{PFC} 为电感电阻，I_{in} 为二极管导通电流有效值；第二项为电感磁芯损耗，f 为频率，B 为磁通密度，W 为损耗系数。

MOSFET 的损耗计算公式为

$$P_{\text{MOSFET1}} = \left(\frac{3}{4} - \frac{64}{9\sqrt{2}\pi}\right)I_{\text{in}}^2 R_{\text{MOSFET}} + \frac{\sqrt{2}U_{\text{o}}I_{\text{o}}t_{\text{on}}}{3\pi T_{\text{s}}} + \frac{\sqrt{2}U_{\text{o}}I_{\text{o}}t_{\text{off}}}{\pi T_{\text{s}}} + P_{\text{C}} \tag{2-4}$$

式中：等式右边第一项为导通损耗，R_{MOSFET} 为等效电阻；第二项为开关开通损耗，U_{o} 为输出电压，I_{o} 为输出电流；第三项为开关关断损耗；第四项为电容损耗。

电感直流电阻损耗为 0.16%，电感磁芯损耗为 0.19%，MOSFET 导通损耗占比为 0.23%，开关及电容损耗占比为 0.46%，总计损耗为 1.04%，功率因数校正回路整体效率为 98.96%。

综上，针对单相含 PFC 类变频器，二极管整流回路和功率因数校正回路的综合效率为 99.55%×98.96%=98.51%。

（2）三相不控整流类变频器效率计算

纯阻性负载下，一周期内单个二极管损耗可用下式近似计算

$$P_{\text{diode}} = \frac{6}{TR}\int_{T/6}^{T/3} U_{\text{fw.d}}U_{\text{in}}(t)\mathrm{d}t \tag{2-5}$$

式中：P_{diode} 为二极管损耗功率；T 为工频周期；R 为二极管等效导通电阻；$U_{\text{fw.d}}$ 为二极管正向导通压降；U_{in} 为二极管电压瞬时值。

同一时刻整流桥上下桥臂各有一个二极管导通，输入功率为

$$P_{\text{diode}} = \frac{6}{TR}\int_{T/6}^{T/3} U_{\text{in}}^2(t)\mathrm{d}t \tag{2-6}$$

二极管效率的计算公式为

$$\eta_{\text{diode}} = \left(1 - \frac{3\sqrt{2}U_{\text{fw.d}}}{\pi U_{\text{in}}}\right) \times 100\% \tag{2-7}$$

式中：U_{in} 为二极管电压有效值。

由式（2-7）可知，二极管效率与输入功率无关，轻载和重载时效率一致。

考虑单桥臂二极管反向峰值耐压为交流线电压峰值（537.4V），选取快恢复二极管 1N5406G 为参考，二极管正向导通压降为 1.1V，已知输入电压为 380V，工频周期为 0.02s，代入式（2-7）计算得到二极管效率为 99.6%。

综上，针对三相不控整流类变频器，整流回路的效率为 99.6%。

（3）三相半控整流类变频器效率计算

三相半控整流器的运行损耗主要由功率器件的导通损耗、开关损耗及无源器件损耗组成。其中，功率器件导通损耗的计算公式为

$$P_{\text{con}} = U_{\text{CE0}}I_{\text{C,avg}} + R_0 I_{\text{C,rms}}^2 + U_{\text{FD0}}I_{\text{D,avg}} + R_{\text{FD0}}I_{\text{D,rms}}^2 \tag{2-8}$$

式中：U_{CE0} 为饱和电压；R_0 为通态电阻；$I_{\text{C,avg}}$、$I_{\text{C,rms}}$ 分别为流过 IGBT 的平均电流值和有效电流值；U_{FD0}、R_{FD0} 分别为快恢复二极管的饱和电压和通态电阻；$I_{\text{D,avg}}$、$I_{\text{D,rms}}$ 为流过快恢复二极管电流的平均值和有效值。

功率器件开关损耗的计算公式为

$$P_{\text{sw}} = (E_{\text{sw,on}}^* + E_{\text{sw,off}}^*)f_{\text{sw}} + E_{\text{D,rec}}f_{\text{sw}} \tag{2-9}$$

式中：$E_{\text{sw,on}}^*$、$E_{\text{sw,off}}^*$ 分别为 IGBT 平均开通能量损耗和平均关断能量损耗；f_{sw} 为开关频率；$E_{\text{D,rec}}$ 为极管的反向恢复损耗能量。

无源器件损耗的计算公式为

$$P_{\text{LC}} = 6.5 f_{\text{sw}}^{1.51} B^{1.74} W_{\text{Fe}} + \frac{\rho_{\text{Cu}} l_{\text{L}}}{A_{\text{w}}} I_{\text{L,rms}}^2 + R_{\text{C,ESR}} I_{\text{C,rms}}^2 \tag{2-10}$$

式中：f_{sw} 为开关频率；B 为磁芯磁通密度；W_{Fe} 为磁芯的重量；ρ_{Cu} 为绕组电阻率；l_{L} 为绕组长度；A_{w} 为绕组的横截面积；$I_{\text{L,rms}}$ 为流过电感电流的有效值；$R_{\text{C,ESR}}$ 为滤波电容的等效串联电阻值；$I_{\text{C,rms}}$ 为流过电容电流的有效值。

综上，针对三相半控整流类变频器，整流回路的效率在 99.2%。

（4）三相全控整流类变频器效率计算

三相全控整流类变频器在整流供电运行方式下采用定直流电压控制，做 PWM 控制，根据式（2-8）和式（2-9）计算，其运行效率典型值为 98.5%。

（5）Buck-Boost 直流变换器

Buck-Boost 直流变换器的运行损耗主要由功率器件的导通损耗、开关损耗及无源器件损耗组成。基于式（2-8）～式（2-10）的损耗模型，计算可得 Buck-Boost 的变换效率约为 99.5%。

（6）LLC 谐振型直流变换器

由于 LLC 谐振型直流变换器的运行效率与电压等级、容量、运行方式以及安装方式、冷却方式等多种因素相关，解析计算较为复杂。

通过文献检索及市场调研，LLC 谐振型直流变换器的效率约为 97%～98.5%。

2. 效率对比

由于四类典型变频器拓扑及四种直流改造方案中均含有后级三相逆变模块，假设其效率为 98.5%，综合上述计算结果，三类变频器直流化改造前后拖动电机的效率对比如图 2-12 所示。

图 2-12 表明，当变频器拖动电机时，针对三相不控整流类、三相半控整流类变频器，直流化供电后效率提升有限；针对单相含 PFC 类变频器和三相全控型变频器，采用直流直供方案或直流非隔离变换供电改造方案，在一定程度上可以提高用能效率。

对于制动运行的工况，采用三相不控整流、三相半控整流电路时，制动功率均消耗在制动电阻上，无法回馈电网。

以吴江示范工程 HS 塑胶工业园注塑机运行实测曲线为例进行说明。当注塑机采用交流供电方式时，其直流母线电压、交流输入侧电流呈周期性变化，变化周期为 42.5s，如图 2-13 所示。其中，直流母线电压在一个周期内有明显波动，如图 2-14 所示，波动幅值为 548～672V（交流 400V 输入时，直流母线正常值约为 540V），波动时间为 1.064s。该周期性现象是由于注塑机周期性的工作流程所致，在一个模具制造结束后，伺服检测到没有负载后三相输出电压变为 0V，此时电机失电处于一个能量返送的过程，多余的能量回馈到伺服驱动器的电容中，导致直流母线电压突升。

综合上述分析，采用三相不控整流、三相半控整流电路时，每个周期内回馈能量都以热损耗的方式耗散掉，降低了整体运行效率，而采用直流化供电时可以几乎无损的将制动功率回馈直流电网。因此，在起重机、磕头机、岸电、港电系统等需要频繁启停电机的场合，采用直流化供电具有一定的能效优势。

此外，从电能质量角度来看，采用直流直供或直流变换电路代替整流模块，可以减少电流谐波含量，提高功率因数。若采用交直流混供方式，还能够有效改善由电压暂降引起的变频器保护及装置失电问题，提高用户供电可靠性。

综上所述，对于需频繁启停的变频电机、港电、岸电系统，适合采用直流化供电方案；对于对电能质量要求极高的变频电机，适合采用交直流混供方案以防止电压暂降引起的变频器保护，提升供电可靠性。

2.1.2 开关电源类负荷

2.1.2.1 场景分析

开关电源作为电源供应器的一类，因其效率高、体积小、灵活性强、稳压范围宽等优点逐渐成为电源行业的主流产品。开关电源行业下游应用广泛，包括工业领域、消费类电子、通信领域和家电等。考虑到开关电源应用领域的不断扩大及规模的持续增长，同时开关电源拓扑中设置有直流环节，因此，选择开关电源作为研究对象，开展直流化改造方案研究。

根据供电容量及交流输入电压划分，开关电源可分为单相开关电源和三相开关电源；根据输入与输出之间是否有电气隔离，可分为隔离式开关电源和非隔离式开关电源。通过拓扑归纳分析，将目前广泛应用的开关电源分为单相含 PFC 类、三相不控整流类、三相 VIENNA 整流类三大类，各类开关电源的主要应用范围如下：

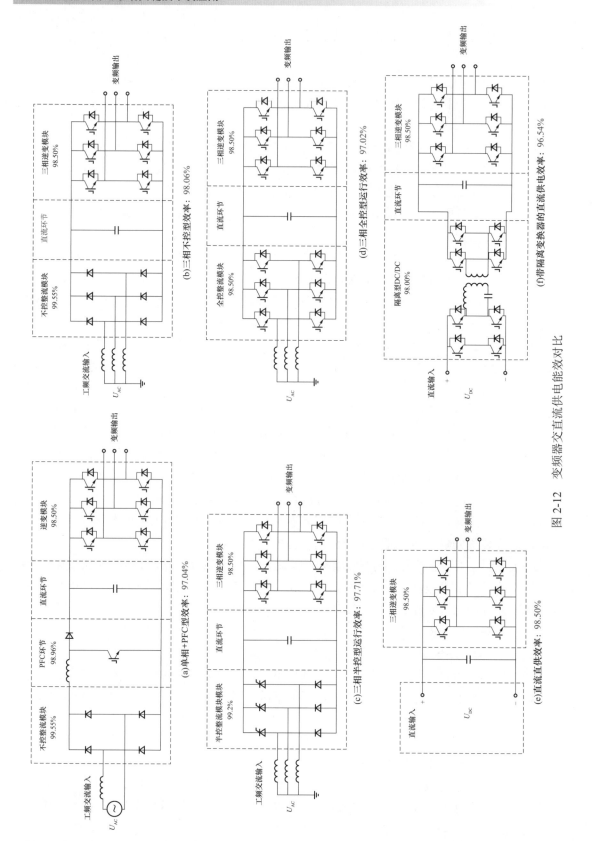

图 2-12 变频器交直流供电能效对比

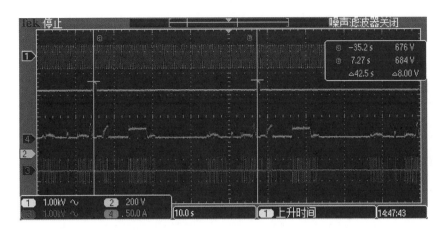

图 2-13　HS 塑胶注塑机电气参数周期性变化波形

通道 1（黄色）—交流输入电压波形；通道 2（蓝色）—直流母线电压波形；

通道 3（紫色）—交流输出电压波形；通道 4（绿色）—直流母线输入电流波形

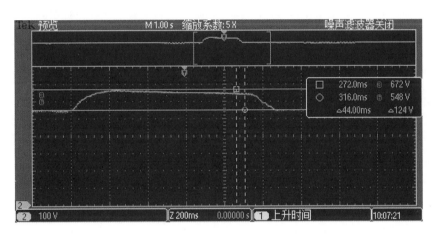

图 2-14　HS 塑胶注塑机直流侧电容电压突升波形

（1）单相含 PFC 类开关电源

单相开关电源以单相交流电为输入，为负荷提供直流电压。主要用于照明和小容量控制类负荷，如 LED 灯具、PLC 控制器及手机、笔记本电脑等小型 IT 产品。

（2）三相不控整流类开关电源

三相不控整流类开关电源以三相交流电为输入，通过不控整流及直流电压变换为负荷提供适配直流电源。典型应用有工控设备、基站通信电源等。

（3）三相 VIENNA 整流类开关电源

三相 VIENNA 整流类开关电源以三相交流电为输入，通过 VIENNA 整流电路及直流电压变换为负荷提供适配直流电源。典型应用有电动汽车充电桩等。

开关电源典型应用场景如表 2-3 所示。

表 2-3　　　　　　　　　　　　　　　　　开关电源典型应用场景

典型负载	用途	技术路线	电压等级	典型容量
工业自动化场景（机械厂、电子加工厂）				
PLC、工业控制器	为电子模块元件、CPU 模块、接口模块、输入输出模块等提供电源	单相含 PFC 类	AC220V	100～900W
数控雕刻机	在数控机床中，为钻铣组合加工过程中的高速电主轴的驱动提供电源	三相不控整流类	AC400V	4～7kW
消费类场景（居民、商业、工厂、市政）				
数码产品、仪器仪表、照明电源	用于小型便携式电子设备及电子电器的供电电压变换设备，常见于手机、液晶显示器和笔记本电脑等小型电子产品	单相含 PFC 类	AC220V	5～200W
安防监控	在现有的以太网布线基础架构下，传输数据信号的同时，还能提供直流电，即支持以太网供电的交换机	单相含 PFC 类	AC220V	5～200W
通信电源场景（变电站、电厂、大型机房、通信基站）				
通信设备、交换机等	用于台式机、工作站和低端服务器的电源	单相含 PFC 类	AC220V	50～1000W

典型负载		用途	技术路线	电压等级	典型容量
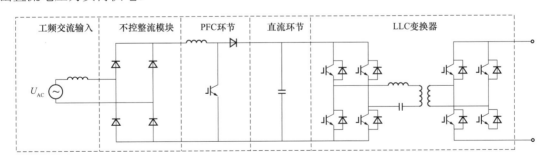	通信机柜	部署在数据中心、电信中心办公室等，为大型计算、存储和网络设备提供电源	三相不控整流类	AC400V	8～15kW
直流充电桩场景（公共充电桩、大型充电站等）					
	电动汽车	安装于公共建筑（公共楼宇、商场、公共停车场等）和居民小区停车场或充电站内，可以根据不同的电压等级为电动汽车充电	三相 VIENNA 整流类	AC400V	60、120、180、240kW 等

2.1.2.2 典型交流供电方案

（1）单相含 PFC 类开关电源

单相含 PFC 类开关电源由桥式不控整流、功率因数校正环节（PFC）、直流环节及 LLC 型直流变换器组成，如图 2-15 所示。整流模块将单相交流电转化为直流电，并存储在直流环节的电容中；功率因数校正电路通过增加斩波环节，能够抑制电流波形的畸变，提高电路功率因数，同时维持输出侧母线电压稳定，改善电能质量；后级电路是 LLC 型直流变换器，输出直流电压为负荷供电。

图 2-15 单相含 PFC 类开关电源结构示意图

（2）三相不控整流类开关电源

三相不控整流类开关电源由不控整流模块、直流环节及 LLC 型直流变换器组成，如图 2-16 所示。不控整流模块将三相交流电转化为直流电，并存储在直流环节的电容中，后级电路为 LLC 型直流变换器，输出直流电压为负荷供电。

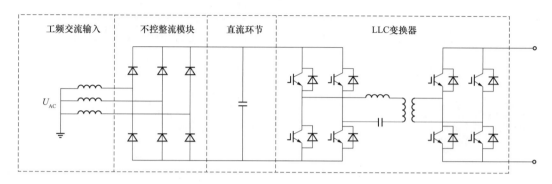

图 2-16　三相不控整流类开关电源结构示意图

（3）三相 VIENNA 整流类开关电源

三相 VIENNA 整流类开关电源由 VIENNA 整流模块、直流环节及 LLC 型直流变换器组成，如图 2-17 所示。VIENNA 整流模块兼具交直流变换和功率因数修正功能，相比于不控整流回路，具有更高的功率因数与更优的谐波性能。

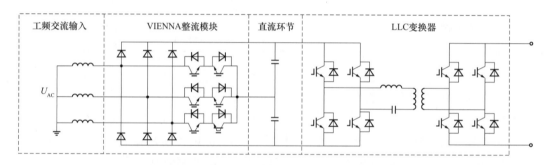

图 2-17　三相 VIENNA 整流类开关电源结构示意图

2.1.2.3　直流化供电方案

开关电源改造方案示意如图 2-18 所示。取消原有交流输入及整流变换环节，直接由直流输入与 LLC 变换器实现直流电压变换输出，为直流负荷提供电能。

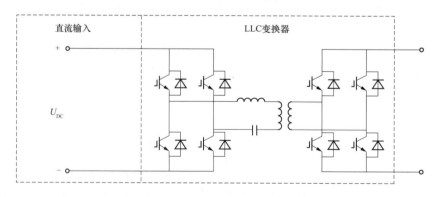

图 2-18　开关电源直流改造方案示意图

2.1.2.4　能效对比分析

1. 效率计算

（1）单相含 PFC 类开关电源

由 2.1.1.4 节可知，单相含 PFC 类开关电源中，二极管整流回路和功率因数校正回路的综合效率为 99.55%×98.96%=98.51%。

（2）三相不控整流类开关电源

由 2.1.1.4 节可知，三相不控整流类开关电源整流回路的效率为 99.6%。

（3）三相 VIENNA 整流类开关电源

VIENNA 整流器的运行损耗主要由功率器件的导通损耗、开关损耗及无源器件损耗组成。其中，功率器件导通损耗的计算公式为

$$P_{con} = U_{CE0}I_{C,avg} + R_0 I_{C,rms}^2 + U_{FD0}I_{D,avg} + R_{FD0}I_{D,rms}^2 \tag{2-11}$$

式中：U_{CE0} 为饱和电压；R_0 为通态电阻；$I_{C,avg}$、$I_{C,rms}$ 分别为流过 IGBT 的平均电流值和有效电流值；U_{FD0}、R_{FD0} 分别为快恢复二极管的饱和电压和通态电阻；$I_{D,avg}$、$I_{D,rms}$ 分别为流过快恢复二极管电流的平均值和有效值。

功率器件开关损耗的计算公式为

$$P_{sw} = (E_{sw,on}^* + E_{sw,off}^*)f_{sw} + E_{D,rec}f_{sw} \tag{2-12}$$

式中：$E_{sw,on}^*$、$E_{sw,off}^*$ 分别为 IGBT 平均开通能量损耗和平均关断能量损耗；f_{sw} 为开关频率，$E_{D,rec}$ 为极管的反向恢复损耗能量。

无源器件损耗的计算公式为

$$P_{LC} = 6.5 f_{sw}^{1.51} B^{1.74} W_{Fe} + \frac{\rho_{Cu}l_L}{A_w}I_{L,rms}^2 + R_{C,ESR}I_{C,rms}^2 \tag{2-13}$$

式中：f_{sw} 为开关频率；B 为磁芯磁通密度；W_{Fe} 为磁芯的重量；ρ_{Cu} 为绕组电阻率；l_L 为绕组长度；A_w 为绕组的横截面积；$I_{L,rms}$ 为流过电感电流的有效值；$R_{C,ESR}$ 为滤波电容的等效串联电阻值；$I_{C,rms}$ 为流过电容电流的有效值。

基于该损耗计算模型，对额定功率 10kW、开关频率 20kHz 的 VIENNA 整流器进行损耗计算，其结果最高可达 97.57%。

对于三相 VIENNA 整流类开关电源，其整流回路的效率为 97.57%。

（4）LLC 谐振型直流变换器

由于 LLC 谐振型直流变换器的运行效率与电压等级、容量、运行方式及安装方式、冷却方式等多种因素相关，解析计算较为复杂。

通过文献检索及市场调研，LLC 谐振型直流变换器的效率约为 97%～98.5%。

2. 能效对比

由于改造前后的三类拓扑中均含有 LLC 变换器，假设 LLC 变换器的效率为 98%，综合上述计算结果，开关电源改造前后的效率对比如表 2-4 所示。

表 2-4		开关电源直流改造效率对比	
开关电源类型	单相含 PFC 类	三相不控整流类	三相 VIENNA 整流类
直流改造前	96.54%	97.61%	95.62%
直流改造后	98%	98%	98%
提升值	+1.46%	+0.39%	+2.38%

由表 2-4 可知，从能效分析角度来看，通过直流改造，省去前级整流及功率校正环节，单相含 PFC 类及三相 VIENNA 整流类开关电源的效率均有较大程度的提升。因此，开关电源的直流改造对于提高用电能效具有重要意义。

2.1.3 数据中心

2.1.3.1 场景分析

预计至 2025 年，全社会用电量可达 9.5 亿 kWh，全国各类数据中心用电量占全社会用电量的 1.2%～1.5%，其中，江苏数据中心用电量 115 万～140 万 kWh；2030 年全社会用电量可达 11.5 万亿 kWh，全国各类数据中心用电量占全社会用电量的 1.5%～2%。

数据中心内部负荷主要分为 IT 负荷及行间空调负荷。IT 负荷为电子类负荷，具有直流化特点，现有交流供电方式需经过多级变换，影响供电效率，采用直流化供电后可提升效率；行间空调负荷为典型变频类负荷，中间含有直流环节，参照 2.1.1 节的分析，采用直流化供电后可进一步提升效率。因此，数据中心具有直流化供电的潜在驱动力。

2.1.3.2 典型交流供电方案

数据中心内主要包括 IT 设备及空调两类负荷，为保障供电可靠性，A 类数据中心供电系统的要求为：①IT 负荷及空调负荷应采用独立的供电系统，防止空调负荷启动时，较大的启动电流影响 IT 设备的供电可靠性及电能质量。②IT 负荷应配置双路电源，并设置应急备用电源。备用电源可采用柴油发电机或供电网络中独立的专用馈电线路。③空调系统应配置双路电源，其中至少一路为不间断电源，双路电源应在末端实现切换。

现有 IT 系统多采用 UPS 电源或 HVDC 电源供电，其中 HVDC 电源由于变换级数少、运行效率高、具备模块休眠运行方式等特点，近年来在数据中心增量业务中已占据 80% 以上的市场份额，下面以图 2-19 所示的 HVDC 电源供电方式分析现有的交流系统配电架构。

系统整体配置两路独立的交流电源，同时配置柴油发电机作为应急电源接入交流 400V 母线。出线侧配置有多台 HVDC 电源，将 400V 左右交流电转换为 205～288V 的直流电供给 IT 设备，同时兼做蓄电池的充放电设备。充放电电压根据蓄电池的状态进行转换，其中均充电压最高，典型值为 288V，浮充电压典型值为 276V，放电终止电压典型值为 205V。当主电源失电时，蓄电池可迅速投入运行，以保障稳定供电。

HVDC 装置的典型框架容量为 200～250kW（框架容量包含内部断路器、母牌、传感器设备等），其容量值主要受限于输出侧直流断路器的开断容量及输出电缆载流量。功率转换器件采用模块化配置，其典型拓扑结构如图 2-20 所示，包含有一级 VIENNA 整流电路及一级 LLC 变换器。每个模块典型容量约为 15kW，在数据中心的不同建设时期，可根据实际布置

机柜的负荷量配置模块数量，节省成本并提升负载率，进而提升运行效率。

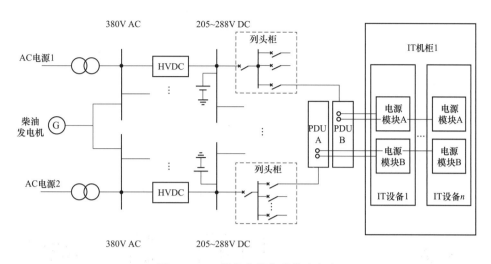

图 2-19 IT 设备交流典型供电方案

HVDC 装置出线后接入列头柜，每 1～2 排机柜配置一台列头柜，放置于该排机柜的排头，相当于配电柜，通过内部母线形成多路输出，分别接至对应的该排或该两排柜子的电源分配单元（Power Distribution Unit，PDU）上。

每台柜子含有多个 IT 设备，配置 2 个 PDU，电源来自两个独立的列头柜，之后再通过 PDU 分配给每个 IT 设备，形成双路冗余供电。任何一路电源失电后（检修或故障），另一路电源仍可维持 IT 设备的正常运行。

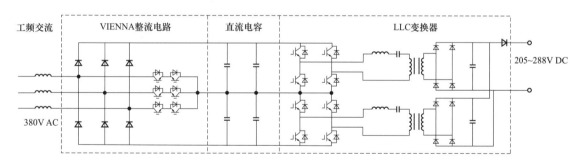

图 2-20 HVDC 模块典型结构

对于空调负荷，A 类数据中心要求配置双路电源，其中一路为不间断电源，供电方案如图 2-21 所示。通常采用 UPS 电源或柴油发电机作为不间断电源，具体供电方案取决于空调系统配置方案，详述如下。

1. 方案一

方案一为多联机方案，如图 2-22 所示，适用于大型数据中心。机房整体配置一个大的冷却循环系统作为空调外机，行间空调柜作为内机仅配置风机。冷却系统的用电负荷为外机系统的变频压缩机、变频水泵及内机系统的风机。

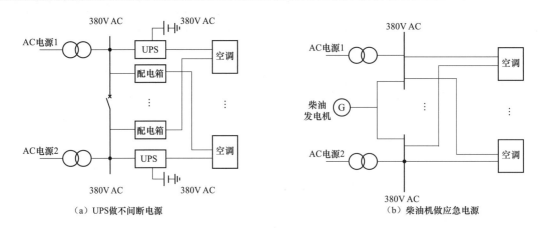

（a）UPS做不间断电源   （b）柴油机做应急电源

图 2-21 数据中心空调负荷交流供电方案

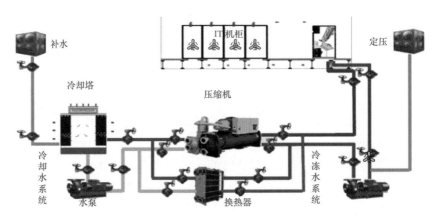

图 2-22 多联机冷却系统架构

该方案的优势在于由于外机冷却水系统本身具有很大的蓄冷量，同时当外界环境温度较低时，可直接和自然界的冷源进行热交换，因此无需保证压缩机持续运行，仅需保证变频水泵及风机的不间断供电。对于 IT 负荷为 1MW 的数据中心，其冷却系统负荷典型值为 0.8MW，其中变频水泵及风机的负荷总量约为 40～50kW，因此采用方案一仅需配置 40～50kW 的不间断电源。

该方案的缺点是外冷系统如果发生严重故障，会影响整个机房，造成数据中心整体停运。

当冷却系统采用多联机配置时，供电方案可采用图 2-21（a）的供电方案，即 UPS 做不间断电源的方案。

2. 方案二

方案二为一拖一精密空调方案，如图 2-23 所示。机房每台行间空调均具有内外机部分。

该方案的优势是某台空调的冷却系统发生故障仅影响该台空调，不存在由于冷却系统的故障影响整个机房安全运行的情况。

该方案的缺点是由于每台空调均有内外机，为保障冷却系统的持续运行，不间断电源必须对每台空调压缩机持续供电。对于 IT 负荷为 1MW 的数据中心，其冷却系统负荷典型值为 0.8MW，若电动机启动时过电流倍数按 2 倍估算，则采用方案二时需配置 1.6MW 的不间断

15		15
空调末端		空调末端
14		14
13		13
12		12
空调末端		空调末端
11		11
10		10
9		9
空调末端		空调末端
8		8
7		7
6		6
空调末端		空调末端
5		5
4		4
3		3
空调末端		空调末端
2		2
1		1
列头柜		列头柜

···

15		15
空调末端		空调末端
14		14
13		13
12		12
空调末端		空调末端
11		11
10		10
9		9
空调末端		空调末端
8		8
7		7
6		6
空调末端		空调末端
5		5
4		4
3		3
空调末端		空调末端
2		2
1		1
列头柜		列头柜

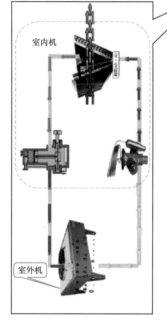

室内机

室外机

15		15
空调末端		空调末端
14		14
13		13
12		12
空调末端		空调末端
11		11
10		10
9		9
空调末端		空调末端
8		8
7		7
6		6
空调末端		空调末端
5		5
4		4
3		3
空调末端		空调末端
2		2
1		1
列头柜		列头柜

···

15		15
空调末端		空调末端
14		14
13		13
12		12
空调末端		空调末端
11		11
10		10
9		9
空调末端		空调末端
8		8
7		7
6		6
空调末端		空调末端
5		5
4		4
3		3
空调末端		空调末端
2		2
1		1
列头柜		列头柜

图 2-23 一拖一精密空调冷却系统架构

电源。对于配置 UPS 而言，1.6MW 的容量经济性很差，因此通常采用图 2-21（b）的供电方案，即柴油机做不间断电源的方案。

应当指出，方案二由于需要配置柴油机，若采用直流供电系统，还需配置大容量的 AC/DC 装置，影响经济性、可靠性及效率。因此，若采用直流供电方案，空调配置方案推荐采用方案一。

2.1.3.3 直流化供电方案

方案一：直流 HVDC 电源供电方案

如图 2-24 所示，根据数据中心供电可靠性原则，配置 2 台直流变压器为主电源，1 台直流变压器为应急备用电源。直流 HVDC 供电方案采用 750V 直流电源，经过一级直流输入型 HVDC 装置将电压变换输出至列头柜。电压为 205~288V 可调，适配 IT 设备电源需求，同时给母线电池进行充放电。

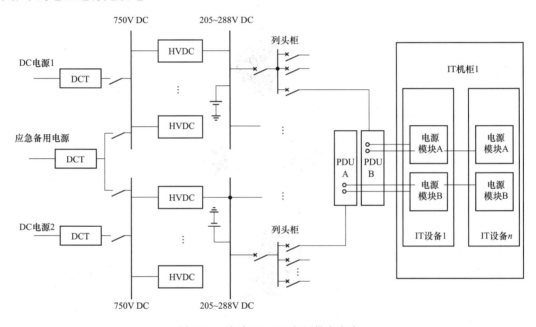

图 2-24　直流 HVDC 电源供电方案

如图 2-25 所示，与交流输入 HVDC 电源相比，直流 HVDC 电源内部省去了一级 VIENNA 整流电路，可提升运行效率。由于 VIENNA 整流电路具有升压作用，与不控整流相比（电压约为 540V），通常会将直流电压升压至 600~800V。如杭州中恒模块内部电压为 800V，维谛模块内部电压为 750V 等，省去前级 VIENNA 整流电路后，直流侧输入电压需要与该电压适配。

吴江中低压直流配用电系统示范工程主要应用了该方案。

方案二：无 HVDC 电源方案（直流变压器恒压输出）

采用直流 HVDC 电源供电的方案与交流供电方案相比，虽然可提升效率，但主支路上仍然存在 HVDC 装置的一级变换，影响效率，由此提出无 HVDC 电源装置的方案。如图 2-26 所示，当直流变压器低压侧输出电压恒定时，在方案一基础上将直流电源主支路 DC/DC 模块移至蓄电池支路进行充放电管理，正常运行时负荷经主支路由 DCT 直供，相较方案一减少了

中间级 DC/DC 变换，进一步提高了供电效率。同时，DC/DC 模块容量仅需满足蓄电池充电需求，可减少 20%；而且增设旁路二极管，设置蓄电池均充及浮充电压低于主支路电压，正常运行时 DC/DC 降压供蓄电池浮充或均充，二极管处于关断状态，主电源失电时二极管导通由蓄电池直接为负荷供电，从而满足服务器供电可靠性要求。

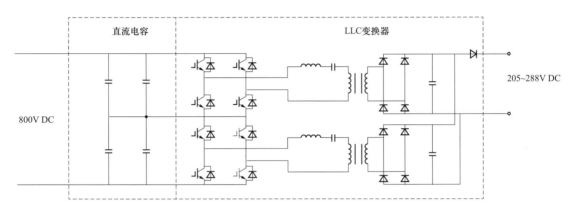

图 2-25　直流 HVDC 电源模块

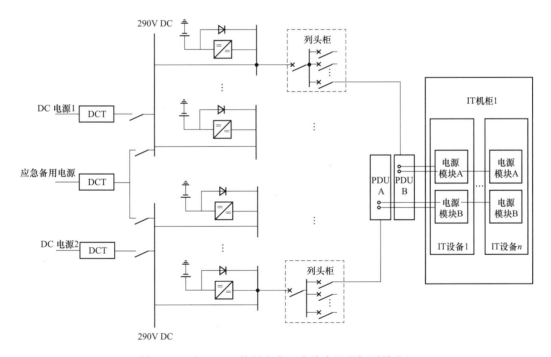

图 2-26　无 HVDC 装置方案（直流变压器恒压输出）

此外，为防止二极管反向导通，直流变压器的输出应略高于蓄电池的充放电电压（205～288V），可选为 290～300V。

吴江示范工程中有 2 台服务器机柜应用了该方案供电。

方案三：无 HVDC 电源方案（直流变压器变压输出）

如图 2-27 所示，当直流变压器具备低压侧电压宽范围可调功能时，可在方案二的基础上

进一步取消蓄电池支路 DC/DC 模块，直接由直流变压器对负荷进行供电，并对蓄电池进行充放电管理，供电效率较方案二更高。此时，直流变压器需要满足两个条件：①具备高变比变换能力；②具备低压侧宽范围运行能力。

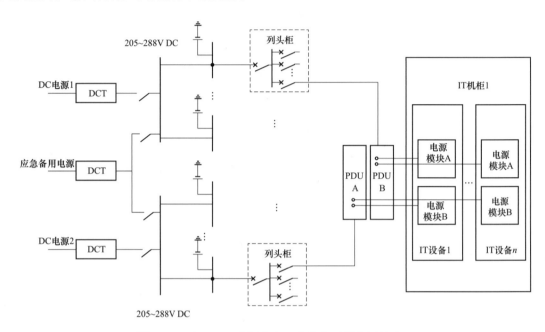

图 2-27　无 HVDC 电源方案（直流变压器变压输出）

正常运行时负荷由直流变直接供电，同时蓄电池运行在浮充状态。故障时主支路上直流电压低于蓄电池端口电压时，蓄电池开始放电以维持负荷持续运行。该方案的整体配电架构更加简洁可靠，投资也更少，是未来数据中心直流供电的发展方向。

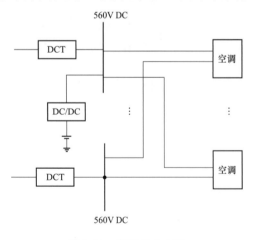

图 2-28　空调供电方案

如 2.1.3.1 节分析，若采用直流化供电方案，则空调系统适合采用多联机的方案。此时，空调负荷的供电方案如图 2-28 所示，由于一路电源需要为不间断电源，通过 DC/DC 变换器下挂蓄电池以实现不间断供电。

2.1.3.4　能效对比分析

结合 2.1.3.2 节的分析，如图 2-29 所示，采用交流供电时，电能需经过 2 次变化：首先，380V 的交流电在 HVDC 子模块内部经过一级 VIENNA 整流电路、一级 LLC 变换电路后，输出 205～288V 可变的直流电压，供给 IT 设备，并为蓄电池提供充放电电压；然后，在服务器电源模块内部经过第二次变化，通过一级不控整流、一级功率因数校正电路及一级 LLC 变换电路后，转换为 5～12V 的直流电能供给服务器主板。

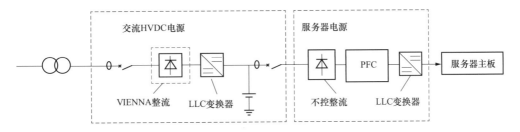

图 2-29 IT 设备交流供电方案

1. 直流 HVDC 电源供电方案

如图 2-30 所示，采用第 2.1.3 节直流 HVDC 电源供电方案后，直流供电支路可省略第一级的 VIENNA 整流电路。结合 3.3 节的分析，VIENNA 整流电路的典型效率为 97.5%～98.5%，因此采用直流供电后能效约提升 2%。图 2-31 展示了直流 HVDC 电源与交流 HVDC 电源的实测效率曲线对比。

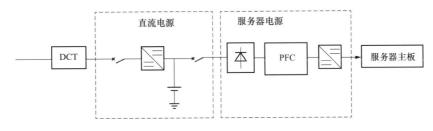

图 2-30 直流 HVDC 电源供电方案示意图

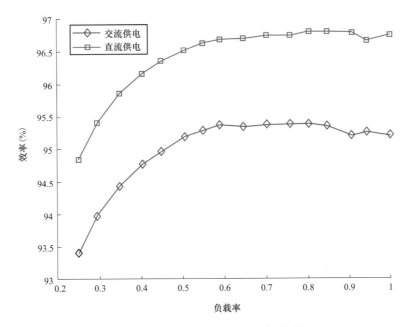

图 2-31 交直流供电效率实测对比图

2. 无 HVDC 电源方案（直流变压器恒压输出）

如图 2-32 所示，采用无 HVDC 电源方案（直流变压器恒压输出）后，供电主支路上省

略了 LLC 变换电路，可进一步提升能效。结合第 2.1.1.4 节的分析，考虑到 LLC 变换器的典型供电效率约为 97%～98.5%，与交流供电方案相比，采用无 HVDC 电源方案（直流变压器恒压输出）可提升约 4%的效率。

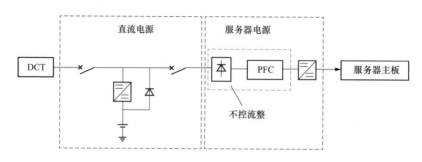

图 2-32　无 HVDC 电源方案（直流变压器恒压输出）示意图

3. 无 HVDC 电源方案（直流变压器变压输出）

如图 2-27 所示，采用第 2.1.3.3 节无 HVDC 电源方案（直流变压器变压输出）后，主支路供电时能效提升与方案二类似，同时由于省略了蓄电池支路的变换装置，充电功率的损耗也进一步减小，与交流供电方式相比，整体能效提升在 4%以上。该方案的整体配电架构更加简洁可靠，投资也更少，是未来数据中心直流供电的发展方向。

以上三种直流化供电方案和交流供电方案的能效对比如表 2-5 所示。

表 2-5　　　　　　　　　　　　　IT 设备交直流供电方案能效对比

供电方式	运行效率提升（与交流供电方案相比）
交流 HVDC 电源	—
直流 HVDC 电源	提升约 2%
无 HVDC 电源（直流变压器定压输出）	提升约 4%
无 HVDC 电源（直流变压器变压输出）	提升 4%以上

4. 列间空调直流化供电能效分析

如 2.1.1.2 节的分析，列间空调属于典型变频类电机，采用直流化供电后，可省略不控整流及 PFC 环节，采用纯直流供电效率约提升 1.5%。

综上所述，当数据中心服务器负荷与空调负荷容量配比采用典型值 1:0.8 时，直流化供电效率可提升约 2.89%。

2.1.4　光储充一体化

2.1.4.1　场景分析

"双碳"背景下，大规模光伏、储能及充电桩接入电网，光伏电池板、储能电池输出均为直流，充电桩模块内部含有直流母线，具有直流化供电的潜能。

在光伏发电方面，根据《中国 2030 年能源电力发展规划研究及 2060 年展望，预计到 2025 年，全国电源总装机将达 29.5 亿 kW，光伏能源装机容量将达 5.59 亿 kW，占全国电源总装机容量的 19%。2030 年全国电源总装机将达 38 亿 kW，光伏能源装机容量为 10.25 亿 kW，

占全国电源总装机容量的 27%。

在储能方面，根据《2021 储能产业应用研究报告》和《关于加快推动新型储能发展的指导意见》（发改能源规〔2021〕1051 号），到 2025 年，将实现新型储能从商业化初期向规模化发展的转变，预计装机规模达 3000 万 kW 以上。2022 年，中国新增投运电力储能项目达 16.5GW。其中，新增新型储能装机 7.3GW/15.9GWh，功率规模同比增长 200%，能量规模同比增长 280%。截至 2022 年底，中国新型储能累计装机规模首次突破 10GW，达到 13.1GW，同比增长 128%；新型储能累计装机占所有储能累计装机比例达 21.9%。2023 年上半年，中国新型储能继续高速发展，新增投运规模 8.0GW/16.7GWh，超过 2022 年新增规模水平（7.3GW/15.9GWh）。

在充电桩方面，预计至 2030 年，我国充电桩总量将达 6300 万，新能源汽车充电用电量占全社会用电量比例将达 1.3%；预计至 2035 年，我国将实现"油车"向"电车"的转变，届时我国将拥有 2 亿辆新能源汽车，充电功率 20 亿 kW，蓄电容量 100 亿 kWh。

上述数据表明，光、储、充均以迅猛速度在不断增长，提升光储充利用能效具有重要意义。

2.1.4.2 典型交流接线方案

如图 2-33 所示，组串式光伏逆变器内部分为两极变换，一级是 AC/DC 变换电路，直流侧为固定电压，针对 1500V 系统典型值为 1300～1400V，主要将光伏发出的直流电转换为交流电；第二级是 DC/DC 变换电路，用以控制光伏电池板出口电压，实现对各个光伏组件的最大功率点跟踪控制。与集中式逆变器相比，组串式逆变器具有多路 MPPT 功能，受组串间模块差异和阴影遮挡的影响小，同时在弱光条件下光伏出口电压较低。集中式逆变器由于光伏板输出电压过低可能无法发电，而组串式逆变器的 DC/DC 变换器有升压功能，在弱光条件下也能输出功率，综上所述，采用组串式逆变器可以提升光伏发电效率。

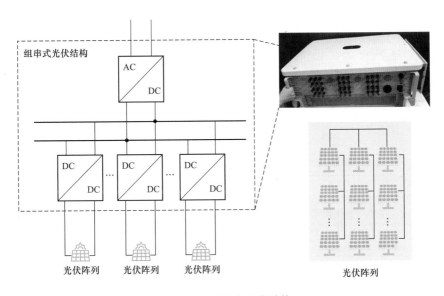

图 2-33　组串式光伏结构

如图 2-34 所示，组串式储能变流器与光伏逆变器类似，内部分为两极变换，通过多个独立的组串端口接入每个电池簇，灵活控制每簇电池的状态，实现对于每簇电池容量的最大化利用，提升储能利用效率。

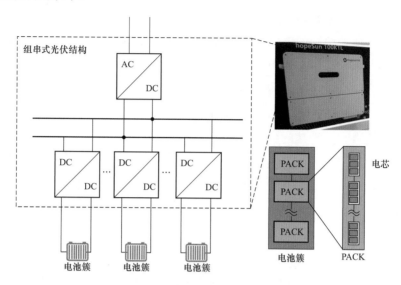

图 2-34　组串式储能结构

现有充电桩模块的结构详见 2.1.2 节开关电源类负荷。

应当指出，现有光伏、储能、充电桩系统多采用图 2-35 所示的交流组网方式，增加了两级逆变器或一级逆变器+一级 VIENNA 整流电路的损耗，在部分场景下，由于光、储、充配置区域不同，无法就地消纳，潮流要先经过如图 2-36 所示的中压网后才能进行消纳，又增加了两级变压器的损耗，影响整体效率。

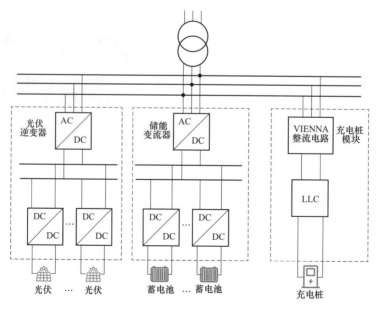

图 2-35　光储充通过低压交流组网方式

针对上述分析可得，效率最高的方式是直流组网、就地消纳。

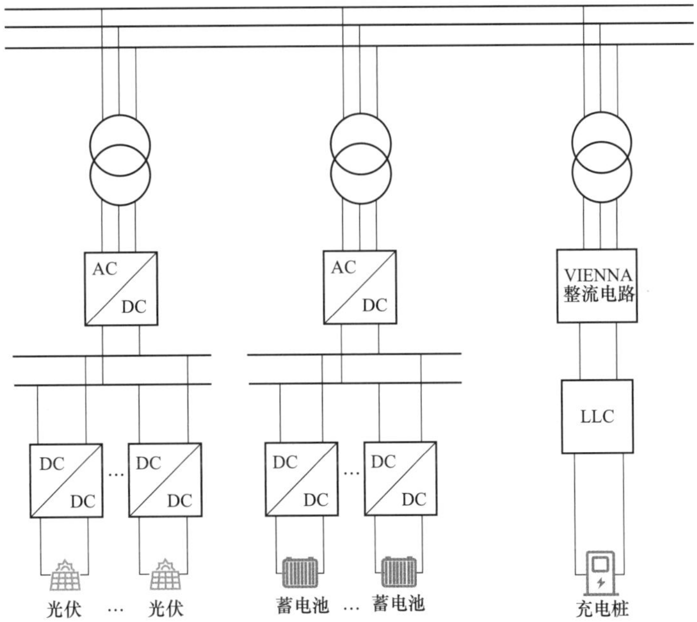

图 2-36 光储充通过中压交流网消纳方式

2.1.4.3 组串式光储充一体化配置方案

组串式光储充一体化变换器方案如图 2-37 所示，通过两级 DC/DC 变换器接入光伏、储能和充电桩（或其他直流负荷），实现光储充的直流组网和就地消纳。第一级 DC/DC 变换器

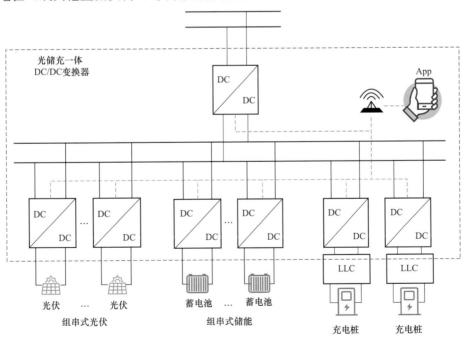

图 2-37 组串式光伏充一体化方案

硬件上采用非隔离型结构，软件上输入接口为自适应通用接口，用户可通过 App 自主选择每个接口接入的设备类型（光伏、储能或充电桩）。充电桩接入系统时，可以省略前级 VIENNA 整流电路，通过第一级 DC/DC 实现电压适配。第二级变换采用隔离型 DC/DC 变换器（或 AC/DC 变换器）接入直流系统（或交流系统），实现光储充直流微电网与外界电网的功率交互，孤岛运行时进行直流微电网恒压控制，并网运行时采用双向功率控制。

组串接口具有 250～800V 的宽范围输入电压，在阴雨天、雾气多的地区，能够实现长时间功率输出最大化和能量的持续供给。

组串接口配置灵活，支持能量型、功率型等不同特性的储能单元以及不同功率等级光伏的接入，且直流侧回路个数可根据实际需求进行扩展。

系统具备软件管理功能，接入设备及 DC/DC 变换器运行状态实时联网，实现手机 App 的智能监测和远程报警，并通过 App 选择输入端口接入类型（光伏、储能、充电桩），定制个性化控制模式。

模块化光伏充一体系统分为光储 DC/DC 变换侧、直流母线侧、并网 DC/DC 变换侧三部分，如图 2-38 所示。

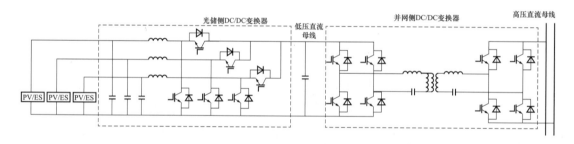

图 2-38　模块化光伏一体化电路拓扑

光储 DC/DC 低压侧由多条独立支路组成，各支路均采用非隔离型双向 DC/DC 变换拓扑，可直接与光伏、储能单元相连并根据需求进行恒压/恒流控制。在低压直流母线与分布式发电系统及储能系统连接时，必须考虑功率反向流动的情况。因此，采用对称型的双向 CLLLC 谐振拓扑结构以适应功率的双向流动，在系统并网运行时进行功率控制，系统离网运行时进行恒压控制，为负荷提供稳定的直流电源。

2.1.4.4　能效对比分析

1．计算依据

非隔离型 DC/DC 变换器的效率参考 2.1.2.4 节的能效对比分析，典型效率值约为 99.5%。

VIENNA 整流电路参考 2.1.2.4 节及 2.1.3.4 节的能效对比分析，典型效率值约为 97.5%，LLC 变换器的典型效率值为 98%。

依据《光伏并网逆变器中国效率技术标准》，取全球市场份额前十企业的光伏逆变器中国效率加权平均后，可得光伏逆变器的效率为 98.2%。结合 DC/DC 变换器的效率值 99.5%，可得 AC/DC 变换器效率约为 98.7%。

储能逆变器 AC/DC 部分变换效率与光伏逆变器相近，也取 98.7%。

依据《电力变压器能效限定值及能效等级》，对于 10kV 配电变压器效率采用一级能效指标计算轻载 10kV 变压器的平均效率可得：重载下 99.1%，轻载下 99.3%，取其平均值为 99.2%。

2. 能效对比

采用组串式光储充一体化方案与采用光储充通过交流组网方式的能效对比如表 2-6 所示。

采用组串式光储充一体化方案时，光储之间的效率约为 99%，光充及储充之间的效率约为 97%。

采用光储充通过低压交流组网方式时，光储之间的效率约为 96.4%，光充及储充之间的效率约为 93.7%。

采用光储充通过中压交流组网方式时，光储之间的效率约为 94.8%，光充及储充之间的效率约为 92.1%。

相比采用光储充低压交流组网方案，组串式光储充一体化方案的光储间转换效率提升 2.6%，光充及储充间的效率提升约 3.3%。进一步考虑能量应用模式，通常日间光伏给储能充电，同时给充电桩供电；夜间储能给充电桩供电。因此，能量若经过光伏—储能—充电桩的链路时，整体能效约提升 5.9%。

相比采用光储充中压交流组网方案，采用组串式光储充一体化方案时，光储间的转换效率提升 4.2%，光充及储充间的效率提升约 4.9%。进一步考虑能量应用模式，通常日间光伏给储能充电，同时给充电桩供电；夜间储能给充电桩供电。因此，能量若经过光伏—储能—充电桩的链路时，整体能效约提升 9.1%。

表 2-6　　　　　　　　　　　　光储充不同组网方式能效对比

组网方式	光储效率（%）	光充效率（%）	储充效率（%）
组串式光储充一体化	99	97	97
光储充低压交流组网	96.4	93.7	93.7
光储充中压交流组网	94.8	92.1	92.1

2.2　直流配用电系统组网方法

2.2.1　直流配用电系统电压等级序列

2.2.1.1　电压等级系列选取原则及划分

电压等级的确定与选用直接影响电网的发展和国家建设，它不仅会影响电网结构和布局，而且会影响电气设备和电力设施的设计与制造，以及电力系统的运行和管理。保证技术经济合理、电网安全可靠、满足未来电网发展需求等要求，是电压等级序列选取原则的重要出发点。

电压等级序列选取原则主要有经济性、安全稳定性、统一性、整体最优性、普遍适用性、技术前瞻性等。在电压等级序列的制定时，诸多原则之间本身对立，是不能同时遵循的，应根据具体应用场景，具体分析而定。本小节简要分析原则的适用情况或原则之间的关系，便于场景所需原则的选取。

通常情况，安全稳定的运行要求越高，必然带来投资成本的提高，要根据场景的具体要求，权衡经济性与安全稳定性二者之间的权重。经济性通常作为基本原则，当其他原则满足时，从长期来看往往达到了经济性的要求。统一性、技术前瞻性和整体最优性均属于基本原则，分别强调电压等级的标准化、电压等级序列的前瞻性和符合规划目标要求的最优性。普遍适用性原则主要强调公共场所中，配电方案数目的精简，以便电网运行管理，故其并不适合作为特殊场所方案制定的原则之一。

根据我国交流典型电压等级序列现状，本书汇总了高中低配电电压等级的划分情况，如表 2-7 所示。

表 2-7 交流配电电压等级划分

电压分类	电压区间	电网标称电压	输送容量（MW）	输电距离（km）
高压	35～220kV	（35kV）；66kV，110kV，（220kV）	10～500	40～300
中压	1～35kV	3kV，6kV，10kV，20kV，（35kV）	1～20	3～70
低压	1kV 以下	380V，220V	小于 1	小于 1

T/CEC 107—2016《直流配电电压》给出直流配电标称电压，其范围为 110～100kV，具体电压等级如表 2-8 所示。

表 2-8 直 流 配 电 标 称 电 压

电压层级	优选值	备选值
高压	±100kV	
		±50kV
	±35kV	
中压		±20kV
	±10kV	
		±6kV
	±3kV	
低压	±1500V	
	±750V	
		±600V
	±380V	
	±110V	

各直流电压等级的输送容量如表 2-9 所示。按照现行交流线路直流改造，在直流电压满足绝缘要求的条件下，将交流电压等级与所对应的直流电压等级的输送容量进行对比，如表 2-10 所示。由此可知，直流电压等级的输送容量更大，比交流电压等级更具优势。

表 2-9   直流配电电压等级传输容量

电压等级	传输容量（MW）	电压等级	传输容量（MW）
±100kV	45～560	±3kV	0.8～3.5
±50kV	23～62	±1500V	0.5～2.0
±35kV	16～44	±750V	0.3～0.8
±20kV	8～22	±600V	0.2～0.6
±10kV	4～12	±380V	0.08～0.3
±6kV	2～7	±110V	0.02～0.07

注　直流配电系统采用双极接线方式。

表 2-10   交直流配电电压等级输送容量对比

交流		直流	
电压等级（kV）	输送容量（MW）	电压等级（kV）	输送容量（MW）
220	100～500	±100	45～560
110	10～50	±50	23～62
66	3.5～20	±35	16～44
35	1～10	±20	8～22
20	0.4～4	±10	4～12
10	0.2～2	±6	2～7
0.38	0.1 以下	±0.38	0.08～0.3

基于 T/CEC 107—2016《直流配电电压》的标称电压供电能力，对各层级电压等级序列进行划分，如表 2-11 所示。各电压等级的选取理由如表 2-12 所示。

表 2-11   直流配电电压等级序列

电压分类	电压区间	电网标称电压
高压	±35～±100kV	±35kV，±50kV，±100kV
中压	±1.5～±35kV	±3kV，±6kV，±10kV，±20kV，（±35kV）
低压	±1.5kV 以下	±1500V，±750V，±600V，±380V，±110V

表 2-12   直流配电电压等级选取理由

电压等级	选取理由
±100kV	①便于与配电网 110kV 和 220kV 交流系统互联； ②便于与±200kV 高压直流输电对接
±50kV	便于与配电网 110kV 交流系统互联
±35kV	①便于与中压交流电网的 35kV 和 20kV 电压等级衔接； ②风机集中汇流后一般以 35kV 送出，适用于风电场的直流送出
±20kV	便于与配电网 20kV 交流系统互联

电压等级	选取理由
±10kV	①便于与配电网 10kV 交流系统互联； ②其供电能力接近 AC20kV，对线路的绝缘要求不超过 AC10kV，可利用原有三相线路扩容； ③可满足现有集中式光伏电站、风电场汇流后通过直流线路送出
±6kV	①便于与配电网 6kV 交流系统互联； ②满足部分工业 6kV 的直流用电需求
±3kV	满足部分轨道交通 3kV 的直流用电需求
±1500V	①适用于列车功率不大、供电半径较小、行车密度高、车站间距小、启动频繁的地铁工程； ②与直驱式风电变流器内部直流母线电压相近，便于其接入； ③满足电解铝和电镀等工业 1.5kV 直流电压等级的用电需求
±750V	①可为轨道交通、小型分布式能源提供合理的接口（如满足分布式光伏接入要求），是微电网与大电网经济稳定连接的核心电压等级； ②便于与我国低压配电三相交流电压 380V 衔接，输送容量和距离均大于交流 380V； ③适用于现有电动汽车充电机的电压要求
±600V	考虑到电力机车供电系统采用 DC 600V 等
±380V	①便于与我国单相交流低压配电等级 220V 衔接； ②适用于多数变频类家用电器的直流母线电压； ③便于户用分布式光伏接入； ④接近电动汽车充电接口电压，便于电动汽车接入； ⑤适用于数据通信中心等场所直流 380kV 的用电需求
±110V	①便于与我国单相交流低压配电等级 220V 衔接； ②满足大量空调、变频洗衣机等家用负荷直流 110V 的用电需求

交流电压等级序列中，配电变电层次以 3～4 级为主，电压等级序列基本遵循几何均值的规律。高中压电压间的级差基本遵循"舍二求三"的级差合理原则，中低压电压间的级差一般在 30 倍及以上。据此，直流配电电压等级序列的可选方案如表 2-13 所示。

表 2-13　　　　　　　　　方 案 初 步 设 想

序号	方案（kV）	序号	方案（kV）
1	±100/±50/±20/0.38	6	±100/±10/0.38
2	±100/±50/±10/0.38	7	±50/±20/0.38
3	±100/±35/±10/0.38	8	±50/±10/0.38
4	±100/±50/±10/0.11	9	±50/±20/0.11
5	±100/±20/0.38	10	……

2.2.1.2　电压等级系列应用场景及可选方案

限于当前技术设备的发展水平，对某一层级电压改造直流运行的趋势明显，在此场景下，现有交流配电电压等级序列影响较大，配电方案的最终确定，不一定与全直流规划下的方案一致。而对于新城区建设、新工业园区开发的空白场景，则考虑全直流建设下的配电方案，更加符合直流配电电压等级序列选取的整体最优、经济适用等原则。

构建直流配电网的典型应用场景是推动直流配电网体系建立的关键。不同的应用场景要

发挥直流配电的技术优势，满足直流发展的技术需求，适应不同的电网结构与运行模式，还需要配置最优的直流配电设备。

（1）旧城改造

该场景主要针对因负荷密度过大、人口增容所需等因素，需对老旧居民区进行重建改造。其主要电气组成为低压交流配电网，以及高压交流或直流输电网，二者通过中压直流配电网实现联通。

由于居民区供电可靠性要求相对较小且直流线路本身可靠性相对较高，而且从经济性出发，利用现交流线路走廊等资源，便于现交流负荷配合，采用中压放射型网络配电至各居民区，最后经交直流换流器输出380V交流。由于相同传输线路下的直流电网输电能力更强，可以在不扩充供电走廊情况下实现电网扩容，所以在旧城改造中应用直流配网，对满足城市不断增长的用电负荷具有重要的实际价值。

电压等级序列推荐方案：±100kV/±10kV/0.38kV。

（2）工业园区直流配电网

该模式的主要技术需求是：发挥直流配电网供电可靠性强的优势，保证大功率重要负荷的高可靠性供电；发挥直流配电供电能力强的特点，为负荷需求增大留有裕量，便于工业园区的增容。

为满足该场景下的技术需求，可行的技术路线包括：选取适当的中压电压等级，同时选择容量较大的上一级电源，增强可靠性供电和满足负荷电压等级所需；确定网络结构，为了增强供电可靠性采用手拉手拓扑结构，实现直流配电网的双端供电合环运行，比交流电网闭环设计、开环运行具有更高的可靠性。

电压等级序列推荐方案：

方案一：±100kV/±35kV/±10kV/0.38kV。

方案二：±100kV/±10kV/±0.75kV/0.38kV。

（3）集结可再生能源发电的直流配电网

该模式的主要技术需求是：通过直流配电网实现分布式发电的高效可靠接入及输送。对于大规模风电场或光伏电站，发电单元数量较多，基于光伏和风电（风机配有整流器）的直流电源形式，采用直流配电网集结效率更高、可靠性更好。

在当前的交流电网中，《城市电力网规划设计导则》对分布式电源的并网电压有明确的规定，见表2-14。

表2-14 分布式电源并网的电压等级

分布式电源总容量范围	并网电压等级（kV）
数千瓦至数十千瓦	0.4
数十千瓦至7～8MW	10
8～30MW	35、66
30～50MW	110、66

由上述分析可知，±10kV、35kV 作为中压电压等级的优势明显，可作为未来直流中压环网电压，对于容量较大的分布式电源可接入上一电压等级即±50kV 或±100kV。

2.2.2 直流配用电系统网架结构

2.2.2.1 中压直流网架结构

未来很长一段时间内，直流配电网和交流配电网是共存共生的关系，在局部形成交直流混合配电网。交直流混合配电网的直流侧中压网架结构可分为辐射式（单端单路辐射式、单端多路辐射式）、单端环式（单端单路环式、单端多路环式）、多端式（含双端，多端单路结构、多端多路结构）、多端环式（含双端，多端单路环式、多端多路环式）等。

辐射式结构取自单个上级电源，通过单路或双路辐射出线，如图 2-39 所示。单路辐射结构不能满足 $N-1$ 校核，适用于电动汽车充换电设施等可靠性要求一般的场所；双路辐射结构满足 $N-1$ 校核，适用于可靠性要求较高的场所。

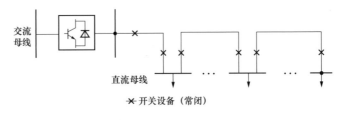

图 2-39 辐射式结构

单端环式与辐射式结构类似，取自单个上级电源并采用双路出线形成环型供电网络，如图 2-40 所示。该拓扑满足 $N-1$ 校核，可靠性较辐射式结构高。该拓扑结构特别适用于分布式电源的多点分散接入。

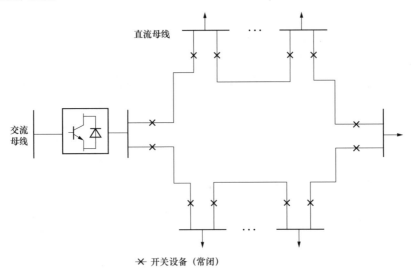

图 2-40 单端环式结构

多端式结构取自两个及以上上级电源，采用单路或双路出线形式，单个电源故障时所有负荷不失电，如图 2-41 所示。该拓扑满足 $N-1$ 校核，具有很高的供电可靠性，可满足多点分布式

电源接入及高可靠性供电的需求。通过直流进行背靠背的交流供电系统也可采用双端式结构。

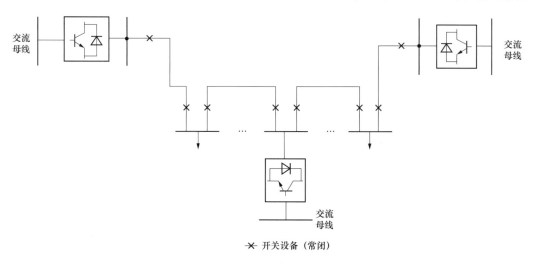

图 2-41 多端式结构

多端环式结构是在多端式结构的基础上，将多电源点出线形成环形网络运行，如图 2-42 所示。该结构供电容量大、可靠性高、运行方式灵活，满足 $N-1$ 校核，是直流配电系统发展后期的网络形态，可满足多点、大容量分布式电源的分散接入及高可靠供电需求。

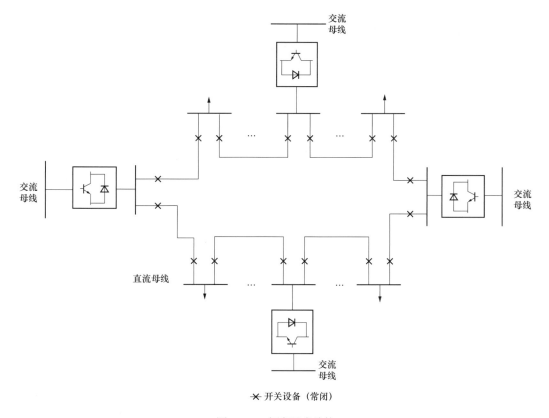

图 2-42 多端环式结构

2.2.2.2 低压直流母线结构

低压直流母线结构主要有单母线结构、双母线结构、分层式母线结构。

单母线结构与现有交流配电类似，所有用电设备挂接在一条母线上，如图 2-43 所示。在给计算机等低压设备供电时，由于需要给每个低压设备单独配置 DC/DC 变压器，增加了该方案的成本，降低了系统运行效率，所以适用于负荷需求单一的场所。

双母线结构的电源一般采用真双极接线，正、负极母线取自单独的换流器，可单母线运行，也可双母线配合运行，如图 2-44 所示。该结构具有多个电压等级、供电容量大、供电方式灵活等特点，适用于需要多电压等级、高可靠性供电的场所。

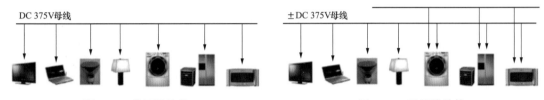

图 2-43　单母线结构　　　　　　　　　　　图 2-44　双母线结构

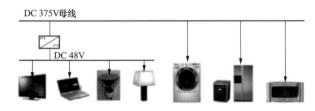

图 2-45　分层式母线结构

分层式母线结构是对单母线结构的扩展，在单母线结构的基础上，通过 DC/DC 变压器引出低一级电压的母线，如图 2-45 所示。例如，一级母线电压为 DC 375V，入户后经过直流变压器配置出一条 DC 48V 母线作为二级母线。该母线结构将与用户接触较多的用电设备采用更低一级电压供电，提高了用户用电安全性，同时集中式 DC/DC 变压器较单母线结构的分散式 DC/DC 变压器，提升了系统运行效率，降低了方案的成本。

2.2.2.3 换流器接线形式

换流器的接线形式包括单极结构（分为非对称单极和伪双极）和双极结构（又称真双极结构）。非对称单极主要用于地铁牵引供电系统中。

目前已建或在建的直流配电工程大多采用伪双极接线，该种接线方式的正、负极线路出自同一个换流器，并通过钳位电阻或钳位电容等方式构建接地点，使直流侧对外呈现出幅值相同、极性相反的双极电压，如图 2-46 所示。当系统的某一极发生永久性故障时，整个系统将全部停运，无法单极运行，可靠性较真双极接线低。可通过采用多端供电的拓扑结构、故障前加速、网络重构等手段来提升可靠性，是目前直流配电工程应用最多的换流器接线形式。

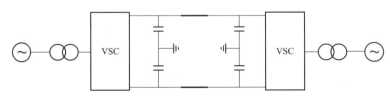

图 2-46　对称单极接线方式

真双极接线方式具有独立的正、负极换流器，可单极运行，具有传输容量大、可靠性高、运行方式灵活等特点，如图2-47所示。由于分别设置了正、负极换流器，其造价更高、占地面积更大、控制保护系统也更加复杂。

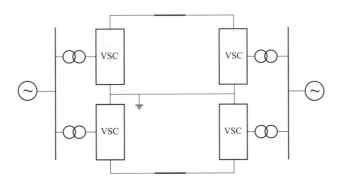

图 2-47　双极接线方式

换流器接线形式一般可选择伪双极结构，对于可靠性要求高的地区，可选择真双极结构，并经技术可行性论证和比选后确定接线形式。

2.2.2.4　双环网多联络系统网架结构

如图2-48所示，中压骨干网采用"两端环型"网架结构，两座中心站中的直流开关站功能区均采用单母线分段方式，分别由2个换流站功能区各出线1回接入两段母线。通过换流器、断路器、负荷开关及变压器的优化配置，实现灵活合解环运行和多场景联络方式。

2.2.3　直流配用电系统接地方式

在直流配电系统中，中压侧接地方式侧重提高系统供电可靠性，低压侧接地方式侧重提高用电安全性。

2.2.3.1　中压侧接地方式

（1）联接变压器阀侧绕组中性点经电阻接地

如图2-49所示，为限制短路电流、匹配交直流电压、隔离交直流故障，在换流器与交流系统间通常设有联接变压器。在配电系统中，为不改变交流侧接地方式，联接变压器通常采用 DY11 的联结组别，此时可选用经联接变压器阀侧绕组经电阻接地的方式，接地设备少，结构配置简单。该接地方式的缺点是：在故障情况下，联接变压器阀侧绕组需承受直流电压和故障电流，对联接变压器耐受过电流能力及直流偏置电流能力要求较高，当变压器整体容量较大时其设计制造相对较困难；同时，需选取合适的中性点接地电阻阻值以兼顾设备制造水平及保护灵敏度。

（2）换流器阀侧经接地变压器或星形电抗接地

如图2-50所示，换流器也可选择阀侧经接地变压器或星形电抗接地，西门子公司在美国的 Trans Bay Cable 工程采用了阀侧经星形电抗接地的方式。这种接地方式的优点是电抗器可起到限制并分担短路电流的作用，同时不受联接变压器联结组别的限制。例如在高压直流系统中，联接变压器常采用 YD1 的联结组别，此时无法选用第一种接地方式；再如有的工程为节省占地面积，采用无联接变压器的接线形式，也无法选用第一种接地方式，而阀侧经接地

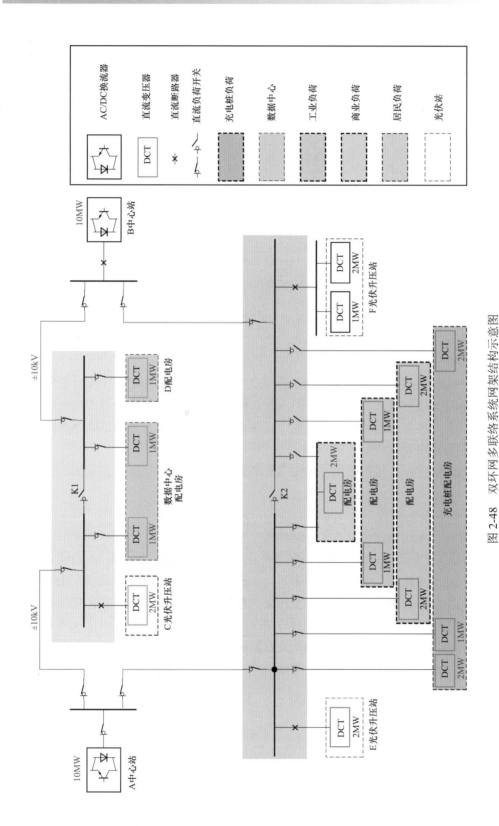

图 2-48 双环网多联络系统网架结构示意图

变压器或星形电抗接地的方式则不受变压器联结组别的限制。该接地方式的缺点是对于高电压等级并联电抗器本身吸收的无功较大，会对系统电压造成一定影响；同时，电抗器参数不易选取，电抗值取得过小则消耗无功过多，电抗值取得过大则制造装配困难。

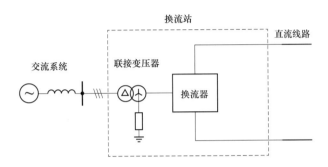

图 2-49　联接变压器中性点接地

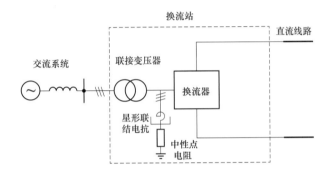

图 2-50　交流侧星形电抗接地

（3）换流器直流侧经分裂电容方式接地

如图 2-51 所示，利用直流侧分裂电容引出接地支路，其电容同时起到支撑直流电压的作用。这种方式是两电平或三电平柔性直流输电系统常用的接地方式，如 ABB 公司已在承建的大多数柔性直流工程中均采用这种接地方式。

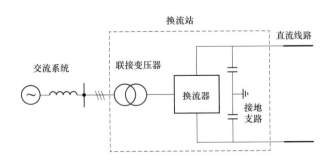

图 2-51　直流侧经分裂电容接地

由于两电平或三电平电压源换流器（Voltage-Sourced Converter，VSC）换流器必须在直

流侧配置集中电容，在故障后不具有快速恢复能力，因此采用上述接地方式配置简单，易于实现。而模块化多电平换流器（Modular Multilevel Converter，MMC）换流器与两电平、三电平 VSC 换流器不同，其直流侧电容分布配置于各子模块中，采用上述接地方式时若单极或双极故障，直流侧电容将迅速放电，不仅放电电流大而且电压恢复困难，故不推荐采用本接地方式。

（4）换流器直流侧经分裂电阻方式接地

如图 2-52 所示，直流侧可选择经分裂电阻接地的运行方式。与经分裂电容接地的方式相比，该方式的优点是故障后直流电压可快速恢复。该接地方式的缺点是直流线路正常运行时，接地电阻侧会产生额外损耗，影响系统运行效率。

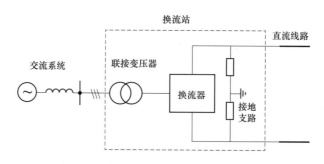

图 2-52　直流侧经分裂电阻接地

2.2.3.2　低压侧接地方式

直流配用电系统中低压用电侧的接地与中压配电网接地的侧重点不一样，中压层面接地方式的选取主要为了提高系统运行性能，而低压用电侧接地方式的选取主要保障人身安全。低压侧的接地方式主要有浮地和接地两种。

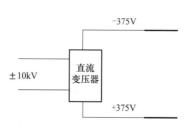

图 2-53　浮地方式

（1）浮地方式

如图 2-53 所示，采用低压侧浮地方式时，由于单点接地不构成闭合回路，因此不影响系统运行，同时无触电风险。单点接地后，浮地系统变为接地系统，此时如果出现另一接地点，则会构成闭合回路，漏保等直流安防设备需要动作。

应当指出，由于无法确定第一接地点的接地阻值，当发生第二点接地时，有可能漏保装置无法动作，因此存在触电风险。结合上述分析，低压侧浮地方式的安全性和可靠性较高，发生单点接地后需准确识别故障发生，并定位故障位置，以防止发生第二点接地故障。但由于浮地方式故障特征不明显，存在故障选线及定位相对困难的问题。

（2）接地方式

如图 2-54 所示，对于低压侧接地方式，以正极接地为例，当负极发生单点接地故障时会构成闭合回路，流过故障电流，

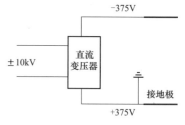

图 2-54　正极接地方式

影响供电可靠性及用电安全性。由于接地方式故障特征明显，保护及漏保等直流安防装置配置及整定相对容易。

综上所述，考虑到直流漏电保护装置尚未大规模工程应用，单极接地方式下无法保证可靠断开。为最大限度地保障人身安全，同时考虑到供电可靠性，可在居民、商业、工业、市政等应用场景处采用浮地运行方式。

2.2.4 直流配用电系统开关组合配置方案

针对目前直流配用电系统工程的配电网系统结构和运行状态，直流开断需求可以分为以下两种工况：

（1）在母联、负荷配线等场合的直流负荷开关。负荷开关用于配电网系统的额定工况投切，使用数量多、操作频繁。因此，负荷开关需要成本低、体积小，动作稳定，小电流开断速度快；但开断能力要求较低，且没有重合闸要求。以吴江示范工程的工况为例，具体参数为：额定电压 10kV，额定电流 2kA，全电流范围截流时间小于 3ms，开断过电压低于 20kV。

（2）MMC 与光伏出线端的直流断路器。直流断路器用于系统短路故障的快速保护，为了保证设备不受到故障电流影响，要求直流断路器快速动作以切除故障，并且开断能力及开断可靠性要高，具备重合闸功能。以吴江示范工程的工况为例，具体参数为：额定电压 10kV，额定电流 2kA，开断电流 15kA，截流时间小于 2ms，开断过电压低于 20kV。

对于以上两种工况需求，目前主流的开端方案性能对比如表 2-15 所示。就目前已公开的直流分断方案而言，其电流转移过程经历了从机械开关转移至电容器、再从电容器转移至避雷器的两个过程，电流转移步骤复杂，不利于开断可靠性地提高。此外，当分断电流越小时，电容充电时间越长，则全分断所需时间也越长。因而对于额定电流这类小电流分断来说，整个分断过程耗时巨大，在某些特殊情况甚至能达数秒。

将目前主流的直流开断方案进行对比，总结如表 2-15 所示，其中机械式方案容量高损耗低，结构相对简单，但小电流开断速度慢，且重合闸成本高，适用于对开断速度及重合闸要求低的场合；混合式方案开断速度快，可靠性高但通态损耗高，适用于对成本和损耗要求低的场合；固态式直流断路器开断速度极快，但损耗和成本均非常高，适用于对速度要求极高的场合。

表 2-15 不同开断方案适应性对比

开断方案	容量	损耗	重合闸	开断速度	适用场景	应用工程
机械式	高	低	成本高	小电流开断速度慢	大容量、不要求重合闸、成本低场合	唐家湾三端柔性直流配电网工程等（10kA/3ms）
混合式	较高	高	容易	较快	开断速度要求快，损耗要求不高场合	北卡罗来纳大学（200A/2ms）张北四端柔性直流输电工程（25kA/5ms）
固态式	低	较高	容易	很快	要求速度极快，对成本要求低场合	暂无具体应用

为了解决上述问题，本书提出磁耦合电流注入式和弧压增强混合式直流断路器。磁耦合电流注入式开断方案用于研究磁耦合电流转移特性，可实现高效率的磁耦合电流转移模块设计，将负荷开关的成本整体降低 30%。弧压增强混合式直流断路器采用了发明的真空弧压增强断口，突破无辅助器件的电流快速转移技术，在具备全电流快速开断能力的同时保持了低通态损耗，实现 15kA 故障电流 2ms 快速截流。

2.2.5 多场景直流变压器配置方案

相比传统交流配电系统，中低压直流配电系统可以显著提高供电的灵活性、可靠性及供电效率。直流变压器是直流配电系统中实现隔离和电压变换的关键设备。根据不同直流变压器的拓扑结构，下面详述不同应用场景下的直流变压器技术方案。

（1）纯光伏接入场景

针对纯光伏接入场景，由于潮流的单向性，直流变压器只需实现单向功率传输。直流变压器的子模块拓扑结构可进行一定简化，降低直流变压器的成本和体积，其子模块拓扑结构如图 2-55 所示。

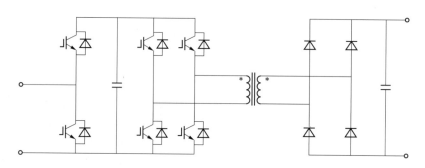

图 2-55　光伏升压直流变压器子模块拓扑结构

该拓扑在中压侧采用二极管构成全桥整流结构以代替有源全桥，实现单相功率传输，采用输入并联、输出串联以实现较高的升压比。低压输入增加半桥结构，实现故障阻断、在线冗余、MPPT 及均压控制功能。二极管结构简单，耐压、耐流能力强。相比有源全桥，可以进一步提高功率模块的变比，提高单个功率模块的传输功率，减小子模块数量，降低系统体积和成本。

（2）工业负荷

针对光伏、储能及各类工业负荷的接入，直流变压器需要具有双向功率传输功能。采用单移相控制的传统双有源桥（Dual Active Bridge，DAB）结构在电压不匹配和轻载情况下易丢失软开关，降低直流变压器效率。为了进一步提高直流变压器的效率，减小散热器体积，可以采用如图 2-56 所示的开关电容+串联谐振 DAB（SRDAB）结构技术方案。

SRDAB 变换器采用移相控制，可以实现双向功率传输。交流链路采用 CLLC 谐振结构，能够实现一次侧全桥开关管的零电压导通和二次侧全桥开关管的零电流关断，提高变换器的效率。在此基础上，通过在中压侧增加半桥结构和滤波电感，构成开关电容模块，该变换器可在输入侧电压波动时控制串联侧电容电压保持稳定，保证 SRDAB 变换器输入输出电压匹

配，保证原副边全桥开关管的软开关实现。所有子模块采用输入串联输出并联的形式连接中压侧与低压侧直流母线。

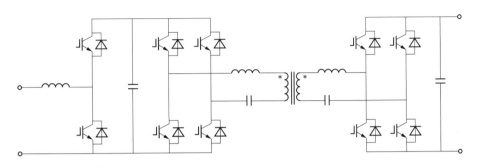

图 2-56 开关电容+SRDAB 直流变压器的子模块拓扑

（3）充电桩负荷

充电桩负荷具有波动性强，具有对轻载效率要求较高、可靠性要求相对较低的特点。为了降低直流变压器的体积和制造成本，可以采用如图 2-57 所示的三电平结构替代传统两电平子模块结构。

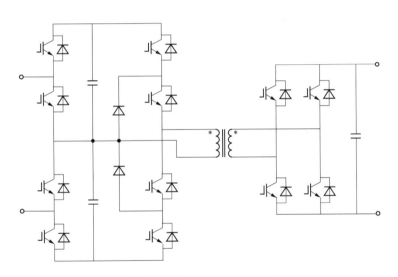

图 2-57 三电平子模块拓扑

若选用相同开关管，三电平结构的子模块中压侧耐压水平是传统两电平的 1 倍，适合充电桩等负荷波动性强、容量较小的应用场合。通过采用三电平结构，功率模块数量减小为原来的一半，可以显著降低直流变压器的体积。该拓扑结构在中压侧采用两个半桥串联，可进一步提升三电平子模块结构暂态及故障特性，实现故障阻断、在线冗余等功能。

（4）居民、商业、数据中心负荷

居民、商业、数据中心负荷具有多电压等级、对可靠性要求高的特点。对于冰箱、空调等家用电器，采用 375V 电压等级供电；对于数据中心等负荷，采用 750V 电压等级供电。因此，可采用如图 2-58 所示的直流变压器并联技术方案。采用两套设备并联，构成+375V 和

−375V 低压直流母线，设备成本及占地均为伪双极的 2 倍。

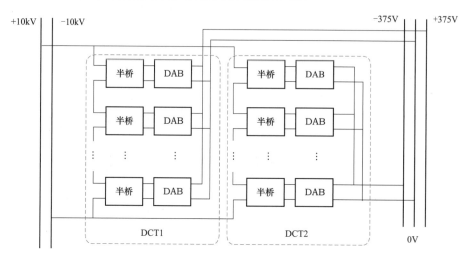

图 2-58　并联型真双极拓扑结构

2.3　中低压直流系统综合评估体系

2.3.1　直流配用电系统供电能力

2.3.1.1　直流线路的供电能力

（1）交直流电压关系的确定以及直流配电网接线方式的选取

对于相同的线路，可承受的最大电压相等，单极不对称接线方式时直流电压与交流电压之比为

$$k = \frac{U_{dw}}{\sqrt{3}U_{aw}}\frac{k_a}{k_d} = \frac{\sqrt{2}\times 4.0}{\sqrt{3}\times 1.7} = 1.92 \tag{2-14}$$

对单极对称（伪双极）及双极（真双极）接线方式，直流电压与交流电压之比为

$$k = \frac{U_{dw}}{\sqrt{3}U_{aw}}\frac{k_a}{k_d} = \frac{\sqrt{2}\times 4.0\times 1.3}{\sqrt{3}\times 1.7\times 2} = 1.25 \tag{2-15}$$

直流配电网的典型接线方式有单极不对称接线方式、单极对称接线方式、双极双线制接线方式和双极三线制接线方式。其中双极三线制结构在直流系统发生单极故障时，故障极退出运行，非故障极实现单极运行。在城市交流配电网改造中，双极三线制结构能更好地适应现有的三相交流线路。综上，考虑双极三线制结构的直流配电网接线方式。此时，k 值和直流额定电压为

$$k=1.25 \tag{2-16}$$

$$U_{dc} = kU_{AC} = 1.25U_{AC} \tag{2-17}$$

（2）供电容量

当配电网的配电距离较小时，电压损耗不会成为供电容量的制约因素，此时供电容量由

供电电流直接决定。当配电网的配电距离超过某一范围时，对电压损耗的要求开始约束配电网的最大供电容量。本节将对这两种情况下的直流配电网供电容量进行分析。

考虑电压损耗约束时，供电容量由供电电流直接决定。采用相同电缆时，线路长期运行的温度限制相同，其最大载流量也相同，即

$$I_{DC} = I_{AC} \tag{2-18}$$

直流系统正常运行时，直流电压为 $\pm U_{DC}$，此时直流和交流供电容量之比为

$$\frac{P_{DC}}{P_{AC}} = \frac{2U_{DC}I_{DC}}{\sqrt{3}U_{AC}I_{AC}\cos\varphi} = \frac{U_{DC}}{U_{AC}}\frac{2}{\sqrt{3}\cos\varphi} = \frac{2k}{\sqrt{3}\cos\varphi} \tag{2-19}$$

由前文可知 $k=1.25$，取 $\cos\varphi=0.9$，则

$$\frac{P_{DC}}{P_{AC}} = 1.6037 \tag{2-20}$$

在不考虑电压损耗和功率损耗约束的情况下，中压直流配电网的供电容量明显高于交流配电网。

当配电网的配电距离超过某一范围时，对电压损耗的约束开始限制配电网的最大供电容量。对于交流线路，中压配电网三相供电电压允许偏差为额定电压的 $\pm7\%$。因此，本书取直流电压允许偏差为直流额定电压的 $\pm7\%$，此时有

$$P_{AC} = \Delta U_{AC}\% \frac{U_{AC}^2\cos\varphi}{(r_{AC}\cos\varphi + x\sin\varphi)l} \tag{2-21}$$

$$P_{DC} = \Delta U_{DC}\% \frac{2U_{DC}^2}{2r_{DC}l} \tag{2-22}$$

以常见的单芯中压电缆 YJV-300 为例，单位长度直流电阻 $r_{DC}=0.0601\Omega/km$，单位长度交流电阻 $r_{AC}=0.0797\Omega/km$，单位长度电抗 $x=0.0858\Omega/km$。取 $\cos\varphi=0.9$，则有

$$\frac{P_{DC}}{P_{AC}} = 6.3052 \tag{2-23}$$

在考虑电压损耗约束的情况下，直流配电方式能显著提高配电网的供电容量。

2.3.1.2 直流配电系统的供电能力

本小节定义的配电网最大供电能力为一定可靠性条件下电网所能通过的"最大功率量"，以 $N-1$ 作为系统运行的边界条件，分析直流配电系统供电能力。

（1）联络关系矩阵

设研究区域内共有 n 座换流站，可将其分别编号为 1，2，$\cdots$，n，对应的各座换流站的主变压器台数分别为 N_1，N_2，$\cdots$，N_n。对第 i 座换流站第 j 号主变压器编号为

$$N_{(i-1)\Sigma} + j \tag{2-24}$$

其中，$N_{(i-1)\Sigma}$ 为前 $i-1$ 座换流站内所有主变压器之和。取 $N_{n\Sigma}=N_1+N_2+\cdots+N_n$，表示配电网中的主变压器的总台数。设 R_j 表示第 j 号主变压器容量。则可根据主变压器的联络关系映射得到系统的联络关系矩阵 L_{link} 为

$$L_{\text{link}} = \begin{bmatrix} L_{1,1} & \cdots & L_{1,j} & \cdots & L_{1,N_\Sigma} \\ \vdots & \cdots & \vdots & \cdots & \vdots \\ L_{i,1} & \cdots & L_{i,j} & \cdots & L_{i,N_\Sigma} \\ \vdots & \cdots & \vdots & \cdots & \vdots \\ L_{N_\Sigma,1} & \cdots & L_{N_\Sigma,j} & \cdots & L_{N_\Sigma,N_\Sigma} \end{bmatrix} \tag{2-25}$$

式中，$L_{i,j}$ 为第 i 台主变压器与第 j 台主变压器的联络关系，有联络关系时映射为 $L_{i,j}=1$，否则 $L_{i,j}=0$。

（2）联络单元的最大负载率

在 L_{link} 所示主变压器联络关系矩阵中，由第 i 行向量可确定与第 i 台主变压器有联络关系的主变压器最大负载情况，依此矩阵可定义如下联络单元主变压器最大负载率矩阵 T：

$$T = \begin{bmatrix} T_{1,1} & \cdots & T_{1,j} & \cdots & T_{1,N_\Sigma} \\ \vdots & \cdots & \vdots & \cdots & \vdots \\ T_{i,1} & \cdots & T_{i,j} & \cdots & T_{i,N_\Sigma} \\ \vdots & \cdots & \vdots & \cdots & \vdots \\ T_{N_\Sigma,1} & \cdots & T_{N_\Sigma,j} & \cdots & T_{N_\Sigma,N_\Sigma} \end{bmatrix} \tag{2-26}$$

（3）系统综合供电能力

在所有主变压器联络单元供电能力分析的基础上，综合得到整个网络的供电能力。系统的最大供电能力为各台主变压器最大允许负荷之和，即

$$S_{\text{N}-1} = \sum_{i=1}^{N_E} T_{i(\text{N}-1)} \times R_i \tag{2-27}$$

进而可以得到系统所有主变压器的平均负载率为

$$T_{\text{avg}} = \frac{S_{\text{N}-1}}{S_{\text{N}}} \times 100\% \tag{2-28}$$

式中：S_{N} 为系统中所有主变压器的额定容量之和。

2.3.2 直流配用电系统电能质量问题

2.3.2.1 直流电能质量问题的分类

参考 IEC-TR 63282—2020，直流配电网的电能质量问题主要可分为直流电压纹波、偏差、波动和暂降，如图 2-59 所示。

直流电压纹波的定义为：相较于标称直流电压均值的周期性偏差，其周期与输电网中的交流成分及变流器的开关频率相关。

直流电压偏差的定义为：在电压的变化率不大的前提下，实际电压与系统标称电压的差值，其产生原因主要为电流流经配电线路时的线路损耗。

直流电压波动是在直流系统稳定前提下，在一定幅值波动范围内的连续变化。直流母线上的源荷波动、投切以及交直流电网功率交换量的波动，都将对直流配电网母线电压产生冲击，产生电压波动。

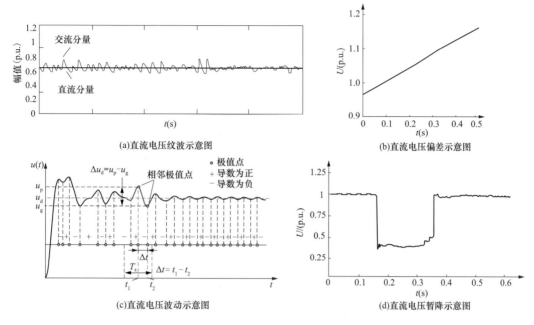

图 2-59 直流电能质量问题

直流电压暂降的定义为：直流供电系统中某一点突然电压下降，然后在短时间内恢复。直流线路接地短路、微源功率突变、直流负荷投切、大电网扰动等均可造成直流电压暂降甚至中断。

直流电压暂降具有发生频次高、事故原因隐蔽性强等特点，且工业敏感负荷对于电压暂降的耐受程度弱。电压暂降是直流配电系统中最主要的电能质量问题，直流电压暂降的治理是直流配电系统规划设计和运行控制的关键问题之一。

2.3.2.2 基于 Tsallis 小波熵的直流电能质量检测算法

基于直流用电系统 Simulink 模型，设置连续扰动使得直流侧电压波形出现连续变化，并加入信噪比为 $S_{NR}=100$ 的高斯选择白噪声。选取传统 B-G 熵中的 Shannon 熵，与本书的 Tsallis 小波熵进行检测效果的对比。

（1）两种小波时间熵的仿真分析

选择 db4 小波对 u_{dc} 进行 3 层小波分解，对小波系数 D_1 分别进行 Shannon WTE 和 Tsallis WTE 运算，仿真结果如所图 2-60 所示。

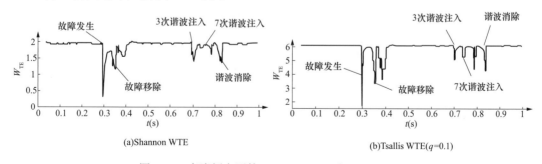

图 2-60 直流侧电压的 Shannon WTE 和 Tsallis WTE

比较图中的曲线，两种小波都可以反映电压暂降和 3 次谐波注入。但只有在使用 Tsallis 熵（$q=0.1$）时，才能通过设置的参考值实现检测 7 次谐波注入。

（2）两种小波能量熵的仿真分析

同样的，选择 db4 小波对 u_{dc} 进行 3 层小波分解，仿真结果如图 2-61 所示。

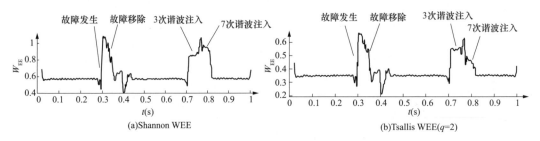

图 2-61　直流侧电压的 Shannon WEE 和 Tsallis WEE

从图中可以看出，Shannon WEE 不能准确反映不同幅度的 3 次和 7 次谐波注入。但当 $q=2$ 时，Tsallis WEE 可以更准确地反映两个谐波之间的差异。

（3）直流配用电系统电能质量问题的治理——直流 DVR 补偿模型

本书采用隔离型 DC/AC/DC 结构，如图 2-62 所示。拓扑主要包括储能单元、逆变单元、滤波单元、交流变压器、整流单元、控制单元 6 个部分。

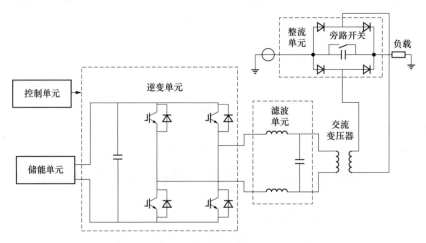

图 2-62　DC-DVR 拓扑结构示意图

在直流配电网中，DVR 设备主要是通过补偿串接的下游节点的有功功率来对电压暂降进行补偿。DC-DVR 为串联型设备，只能补偿串接节点的下游节点电压，一般只装设在用户进线处。DVR 的补偿容量可由下式求得

$$P_{DVR} = \frac{P_N(U_C^2 - U_I^2)}{U_N^2} \tag{2-29}$$

式中：P_N 为被补偿设备的额定功率；U_N 为被补偿设备的额定电压；U_I 为补偿前的电压值；U_C 为补偿后的电压幅值。

为节省总投资成本，本书以 DC-DVR 的安装总容量最小为目标函数，可得

$$\min f = \sum_{i=1}^{n} C_i \qquad (2\text{-}30)$$

式中：n 为节点总数；C_i 为各节点安装 DC-DVR 的容量。

考虑到不同负荷不同的敏感性需求，建立如下约束条件

$$U_i \geqslant U_{i\min}(i=1,2,\cdots,n) \qquad (2\text{-}31)$$

2.3.2.3 算例分析

根据吴江示范工程网架进行算例分析，其节点示意图如图 2-63 所示。对于各个节点的电压跌落承受能力设置如下：$U_{\min1}$=0.8p.u.，$U_{\min7、8}$=0.6p.u.，$U_{\min5、9、10}$=0.65p.u.。为方便计算，设定其余节点的敏感特性 $U_{\min}$=0.5。本书假设在各处节点均有同样概率发生跌落到 0.4 倍额定电压的电压暂降，以总安装容量最小为优化目标，得到优化配置结果如表 2-16 所示。

表 2-16   治 理 方 案

节点	3	4	5	6
DVR 配置容量（MW）	1.15	1.00	0.25	0.43

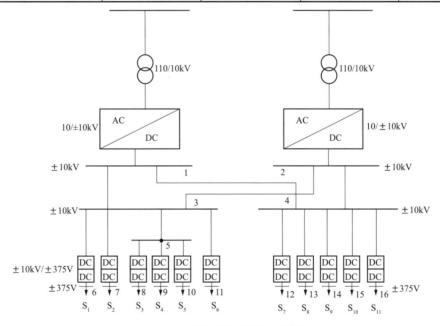

图 2-63 吴江示范工程节点系统

作为对照，考虑传统的电压暂降就地治理方案，其方案如表 2-17 所示。

表 2-17   就地补偿治理方案

节点	6	7	8	9	10	11
DVR 配置容量（MW）	0.60	0.10	0.20	0.20	0.75	0.20
节点	12	13	14	15	16	—
DVR 配置容量（MW）	0.40	0.40	0.63	0.63	0.10	—

综合比较就地治理治理方案和本书方案的经济性，如表 2-18 所示。

表 2-18　　　　　　　　　　　　　电压暂降治理方案对比

方案	DVR 配置容量（MW）
就地补偿	4.21
本书方案	2.83

由该算例可证明，相对于传统的就地治理方案，本书提出的优化配置方案可以有效降低投资成本，节约占地面积。

2.3.3　直流配用电系统的安全性分析与评估

直流配用电系统的安全性是系统可靠运行的基本要求，只有安全的系统，才能进一步分析并提高其可靠性、稳定性、电能质量等指标。安全性根据研究对象不同可分为人身安全、线路安全和系统安全等几类。

2.3.3.1　直流配用电系统人身及线路安全性

（1）人身安全影响因素

人身安全性影响因素分为直接和间接因素，如图 2-64 所示。

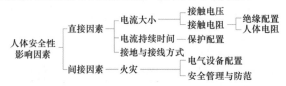

图 2-64　人身安全性影响因素的分析逻辑

根据层次分析法的原理，本书将人身安全影响因素分为如图 2-65 所示的指标体系。

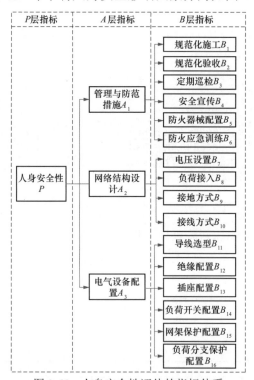

图 2-65　人身安全性评估的指标体系

（2）线路安全影响因素

根据层次分析法的原理，本书将电缆的安全性评估体系分为如图 2-66 所示的指标体系。

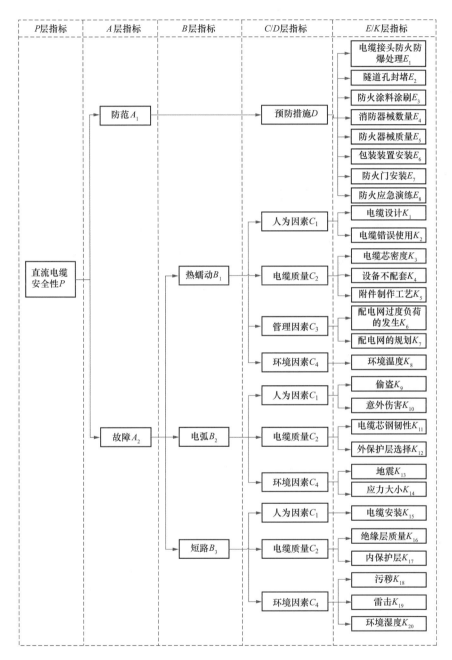

图 2-66 直流电缆安全性指标体系

（3）安全评估模型

根据以上分层信息，采用层次分析法（Analytic Hierarchy Process，APF）构建安全评价模型，其操作流程如图 2-67 所示。

2.3.3.2 直流配用电系统安全

（1）直流配电系统 DSSR 模型的建立

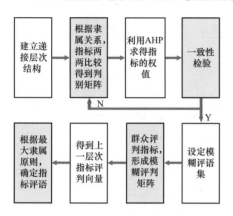

图 2-67　安全评价模型操作流程图

配电系统安全域（Distribution System Security Region，DSSR）的定义为：配电网在运行中，满足 $N-1$ 准则的换流站工作点的集合，其中要考虑负荷的转带、换流站间的联络约束。安全域模型可表示为

$$\Omega_{\mathrm{DSSR}} = \begin{cases} P_i \cdot T_i = \sum B_{ij} & \forall i \\ B_{ij} + P_j \cdot T_j \leqslant P_j & \forall i, j \\ B_{ij} \leqslant C_{ij} & \forall i, j \\ G \leqslant \sum_{i \in W} R_i \cdot T_i \end{cases} \quad (2-32)$$

式中：第一个式子表示换流站 i 故障时，其故障前所带负载全部由其他联络换流站转带；第二个式子表示换流站 j 接收到换流站 i 转供的负载后仍不超过其额定容量；第三个式子为联络线约束，表示转供功率不超过联络线的极限容量；第四个式子为区域重载区的负载约束，其含义是重载区域内的换流站负载之和大于给定负载。

（2）简化 DSSR 模型和安全边界

当系统中存在 n 个换流站，每个联络单元的联络中心对应于一个换流站，因此系统共有 n 个联络单元。每个联络单元都可以列写一个关于负载率的不等式约束，每个不等式约束相当于负载率空间中的安全边界，这些安全边界的几何性质是欧式空间的超平面，而配电安全域正是由这些超平面围成的，含 n 座换流站的配电网安全域 Ω_{DSSR} 由 n 个安全边界围成，即

$$\Omega_{\mathrm{DSSR}} = \begin{cases} B_1 \\ B_2 \\ \vdots \\ B_n \end{cases} \begin{cases} \sum_{\substack{j \in U_1 \\ j \neq 1}} P_j T_j \leqslant \sum_{\substack{j \in U_1 \\ j \neq 1}} P_j \\ \sum_{\substack{j \in U_2}} P_j T_j \leqslant \sum_{\substack{j \in U_2 \\ j \neq 2}} P_j \\ \vdots \\ \sum_{\substack{j \in U_n}} P_j T_j \leqslant \sum_{\substack{j \in U_n \\ j \neq n}} P_j \end{cases} \quad (2-33)$$

（3）基于 DSSR 的安全性指标

前文所述直流配电系统安全域是由负载率组成的欧式空间超平面，根据 n 维欧式空间的距离公式，任一运行点到安全边界超平面 B_i 的距离的计算公式为

$$D_i = \frac{\sum_{\substack{j \in U_i \\ j \neq i}} P_j - \sum_{j \in U_i} P_j T_j}{\sqrt{\sum_{j \in U_i} P_j^2}} \quad (2-34)$$

该指标表示安全性的强弱，安全距离越大，系统越安全。

从衡量负荷水平与换流站联络单元容量匹配程度的角度，还可以定义另外一种安全距离

L_i。其表示联络单元的富裕（或缺额）容量，计算公式为

$$L_i = \sum_{\substack{j \in U_i \\ j \neq i}} P_j - \sum_{j \in U_i} P_j T_j = D_i \sqrt{\sum_{j \in U_i} P_j^2} \qquad (2\text{-}35)$$

2.3.4 直流配用电系统运行效率

2.3.4.1 直流配电网系统运行效率的影响因素

根据接线方式，直流配电网的典型网络架构可分为辐射型、两端型或环形。直流配电网架构会通过影响系统的网损从而影响系统的运行效率，而其网损主要受线缆长度和类型的影响，拓扑结构的类型对于系统运行效率影响有限。

电压等级方面，现有的低压直流电压等级有 48V、220V、310V、380V。220V 直流和现有交流的有效值相同，因此很多设备可以不升降压就在此电压等级下正常工作。直流配电网的总体传输效率略高于交流配电网，且其传输效率随着电压等级的升高而增大，即直流配电网的运行成本要低于交流配电网，且运行时间越久，经济效益越明显。

源荷配置方面，随着能源互联网逐步建成，灵活性资源的形式日益多元。在直流配电网中，不同的源荷配置方式会影响系统潮流，从而影响系统的运行效率。

2.3.4.2 直流配电网源荷优化配置

本书选取典型可再生能源和典型灵活性负荷电动汽车充电站进行优化配置，结合了 DC/DC 换流器的转换效率—负载率的特性，构建了以直流配用电系统平均运行效率最高及充电站总投资运行成本最低为目标的优化模型，对含光伏的电动汽车快速充电站的接入位置及其充电桩、光伏、储能安装容量进行优化配置。

电动汽车快速充电站（包括光伏电池）的主要组件包括电动汽车的直流充电桩、光伏电池、储能系统和 DC/DC 换流器，如图 2-68 所示。

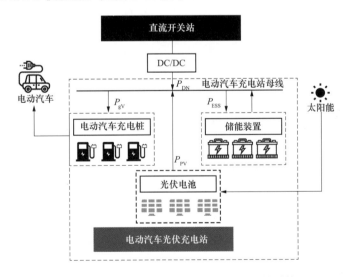

图 2-68 含光伏的电动汽车快速充电站的结构

本书仅考虑电动汽车的快速充电负荷的特性。电动汽车的快速充电过程主要处在恒流限压阶段，而恒压限流阶段通常发生在充电结束之前，因此将整个快速充电过程视为恒功率充

电过程。考虑到电动汽车充电负荷的时序特性，电动汽车用户的充电行为与其出行习惯有很强的相关性，因此他们的充电行为往往随其出行行为而出现。

在充电站内，尽量使光伏优先向电动汽车快速充电桩及储能系统供电。令某时刻 t 时，从直流配电网向充电站输出的功率为 $P_{DN}(t)$，光伏电池的发电功率为 $P_{PV}(t)$，电动汽车充电桩的功率为 $P_{FV}(t)$，储能系统的充放电功率为 $P_{ESS}(t)$、最大充放电功率为 P_{maxESS}、荷电状态为 $SOC_{ESS}(t)$。并令直流配电网向充电站供电时 $P_{DN}(t)>0$，反之 $P_{DN}(t)<0$；当储能系统充电时 $P_{ESS}(t)>0$，反之 $P_{ESS}(t)<0$。

DC/DC 转换器的能量损耗主要与其直流输出电流的大小有关，但是两者之间的关系不是线性的。同时，DC/DC 转换器的损耗也与其原始参数有关。因此，不同类型的 DC/DC 转换器的最大点位置和效率—负载比特性曲线的最大和最小效率都相差很大。从相关数据可以看出，大多数 DC/DC 转换器的能量转换效率并不一定随负载率单调增加，而是会在某处达到峰值。

为了优化光伏电动汽车快速充电站的接入位置和配置容量，设定以下两个优化目标：①平均直流配电系统最高的运行效率；②充电站的投资和运营成本最低。在约束条件方面，考虑了 DC/DC 转换器约束、充电桩容量约束、充电站服务约束及光伏/储能系统约束。

本书以直流配电系统运行效率最高以及充电站投资与运行成本最低为优化目标。针对该优化问题，本书采用 NSGA-II 进行求解。根据模型得到的 Pareto 前沿面，如图 2-69 所示。根据上述的权重选取方式，通过仿真计算可以得到采用隔离式全桥变流器和采用 LLC 全桥变流器两种情况下，含光伏的电动汽车快速充电站的接入位置以及站内各单元的安装容量。采用优化配置和扩展规划的运行效率对比如图 2-70 所示。

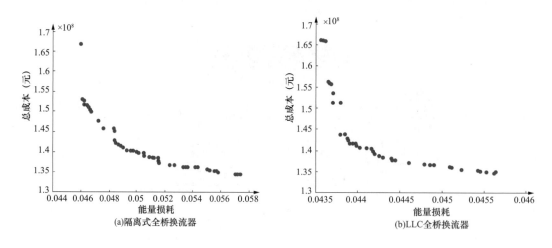

图 2-69　采用两种变流器时的 Pareto 前沿面

图 2-70 为分别采用两种变流器时，算例中直流配电网在 1 个典型日内的运行效率曲线。可知，本书所提出的优化配置方法可以较为明显的提高直流配电系统的运行效率。

2.3.4.3　交、直流配电网运行效率对比

本小节依据实际工程的拓扑结构及源荷接入方式（见图 2-71 和表 2-19），对交直流配电

网的运行效率进行对比分析。

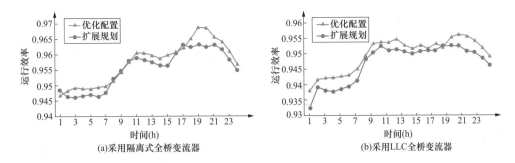

(a)采用隔离式全桥变流器   (b)采用LLC全桥变流器

图 2-70   直流配电系统的运行效率

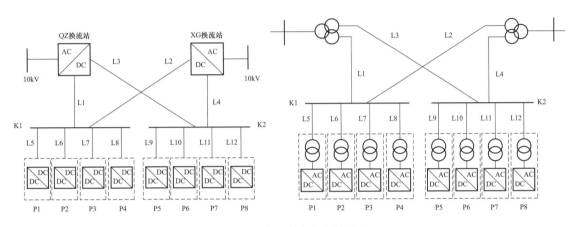

图 2-71   交、直流配电网模型

表 2-19   吴江示范工程接入点

源荷类型	配电房	名称	负荷容量（MW）
负荷	P1	数据中心服务器	1MW
	P1	居民直流用电负荷	0.8MW
	P2	工业负荷 1	3MW
	P3	工业负荷 2	1.5MW
	P4	充电桩	3.5MW
	P6	商业配电房	0.5MW
分布式电源	P2	光伏电站	2.2MW
	P5	光伏升压站	4MW

在直流配电网中电缆选型为 DC-YJV62 型电缆。交流配电网的网络结构也采用与示范工程相同的网络结构与线路长度，但电缆选型为 YJV22 铜芯电缆。直流配电网的损耗主要来源于直流电缆线路的损耗、AC/DC 换流器的损耗及 DC/DC 换流器的损耗，而交流配电网的传输损耗主要来源于交流电缆线路损耗、变压器损耗及 AC/DC 换流器的损耗。根据示范工程中光伏、住宅负荷、商业负荷、市政负荷、工业负荷及数据中心的负荷曲线如图 2-72 所示。根据实际

工程数据，1个典型日内交直流配电网的传输效率如图 2-73 所示。

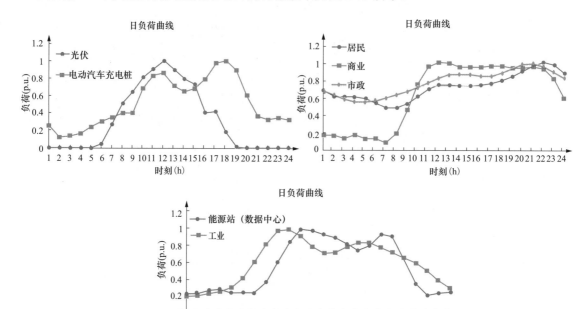

图 2-72　源荷典型日负荷曲线

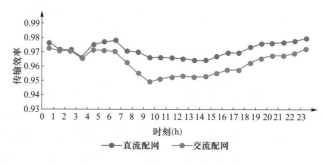

图 2-73　交直流效率对比图

在平均效率方面，交流配电网的平均效率为96.22%，而直流配电网的平均效率为97.14%。在最低效率方面，交流配电网的最低效率为94.939%，而直流配电网的最低效率为96.42%。由此可知，在相同拓扑下，直流配电网相比于交流配电网在传输效率方面有优越性，采用直流配电网有利于提高系统的传输效率。

2.3.5　直流配用电系统技术经济性评估方法

本书结合中低压直流配用电系统的特点，采用考虑 LCC 的财务评价方法，基于供电特性分析在给定供电容量的条件下确定网络参数，通过比较交直流配用电系统的等年值费用来评估直流配用电系统的投资经济性。

2.3.5.1　系统技术特性

配用电系统技术特性中，供电能力与传输损耗两项指标直接影响配电网的网络参数和损

耗电量，从而影响系统的投资费用与损耗费用，下面以这两项指标为例分析交直流配电网的供电特性。

配电网的供电能力通常用线路负荷矩与线路载流量衡量，而二者常用作工程中电缆选型的依据。对于直流配电系统，当采用双极线路输配电时，可利用如下公式计算线路负荷矩（TSC）与载流量

$$TSC_{DC} = PL = \frac{20\Delta P\% U_{DC}^2}{r_0} \qquad (2\text{-}36)$$

$$I_{max} = \frac{S_{dc\,max}}{2U_{DC}} \qquad (2\text{-}37)$$

式中：L 为导体长度；r_0 为每公里单根电缆电阻；U_{DC} 为双极直流供电线路电压；$S_{dc\,max}$ 为线路最大允许容量；I_{max} 为线路载流量；P 为传输功率；ΔP 为线路损耗。

系统传输损耗直接决定了配电网侧的损耗费用，其主要来源于电缆损耗及换流器损耗。本书考虑变换器效率在负载作用下的变化，通过对交直流配电网变压器/换流器的传输效率与线路传输损耗进行计算，确定配电级和用户级的损失。

2.3.5.2 系统投资经济性

本书采用等年值法作为经济评价方法来比较直流配用电系统和交流配用电系统的投资经济性，将系统分为配电网侧与用户侧进行计算。

配电网侧的总费用包括主要投资费用、年维护费用和年损耗费用，计算公式为

$$A^d = W_{invest}^d \frac{i(1+i)^{n_a}}{(1+i)^{n_a}-1} + W_{maintain}^d + W_{loss}^d \qquad (2\text{-}38)$$

式中：A^d 为配电网的等年值费用；W_{invest}^d 为配电网的主要投资费用；i 为折现率；n_a 为配电网运行年数；$W_{maintain}^d$ 为配电网的年维护费用；W_{loss}^d 为配电网的年损耗费用。

投资成本主要考虑了换流站、DC/DC 变换器和 DC 馈线的安装。运行费用包括上述设备的维护和维修费用，损耗费用中涉及变压器和电缆的能量损耗。

在分析用户侧的费用时，本书主要分析由于配电网采用交流或直流技术而产生变化的部分，即额外投资费用、年额外维护费用和年额外损耗费用。

2.3.5.3 直流配用电系统技术经济性评估流程

针对以上分析内容，可以按照以下流程进行直流配用电系统技术经济评估：

首先获取评价地区的电网现状或规划数据，即需要获取现状电网或规划电网的电气接线图，配电网的设备参数和投资金额，各节点的负荷水平等等。然后，根据获取的现状或规划电网数据，基于交直流配电网供电特性分析的结果确定交直流网络参数。根据确定的交直流网络参数，计算各部分等年值费用。在计算得交流配用电系统与直流配用电系统在应用场景的等年值费用后，对直流配用电系统在该场景应用的技术经济性做出分析评价。

2.3.5.4 交直流供用电模式技术经济性对比分析

（1）交直流配电网配用电模式

本书搭建如图 2-71 所示的网络拓扑。在选取交直流配电网的电缆参数时，通常根据电压

跌落/功率损耗选择电缆截面积，但考虑到示范工程的线路长度相对较短，线路功率损失较小，因此对开关站至配电房的电缆通过载流量约束进行选取。

当中压配电网经交直流变压器将低压线路接入用户时，如图 2-74 所示，交流配电网的用户需要额外安装逆变/直流器以接入变频电机、充电桩等直流负荷。本书取示范工程中所有负荷为直流负荷进行下面的分析。

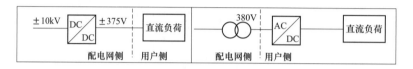

图 2-74 用户侧用电模式（直流、交流）

（2）配电网侧分析结果

通过计算得直流与交流配电网的主要投资费用，如表 2-20 所示。在示范工程中，虽然直流配电网具有略低的变压器价格并且可以选取更小截面积的电缆，但是巨大的换流站成本使得直流配电网的主要投资费用明显大于交流配电网。

表 2-20 配电网主要投资费用

项目	直流配电网	交流配电网
换流站/变电站（万元）	2978.7	837.9
变压器（万元）	8253.5	372.2
电缆（万元）	896.1	1193.9
主要投资费用（万元）	12128.3	2404.0
主要投资费用等年值（万元）	1136.2	225.3

带入典型负荷曲线与典型光伏出力曲线进行计算，得到直流配电网与交流配电网在典型日的损耗率，如图 2-75 所示。对于示范工程，由于所选变压器容量较大且线路长度较短，影响配电网传输损耗率的主要因素是变压器损耗，直流配电网的传输损耗率略大于交流配电网。

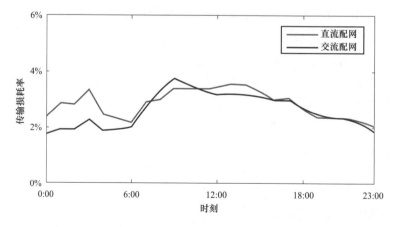

图 2-75 交直流配电网损耗率对比

由损耗率曲线和典型负荷曲线进行加权折算可得直流配电网的平均损耗率为 2.95%，年损耗费用为 97.8 万元；交流配电网的平均损耗率为 2.82%，年损耗费用为 93.5 万元。

最后计算得到直流配电网与交流配电网的年费用，如表 2-21 所示。由表可知，由于目前换流站和直流变压器相对较高的造价，在示范工程的场景下建造直流配电网会带来更高的主要投资费用，也因此产生更高的年维护费用，造成直流配电网的年损耗费用略大于交流配电网，最终直流配电网的年费用约为交流配电网的 4 倍。

表 2-21　　　　　　　　　　　配电网等年值费用比较

项目	直流配电网	交流配电网
主要投资费用等年值（万元）	1136.2	225.3
年维护费用（万元）	218.3	43.3
年损耗费用（万元）	97.8	93.5
年费用（万元）	1452.3	362.1

（3）用户侧分析结果

考虑交流配用电系统在用户侧额外安装的逆变器/整流器，带入典型负荷曲线与典型光伏出力曲线计算，得到交流系统下用户因逆变器/整流器产生的年额外损耗电量为 145.0 万 kWh。最终计算得到采用交流配电网会使得算例工程内所有用户产生额外 116.4 万元的年费用。

（4）全系统分析结果

表 2-22 给出了全系统的等年值费用对比，其中直流系统等年值费用等于直流配电网等年值费用，为 444.71452.3 万元；交流系统等年值费用为交流配电网等年值费用与交流配电网用户等年值费用之和，为 478.5 万元。

表 2-22　　　　　　　　　　　全系统等年值费用比较

项目	直流系统	交流系统
等年值（万元）	1452.3	478.5

由于交流变电站、交流变压器的价格已相对稳定，考虑到未来换流站建设技术与直流变压器制造技术发展引起的成本下降，对 10 年后直流配用电系统的产业化推广应用进行了初步测算，其中 10 年后直流系统等年值费用约为 400.8 万元，交流系统约为 464.04 元。

计算结果表明，现阶段对于示范工程的应用场景，考虑到系统在配电网侧和用户侧的整体投资情况，交流配用电系统的技术经济性要优于直流配用电系统，但考虑到未来换流站建设技术与直流变压器制造技术发展引起的成本下降，预计 10 年后直流系统将具有更好的投资经济性。由计算结果可知，虽然直流配用电系统的配电网费用比交流系统高 22.8%，但是由于直流系统的用户侧无需安装额外的逆变器/整流器，在节省一定投资费用的同时具有更高的用电效率，最终直流配用电系统的年费用比交流配用电系统低 7.1%。在未考虑直流系统给配电网和用户带来的电能质量改善、可靠性提升等效益的情况下，可计算得到直流系统的年费用低于交流系统，说明对于示范工程建设直流配用电系统比交流配用电系统具有更优的技术经济性。

直流配用电系统关键装备及原理

3.1 直流开断技术

3.1.1 中压直流开断技术原理

3.1.1.1 直流断路器研究难点

直流系统的短路电流具有上升速度快、电流幅值高等特点，短路故障条件下，直流系统中储存着巨大能量。为了避免系统及相关设备受到短路电流的电、热、机械冲击而发生破坏，直流断路器要在数毫秒内完成短路电流的转移和电能耗散，实现短路故障的可靠切除。直流拓扑结构的研究有以下三个难点：

（1）直流断路器开断物理过程的复杂

直流短路电流开断的难点之一在于电流无过零点，为此通常利用机械开关并联辅助支路或者利用电力电子器件的全控特性实现电流的过零和转移，最终由电能耗散装置消耗系统剩余的能量来实现短路故障的切除。无论是采用电流注入式开断方法，还是采用大功率电力电子器件的混合式开断方法，甚至采用完全依靠电力电子器件的固态式开断方法，均是利用电流转移和电能耗散的方式来实现短路电流的过零开断，涉及电流转移、断口介质恢复、电能耗散等多个物理过程的配合，开断过程复杂。其中包含高电压与绝缘技术、放电物理、电磁场理论、电介质物理、电力电子技术等多个学科领域的交叉。

（2）直流短路电流开断与现有的交流短路电流开断机理不同

传统交流短路电流具有自然过零点，其短路电流的开断时间约为数十毫秒。而直流电流不存在自然过零点，需要人为制造过零点，并要求在数毫秒内切除短路故障，其开断要比交流困难得多，特别是中、高电压条件下的直流开断任务变得尤为艰巨。同时，交流开断的顺利与否主要取决于开关电弧的熄灭过程。而直流开断涉及电流转移、断口介质绝缘恢复和电能耗散等多个复杂过程的相互配合。除此之外，直流开断中电弧熄灭瞬间的电流下降率是传统交流分断情况下的数十倍，具有很强的瞬变特征，无论在绝缘结构还是在击穿机理上均与交流断路器具有很大的不同。

（3）直流断路器的工程化研究尚处于起步阶段

直流断路器是直流电网安全运行和保护的关键设备，对防止故障范围扩大有着重大的意义。由于直流系统不存在电流过零点，给研制大容量直流断路器带来了巨大困难。目前，低压直流断路器已经投入市场应用，而中高压直流断路器的研发和工程应用仍然缓慢，相关直

流短路分断方法单一，断路器成本有待进一步降低，离大规模商用化尚有相当距离。

综上所述，首先，直流系统电流没有自然过零点，无法应用交流断路器中成熟的灭弧技术；其次，直流系统中感性元件等储存着巨大的能量，显著增大了直流故障电流的开断难度。因此，围绕以下两个方面提出的直流断路器拓扑结构：①开断电流，熄灭电弧；②抑制开断感性电流引起的过电压，吸收感性电路内部储存的能量。

传统机械式中压直流断路器是通过拉长电弧、降低弧柱温度和提高近极压降等方法来提高断口电弧电压，抵抗直流系统电源电压迫使电流下降到零点以实现分断。机械式直流断路器使用纯机械结构，其分断技术原理简单，工作可靠，成本较低，在低压直流系统中已有了广泛的应用。尽管机械式直流断路器额定通流能力强，但其开断速度慢、分断能力低，无法满足中压直流大容量分断要求。

随着自激振荡式直流分断技术的出现，在传统机械开关的基础上并联电容、电感和避雷器形成电流转移支路和能量吸收支路，利用电弧的不稳定性和负阻特性在主电流回路和转移支路之间产生自激振荡电流而实现电流过零分断。然而，自激振荡式直流分断技术开断时间长，通常需 50 多 ms，开断能力弱，目前同样难以满足中压直流大容量分断的要求。

大功率半导体技术的发展，使得以电力电子器件作为开断元件的固态断路器受到关注。与机械式断路器相比，固态断路器具有分断速度快、限流能力强、分断电流无电弧、工作稳定、维护较少等优点。尽管如此，其存在的缺陷同样不容忽视，如损耗大、发热严重、需要冷却装置、电力电子器件耐受过载能力低、不能持续忍受故障大电流、无法实现断路器之间的选择性整定配合等，因此纯固态直流断路器很少应用于工程中。

电流转移式直流断路器在快速机械开关的基础上，并联了由半导体开关、电容、电抗等元件构成的转移支路，兼顾了机械开关低导通损耗和半导体器件易于控制的优点，其分断速度为数毫秒。电流转移式直流断路器按照转移后开断方式及转移支路组成元件的不同，又可分为混合式直流断路器和电流注入式直流断路器两类。混合式直流断路器在转移支路中使用全控型半导体开关来完成电流的快速关断。然而，和固态断路器类似，混合式直流断路器关断能力同样受到半导体开关器件容量的限制，在高电压、大电流的分断场合往往需要大量器件串、并联使用，其体积和成本均很高。电流注入式直流断路器在转移支路中使用半控型半导体开关，并利用转移支路电容或电感产生电流，反向注入机械开关，从而实现电流的过零分断，其分断能力可达数十千安。

下面分别介绍机械式、固态式、混合式直流断路器的拓扑原理。

3.1.1.2 机械式直流断路器

图 3-1 给出了典型的电流注入式直流断路器结构（Active Current Injection Circuit Breaker，ACICB）。其主要由三条并联的支路组成，分别是金属氧化物避雷器（Metal Oxide Varistor，MOV）构成的能量耗散支路 1、含高速开关（High-Speed Switch，HSS）的额定通流支路 2 和转移支路 3。其中，转移支路包含电感 L、

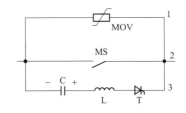

图 3-1　典型的电流注入式直流断路器结构

晶闸管 T 以及预充电的电容器 C。正常工作情况下，断路器转移支路和能量耗散支路不导通，

由 HSS 承担所有电流，因此断路器额定通流的损耗非常小。

当断路器进行分断操作时，首先触发晶闸管 T，利用预充电电容器 C 产生的反向脉冲电流来抵制 HSS 中的电流，进而在 HSS 中制造电流的过零点，实现 HSS 触头分断的同时，电流转移至 LC 支路，电容电压反向升高至 MOV 的导通压降后，电流进一步转移至 MOV，最终系统的能量在 MOV 中被耗散，系统电流被分断。该类断路器分断故障电流的速度为数毫秒，其电压等级适用于数十至数百千伏的中高压直流开断中。但随着电压等级的提高，其技术难度也相应提升。此外，故障分断完成后由于电容器处于高电压，因此重合闸相对困难。

该类断路器在分断过程中需要精确控制 HSS 及其他元件的工作，因此对电流转移过程中的器件配合要求很高，其开断可靠性至关重要。其中，HSS 是关键部件之一，可采用真空断口，但其分断方式及结构与传统交流真空断路器有较大不同，触头拉开产生的瞬态电弧将显著降低触头间介质的击穿强度，可能导致 HSS 在暂态恢复电压作用下被击穿，最终造成开断失败。

由于其低成本和高分断能力的特点，电流注入式断路器在工程应用方面具有很大的优势。基于该分断原理，西安交通大学研制了 55kV/16kA 单元样机，并通过国家高压电器质量监督检验中心的试验测试，成功开断 16kA 电流，开断时间小于 5ms。

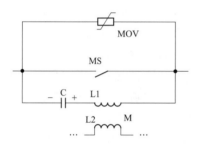

图 3-2 基于磁耦合电容转移的直流断路器

除了使用预充电电容器，还可以通过脉冲变压器来实现反向电流注入，如图 3-2 所示。在这种方案中，断路器高压侧回路和低压侧回路没有直接连接，因此断路器中高压侧和低压侧相互隔离，有利于提高断路器的稳定性和可靠性。基于脉冲变压器的电流注入原理，西安交通大学开发了相应的直流断路器样机，额定参数 10kV/2kA，可在 5ms 内分断 10kA 故障电流。

3.1.1.3 固态式直流断路器

固态式断路器又称为静态断路器，完全由全控型电力电子器件构成，如绝缘栅双极型晶体管（Insulated Gate Bipolar Transistor，IGBT）、集成门极换流晶闸管（Integrated Gate Commutated Thyristors，IGCT）等。自 20 世纪 70 年代末被提出以来，随着半导体技术的长足发展，开断容量也在不断提高。此类断路器通过半导体器件在关断过程中快速建立电压而实现电流的最终分断。基于如 IGBT 等可关断器件的直流混合型固态断路器与机械式断路器相比，由于没有机械部件，开断过程小于 1ms，具有分断速度快、限流能力强、分断电流无电弧、无材料烧蚀、无声响、工作稳定、维护较少等优点。同时，通过电力电子器件的串并联组合可以灵活调整通流和分断能力。但固态断路器也存在一定的缺陷，如损耗大、发热严重、需要冷却装置、电力电子器件耐受过载能力低、不能持续忍受故障大电流、无法实现断路器之间的选择性整定配合等。当固态断路器向着大功率、高电压等级的方向发展时，往往需要采用大量器件进行串并联来实现，其中需要解决控制信号的同步发送、均压和均流的问题。由于半导体器件的造价高、通态损耗大等固有缺点，纯固态断路器的应用受到了严重制约。目前固态断路器的研究主要集中在拓扑结构阶段，样机容量较小而且都局限于某些特殊的领域，目前还没有应用到具体的工程实践当中。

3.1.1.4　混合式断路器

混合式断路器由固态式断路器演化而来，为了克服固态断路器造价高、通态损耗大的缺点，研究人员提出了一种改进的替代方案，即混合式断路器，将机械开关和电力电子器件相结合。一方面，机械开关弥补了电力电子器件通流能力不足的缺点；另一方面，半导体开关提高了机械开关的开断能力。由于引入了机械部件，混合式断路器的分断时间略高于固态断路器，约为几毫秒。固态断路器和混合式断路器的分断能力主要受电力电子器件本身的影响，同时需要解决控制信号同步、均压和均流的问题。

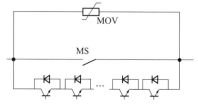

图 3-3　混合式直流断路器

混合式直流断路器如图 3-3 所示，包含 3 条并联支路。能量耗散支路 1 由 MOV 组成，用于限制分断过电压，并消耗存储在系统中的巨大能量。主支路 2 由机械开关 MS 构成，以承载额定电流。半导体支路由多个串联的 IGBT 组成。

正常通流情况下，电流仅由 MS 承担。执行电流分断操作时，IGBT 导通，MS 打开。在电弧电压的作用下，电流将从 MS 转移到半导体支路，一旦电流完全转移，电弧熄灭。随后，IGBT 关断并将电流强制转移至 MOV 中，实现耗能和系统电流分断。基于混合式分断原理，ABB 公司研制了中压直流断路器样机，额定参数 12kV/2kA，最大分断电流 25kA。

如图 3-4 所示，北卡罗来纳大学利用 SiC 新型半导体器件研制了 10kV/200A 断路器样机，可在 2ms 内完成电流分断。该断路器样机借鉴了 ABB 高压混合式断路器结构，为了确保电流从机械开关到电子开关的可靠转移，一部分电子开关和 MS 串联连接，作为负载转移开关（Load Commutation Switch，LCS）。通过 LCS 的主动关断来实现 MS 的无弧打开，既避免了触头烧蚀等一系列问题，又保证了机械断口的良好静态绝缘能力。

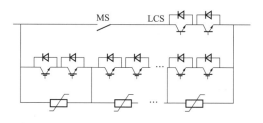

图 3-4　北卡罗来纳大学研制的混合式直流断路器

在图 3-4 中，主支路 LCS 会导致较高的额定通流损耗，但仍不失为一种切之有效的分断方案：一方面由于其器件相对较少，损耗危害较小；另一方面为机械开关创造了零电流的分断环境，大大提高了断路器的可靠性，使其具有向更高电压等级发展的潜力。近年来，研究者也不断地提出改进的措施，如 ABB 公司提出在主支路和半导体支路加装耦合电抗器的辅助转移方案，以及使用脉冲变压器、超导材料、非线性电阻、液态金属限流器等来替代 LCS 的方案。但这些新方案仅仅停留在理论研究阶段，离实际应用还需更进一步探索。

3.1.1.5　其他直流分断方案

某些特殊场合对于电流开断过程的转移速度和转移可靠性要求非常高，例如大型发电机的出口保护，常用的电流转移和分断原理不能很好地满足要求，因此出现了一些更为高速和可靠的电流转移方式，其中最为常见的是基于爆炸原理实现的电流转移及分断。其基本原理是利用爆炸母排来承担额定通流，当发生短路故障后，通过炸断母排将故障电流转移到并联的限流电路，完成能量的耗散和开断。此外，Jouya Jadidian 等人研究了一种基于爆炸原理的

压缩磁通电流转移方案。正常通流时，由真空开关承担额定通流；发生短路故障后，利用爆炸驱动高速开关并联电感中的铁芯高速运动，使得电感的磁通快速变化，进而形成高幅值感应电流来抵制高速开关中的电流，从而完成电流转移和分断。上述两种方案虽然采用了爆炸驱动形式，可以完成高速的电流转移和分断，但出于爆炸驱动本身的缺点，其一次动作后必须进行更换和维修，使用成本非常高，工程应用并不广泛。

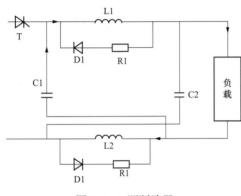

图 3-5　Z 源断路器

Z 源断路器作为一种特殊的断路器，可以在系统发生短路故障后自动断开系统回路。如图 3-5 所示，Z 源断路器通常包含晶闸管 T、交叉 LC 支路以及二极管和电阻。正常工作时 T 导通，并且电容器 C1 和 C2 被充电至系统电压。当 Z 源断路器的负载端发生短路故障时，C1 和 C2 变为串联结构，并通过短路点开始放电。一旦 C1 中的电流大于 L1 电流，T 将被自然关断。T 关断之后，Z 源断路器与负载形成谐振电路，输出电压最终振荡至零。

Z 源断路器的缺点是：①额定通流能力受到晶闸管、电感等器件的制约；②不能关断额定电流，在常规分断时无法使用。相比其他分断方案，低成本、控制简单、自动应对故障、组成元件不易损坏等优点使其具有工程应用的潜力。

3.1.2　低压直流开断技术原理

在图 3-6 的右上角的电路图中，电源 E、电阻 R（相当于线路电阻或负载电阻）、电感 L（相当于继电器线圈或电动机绕组等效电感）、开关 K 以及触头之间的直流电弧形成串联回路。依据基尔霍夫第二定律，可以写出如下电路方程

$$E = L\frac{\mathrm{d}I_\mathrm{h}}{\mathrm{d}t} + RI_\mathrm{h} + U_\mathrm{h} \tag{3-1}$$

式中：等号左边是直流电源电动势；等号右边第一项是电感上的压降，第二项是电阻上的压降，第三项是电弧的压降；I_h 表示电弧电流；U_h 表示电弧电压。

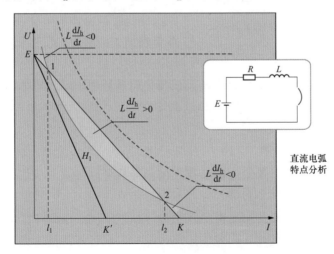

图 3-6　直流电弧的特点分析

如果电弧电流等于零，即电弧还未出现，由式（3-1）可知，$E=U_h$；如果电弧电压等于零，即 $U_h=0$，并且电弧电流 I_h 不发生变化，即 $dI_h/dt=0$，则 $E=RI_h$。由此可以绘出一条斜线，此斜线在电压轴上的截距是 $U_h=E$，在电流轴上的截距是 $I_h=E/R$，如图 3-6 中的细斜线 EK。

图 3-6 中，曲线 H_1 就是直流电弧的伏安特性曲线，它与细斜线 EK 交于 1 点和 2 点。

注意：直流电弧的曲线具有负电阻特性，即直流电流 I_h 越大，电弧温度越高，它的压降 U_h 就越低，等效电阻 $R_h=U_h/I_h$ 也越小。

交点 1：

在交点 1 上，电弧电流对时间的导数等于零，即 $dI_h/dt=0$。在交点 1 的左侧，$dI_h/dt<0$，电弧燃烧会越来越小，电弧会向左方运动，直至熄灭；在交点 1 的右侧，$dI_h/dt>0$，电弧燃烧会越来越剧烈，电弧会向右方运动。由此看来，交点 1 不是电弧的稳定的燃烧点（稳定点）。

交点 2：

注意：交点 2 的左侧 $dI_h/dt>0$，交点 2 本身 $dI_h/dt=0$，在交点 2 的右侧 $dI_h/dt<0$。

如果电弧向交点 2 的左方运动，电弧电压会上升，同时电弧电流会减少，与 $dI_h/dt>0$ 矛盾，因此电弧的工作点只能向交点 2 的方向运动。如果电弧向交点 2 的右方运动，电弧电压会下降，同时电弧电流会增加，与 $dI_h/dt<0$ 矛盾，因此电弧的工作点只能向交点 2 的方向运动。把两者结合起来，交点 2 就是电弧的稳定燃烧点。

知道了交点 2 是电弧的稳定点后，就要消除交点 2，基本原理如下：

原理 1：增大线路电阻 R，于是图 3-6 中的斜线 EK 变成斜线 EK'，则交点 2 不复存在，直流电弧自然就熄灭了。

原理 2：设法拉长电弧，电弧的伏安特性曲线会上升，由 H_1 变成 H_2，见图 3-6 中的虚线 H_2。此时交点 2 不复存在，电弧也就熄灭了。

与上述直流电弧熄弧原理对应的方法有：

（1）设法增加电弧电压 U_h

增加电弧电压 U_h 后，使得电弧电流 I_h 降低，直至熄灭。为此，利用平行排列的金属栅片，把电弧切成 n 段短弧，如图 3-7 所示。

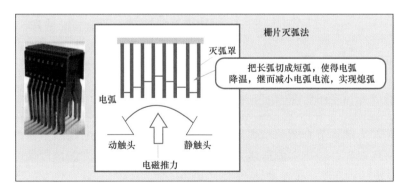

图 3-7　直流电弧的栅片灭弧法

若设栅片的数量为 n，栅片内全部短弧的长度之和为 L_h，每格栅片内阳极与阴极之间的

电弧压降为 U_0，则电弧电压 U_h 为

$$U_h = nU_0 + EL_h \qquad (3-2)$$

栅片数 n 越多，电弧电压 U_h 就越高，电弧电流 I_h 就越低，电弧熄灭就越快。

（2）设法拉长电弧

栅片的工作原理等效于拉长了电弧的弧长。由上述原理二可知，电弧的弧长越长，电弧越容易熄灭。还需要有许多配套技术，例如用机械方法拉长电弧，依靠电弧自身的磁场作用来横向拉长电弧，利用外部磁场来拉长电弧等。

（3）设法增大电弧弧柱区的电场强度

具体措施有：增加气体压强，增加电弧与流体介质之间的相对速度等。在栅片表面涂敷热挥发性材料，当栅片受热后，它会挥发出提高空气击穿电压的物质，等效于提高了电场强度 E，使得电弧燃烧受限。这种方法也适用于交流电弧的熄灭过程。为了熄灭直流电弧，在低压电器中一般采取提高电弧静态伏安特性曲线的措施来灭弧，而高压电器除了上述这些方法外，有时还采取人工过零来抑制电弧，达到灭弧的目的。

下面讨论灭弧过电压问题。把式（3-1）变形后得到 U_h 的表达式为

$$U_h = E - RI_h - L\frac{dI_h}{dt} \qquad (3-3)$$

注意到 I_h 趋于零时，虽然 RI_h 约等于零，但电感的反向电动势 LdI_h/dt 却达到最大值，即

$$U_{hmax} = E - L\frac{dI_h}{dt}\Big|_{I_h \to 0} \qquad (3-4)$$

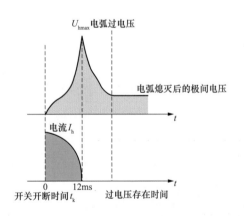

图 3-8 感性电路开断时出现的直流电弧过电压

从图 3-8 中看到，开断带感性负载的直流电路时产生的过电压还是很高的。从示波器中观察到，若电弧熄灭后开关极间电压为 20V，而过电压的最大值可达 460V！由此可见，直流电弧未必不是好事。事实上，直流电弧具有一定的限流能力。因此，在开断感性负载的直流电路时不要过快地灭弧，这对于系统来说是有一定好处的。

3.1.3 基于电弧电压转移的开断技术

对于大容量的短路电流开断，混合式开断方案开断速度快，是目前较为主流的方案。但其电流辅助转移器件的通态损耗是制约混合式断路器应用的核心问题，为此本节介绍基于弧压增强断口的混合式直流断路器开断方案，该方案不需要电流辅助转移器件，优化了制造成本和运行成本，在全电流开断速度快的同时保持低的通态损耗，2ms 内实现 15kA 快速截流。

3.1.3.1 基于弧压转移的新型混合式开断拓扑方案

基于弧压转移的新型混合式开断拓扑结构如图 3-9 所示，主要由弧压增强开关和固态开关组件构成。通过调控真空断口提升电弧电压，实现电流由高速机械开关往电力电子器件的

快速转移，再通过电力电子器件关断电流，完成故障清除。

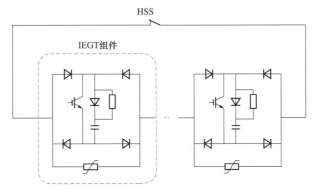

图 3-9　基于弧压转移的新型混合式拓扑结构

该方案的工作过程如图 3-10 和图 3-11 所示。

图 3-10（a）：额定状态下，由高速机械开关承载额定电流。

图 3-10（b）：当故障发生后，电流迅速上升，达到控制系统的整定值时，控制高速机械开关导通，产生电弧。通过断口调控的方法提升电弧电压，电流迅速转移至 IEGT 支路。

图 3-10（c）：当电流完全换流至 IEGT 支路，断口电流过零；由于 IEGT 支路的通态压降非常小，断口进入零休过程。

图 3-10（d）：经过一段时间的零休后，控制 IEGT 关断，电流转移至 MOV 中，完成能量耗散与故障清除。

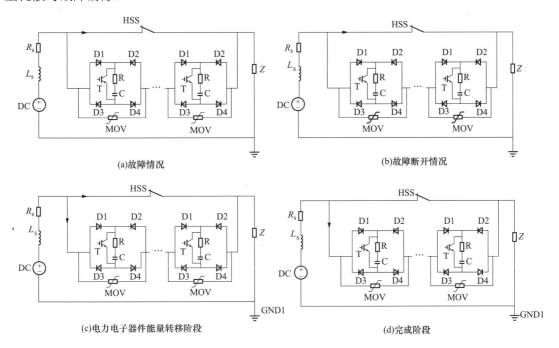

图 3-10　基于弧压转移的新型混合式开断工作原理

根据上述开断过程，可以看到基于弧压转移的混合式直流开断方案具有以下优点：

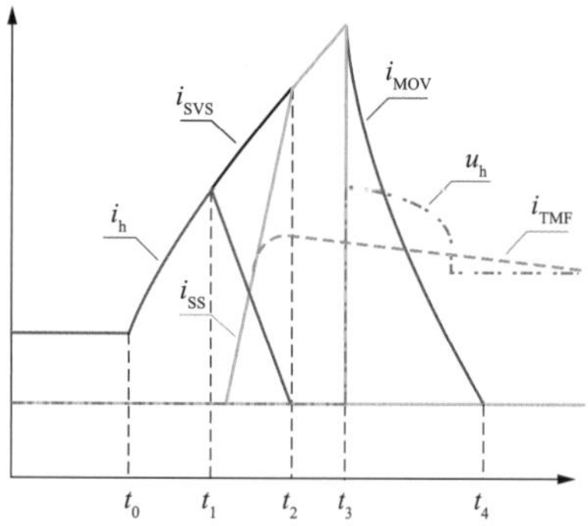

图 3-11　电流转移开断示意图

（1）仅通过断口完成故障电流的快速转移，不需要电力电子或磁耦合等额外辅助转移器件，通态损耗低，成本及体积大幅优化；

（2）不需预先判断电流方向，正反向与全电流范围控制时序相同，控制方法简单，开断可靠性高；

（3）采用 IEGT 组件实现单管 15kA 开断，结构紧凑，且没有均流问题，提高断路器电寿命和开断可靠性。

3.1.3.2　关键问题分析

根据上述分析，弧压增强混合式直流开断方案的关键问题有以下两个方面：

（1）弧压增强断口

对于传统真空断口，燃弧过程比空气断口稳定得多，电弧电压保持在约 30V 的水平。随着触头开距的增加，电弧电压略有增加，并达到峰值，并随着电流换流过程的推进，电弧电压随着电弧电流的减少而略微降低。在混合式开断方案中，如果不采用辅助电流转移模块，则电弧电压建立之后，电流就从主开关支路向电力电子开关支路转移。然而，由于电弧电压相对较低，转移电流随着电弧电压的降低而达到饱和，需要更长的时间完成电流转移，降低了高速机械开关的可靠性。整个过程的电路方程为

$$U_{arc} = (L_h + L_G)\frac{di_G}{dt} + U_d \tag{3-5}$$

式中：U_{arc} 为电弧电压；U_d 是半导体组件的通态压降；L_h 和 L_G 分别是主开关支路和电力电子开关支路的杂散电感。

式（3-5）中，U_d、L_h、L_G 为常数，则可以获得转移电流 i_G 为

$$i_G(t) = \frac{\int_{t_0}^{t} U_{arc}dt - U_d(t - t_0)}{L_h + L_G} \tag{3-6}$$

由式（3-6）看出，电弧电压在燃弧过程随时间的积分量对转移电流有着重要影响，是影响电流转移能力的主要因素。

（2）大电流燃弧的断口介质恢复

本节所提出的混合式开断需要断口拉弧转移过程，弧后介质恢复依然是决定开断可靠性的核心问题。尤其对于故障开断，燃弧电流大，导致真空断口弧后恢复速度慢。因此，设计合理的断口弧后介质恢复时间是关键问题。

3.1.4　弧压增强端口关键技术

3.1.4.1　断口磁场调控

弧压增强断口设计如图 3-12（a）所示，通过外置线圈施加磁场调控电弧，激励电弧运动拉长，实现电弧电压的提升，其中真空断口剖面示意图如图 3-12（b）所示。

图 3-13 给出了有无调控的电流转移过程的对比。传统真空断口的转移过程如图 3-13（a）所示，电弧电压峰值约为 30V，电流转移过程缓慢，在实际短路工况下无法满足快速电流转

移要求。施加调控后电流转移过程如图 3-13（b）所示，电弧电压峰值达到 150V，电弧电压提升了 400%，电流迅速转移，可以满足故障电流的开断要求。

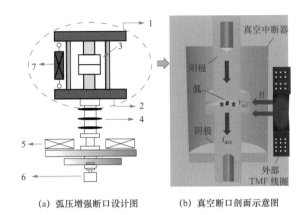

（a）弧压增强断口设计图　　（b）真空断口剖面示意图

图 3-12　弧压增强断口设计图

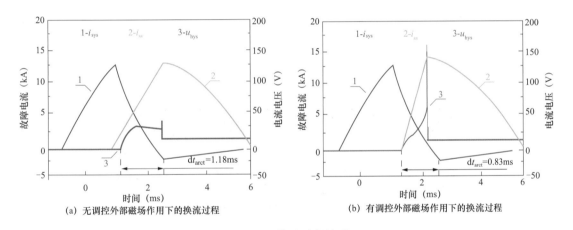

（a）无调控外部磁场作用下的换流过程　　（b）有调控外部磁场作用下的换流过程

图 3-13　换流过程波形

为了更具体地分析电弧电压受磁场的影响作用，图 3-15 给出了外部磁场作用下的电弧运动瞬间，结合图 3-14 中的真空断口电弧电压波形进行如下分析：

在 t_0 时刻，电弧在触头左侧边缘起弧。在 t_1 时刻，在外部磁场的作用下，电弧被驱动至触头右侧，如图 3-15（a）所示。

$t_1 \sim t_2$ 时刻，电弧的长度接近触头开距，此时电弧电压与无外部磁场作用时没有区别，如图 3-15（b）所示。

$t_2 \sim t_3$ 时刻，由于触点限制的消除，电弧大大延长，电弧电压急剧增加，同时也加快了故障电流的转移，如图 3-15（c）所示。

$t_3 \sim t_4$ 时刻，电弧进一步拉伸，电弧接近极限状态，电弧电压快速增大。在电弧拉伸状态下，电弧电压主要由电弧长度决定，而非电弧电流。因此，尽管电弧电流持续转移至电力电子开关支路，电弧电压仍不断增加。

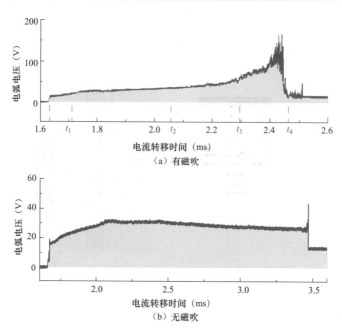

（a）有磁吹

（b）无磁吹

图 3-14　电弧电压随时间变化波形

在 t_4 时刻，出现了 HSCB 的电流过零点，如图 3-15（d）所示。同时注意到，在触点外还存在由电弧拉伸引起的金属液滴飞溅。

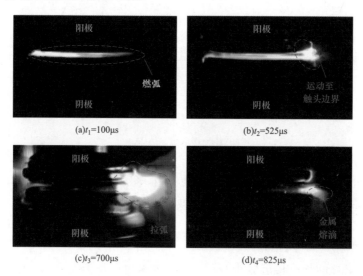

(a)t_1=100μs

(b)t_2=525μs

(c)t_3=700μs

(d)t_4=825μs

图 3-15　外部磁场作用下的电弧运动瞬间

3.1.4.2　不同触头结构的磁场分析

由于触头结构自身存在自励磁场，对于外置调控可能存在交互影响，因此本书针对不同触头结构下电弧的调控特性进行分析。三种触头结构下磁场分布与电弧运动状态如图 3-16 所示。

对比不同结构下触头的电弧电压特性如图 3-17 所示，其中平板触头的电弧电压最高，横

磁触头稍小于平板触头，纵磁触头由于自励磁场的影响，电弧电压最小。但除了电弧电压，触头的烧蚀特性也是重要的评价指标。对于平板触头，烧蚀程度比横磁触头明显更为严重，因此权衡电流转移特性与烧蚀特性后选取横磁触头。

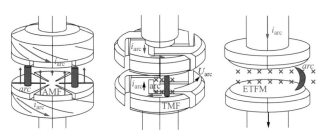

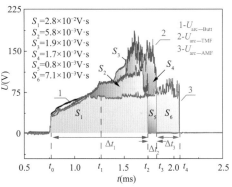

图 3-16　不同触头结构下电弧运动状态　　　　图 3-17　不同触头结构的电弧电压特性

3.1.4.3　稳定性分析

受电弧本身随机性的影响，电流转移过程可能存在一定的随机性。因此，电流转移特性的稳定性是直流断路器性能的重要衡量指标。

在所有条件固定的情况下，对电流转移过程进行重复性试验。电流转移时间的概率密度分布如图 3-18 所示，发现电流转移过程集中在 1.2ms 和 0.8ms 的位置。根据电弧形态推测，这两个差异源于起弧位置的不同，造成电弧被拉长的时间差异。且随着试验次数的增加，起弧点会越加固定，因此电流转移时间越加集中。

图 3-19 给出了电流过零前 di/dt 的分布，其结果与电流转移时间的分布具有强烈的相关性。电流转移时间越短，电流过零前 di/dt 越高。对于直流断路器开断而言，di/dt 越低越利于断口的弧后介质恢复，因此，需要结合弧后介质恢复特性进行特性设计。

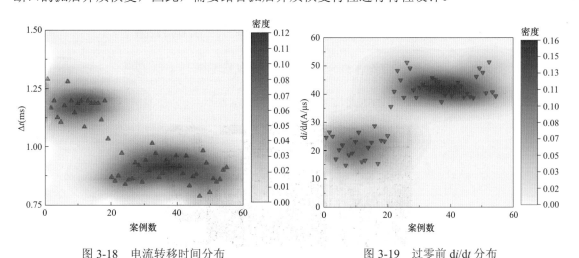

图 3-18　电流转移时间分布　　　　　　　图 3-19　过零前 di/dt 分布

3.1.5　弧后介质恢复关键技术

传统交流断路器的弧后介质恢复研究已经较为成熟。但是交流在直流开断工况中，电流变化率 di/dt 大，开断过电压上升速率高，因此针对传统交流断路器弧后介质恢复的研究结果

并不适用于直流开断工况。基于此，下面针对 2～20kA 直流开断工况中的弧后介质恢复进行详述。

3.1.5.1 实验电路设计

真空介质弧后绝缘恢复特性测试的试验电路如图 3-20 所示，试验电路分为以下 5 个部分：

（1）电流源：短路电流发生装置，短路电流幅值和周期可调，最大可生成 20kA 的短路电流。

（2）反向电流源：并联于试品两端的 LC 支路，用于快速转移短路电流，转移电流幅值最高可达 30kA，转移时间 0.1～1ms 可调。

（3）脉冲电压源：并联于试品两端，用于在断口熄弧后一小段时间内施加高压脉冲，测试断口绝缘恢复特性，脉冲电压幅值最高可达 50kV，电压上升率可调。

（4）试品：真空高速机械开关，其中真空泡可更换，满足对不同触头结构、触头材料的绝缘强度恢复特性的研究。

（5）控制及触发系统：基于 FPGA 的集成时序控制系统，用于检测短路电流、生成各个模块的触发控制信号，控制精度小于 1μs，时间抖动小于 100ns。

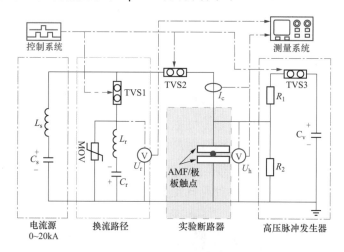

图 3-20　弧后介质恢复测试原理图

介质绝缘恢复特性测试实际电路现场如图 3-21 所示。

图 3-21　真空介质绝缘恢复特性测试试验现场图

3.1.5.2 典型波形

绝缘恢复实验典型波形如图 3-22 所示。如图 3-22（a）所示，在 3.5ms 左右时，测试电

流增加到 10kA，机械开关在 2.5ms 时断开，燃弧时间为 1ms。然后注入高频电流使高压断路器内的电流降至零，在较短的恢复时间后施加高压脉冲到真空断路器。图 3-22（a）所示为被测断路器耐受恢复电压时的情况，图 3-22（b）所示为四个阶段：燃弧阶段见第 I 阶段；第 II 阶段中高频反向电流注入 HSS 中；第III阶段，HSS 的电流过零点到高压脉冲应用的持续时间约为 40μs；最后，第IV阶段为一个持续 50μs 的脉冲高电压。图 3-22（b）更详细地展示了高压脉冲波形，从中可以看出高压脉冲从 0 增加到 22kV 的时间小于 200ns。

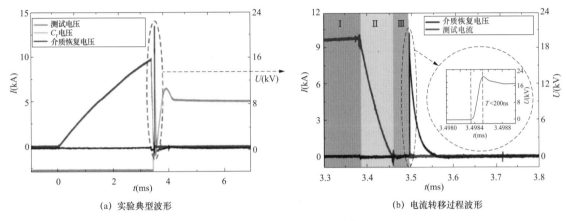

(a) 实验典型波形　　　　　　　　　　(b) 电流转移过程波形

图 3-22　绝缘恢复实验典型波形

另一个与被测断路器失效相对应的典型实验结果如图 3-23 所示，阶段 I 和阶段 II 与图 3-22 相同，但阶段III的持续时间只有 23μs，这意味着当恢复电压增加到 18kV 时，被测断路器发生了击穿。高压脉冲持续时间小于 400ns。对不同的恢复时间进行了不同测试电流、燃弧时间、触头、电流过零前 di/dt 的实验，如图 3-23 所示。得到了被测断路器在不同条件下的介质恢复特性。具体实验情况如表 3-1 所示。

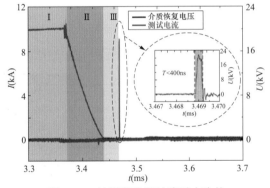

图 3-23　被测断路器故障时产生的典型实验结果的详细波形

表 3-1　　　　　　　　　　　　实　验　情　况

实验	实验电流（kA）	燃弧时间（ms）	转移速度（A/μs）	触头
案例 1：电流影响	10，15，20	0.5	667	纵磁触头
案例 2：di/dt 影响	20	1.0	667，333	纵磁触头
案例 3：触头影响	20	0.5	667	纵磁触头 平板触头
案例 4：燃弧时间影响	20	0.5，1.0，1.5	667	纵磁触头

3.1.5.3　影响因素研究

（1）不同电弧电流下的介质恢复强度

图 3-24 所示为 2kA 下的介质强度恢复曲线。介质强度先线性恢复，然后增加到 35kV 左右的饱和值。平板触头与纵磁触头在 2kA 电弧电流下的介质恢复特性相似。

如图 3-25 所示，10kA 下的实验结果介质恢复过程趋势相似，但纵磁接触的介质恢复特性明显优于平板触头的介质恢复特性。特别是在 20μs 左右，纵磁触点的介质强度电压已经恢复到 20kV 左右。而平板触头的介电强度刚刚恢复到 10kV。

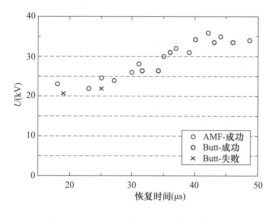

图 3-24 电弧电流 2kA 下的实验结果   图 3-25 电弧电流 10kA 下的实验结果

纵磁触头中的电弧很快就会发展成扩散状态，并且一直保持扩散状态直到电弧熄灭。而根据平板触头中的电弧图像（见图 3-26），电弧产生后就聚集在触头的一个区域，尤其是阳极。大约在 1ms 内，金属液滴在触头之间扩散开。因此，当分别在纵磁触点和平板触头之间施加高压脉冲时，平板触头表现出较差的介质恢复特性。

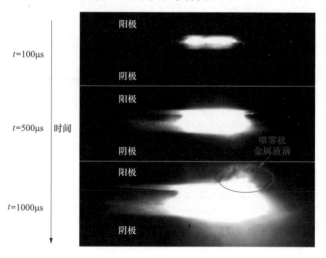

图 3-26 平板触头中电弧的图像

图 3-27 中曲线 1～3 为燃弧电流分别为 10kA、15kA、20kA 的拟合结果。随着电弧电流的增加，介质恢复特性显著降低。由于开断过电压通常是额定电压的 2 倍，因此将 20kV 的介质恢复强度作为判断不同短路电流下性能差异的阈值。在短路电流 10kA、15kA 和 20kA 下的恢复时间分别为 24.8μs、27.4μs 和 31.0μs。电弧电流越大，触点温度越高，且金属蒸汽

浓度随触点温度的升高而增大，从而导致较差的介质恢复强度特性。

介质恢复过程的趋势相似，介质恢复强度在前 15μs 呈线性增加，然后增加到约 30kV 的饱和值。值得注意的是，在某些情况下，断路器的介质恢复电压较低，但恢复时间较长。可以认为这是由于电弧的不稳定性导致的可以接受的数据分散性。如图 3-27 所示，该图可分为危险区域、过渡区域和安全区域三个区域，其中安全区域是设计直流断路器的目标区域。

（2）不同触头类型下的介质恢复强度

如图 3-28 所示，两种触头介质恢复过程趋势相似，而纵磁触头的介质恢复特性更好。曲线 1 和曲线 2 分别为纵磁触头和平板触头的介质恢复强度拟合曲线。根据拟合曲线，平板触头需要 37.6μs 恢复到 20kV 的介质强度。在同样的条件下，纵磁触头只需要 31.0μs 就能恢复到相同的介质强度。

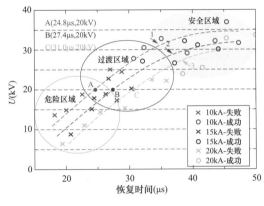

图 3-27　不同电流的介质强度恢复曲线

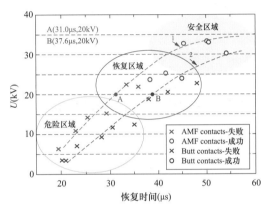

图 3-28　不同触头结构的介质强度恢复曲线

另外，平板触头的实验结果显示了一些不确定性，如断路器在成功地耐受恢复电压后依然会发生击穿。在燃弧阶段，纵磁触头和平板触头的磁场有很大的不同。电流通过纵磁触头所产生的磁场导致电弧呈扩散状态。而在平板触头中，电弧在大电流作用下聚集在阳极上，对触头造成严重的侵蚀，金属液滴在触头之间飞溅。因此，平板触头表现出较差的介质恢复特性，同时导致了平板触头的实验数据较为分散。

（3）电流过零前不同电流下降速率下的介质恢复强度

在 di/dt 分别为 333A/μs 和 667A/μs 的条件下，测定短路电流开断后的介质恢复强度，结果如图 3-29 中的曲线 1 和曲线 2。根据拟合曲线，在 di/dt 为 333A/μs 时，触头恢复到 20kV 的介质强度需要 22.5μs，而在 di/dt 为 666A/μs 时，恢复到相同的介质强度需要 25.5μs。经过 35μs 的恢复时间后，通过断路器的介质恢复进入安全区域。在实验电流下降时金属蒸汽密度减小，因此断路器的介质恢复强度在电流达到峰值后就开始恢复。电流转移

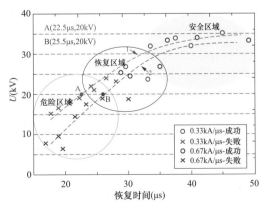

图 3-29　电流过零前不同电流下降速率下介质强度恢复曲线

时间越长，短路电流的峰值点到过零点之间的持续时间越长，有利于更好的介质恢复特性。

（4）不同燃弧时间下的介质恢复强度

图 3-30 中，曲线 1～3 分别为 500μs、1000μs、1500μs 下的介质恢复强度拟合结果。依然以 20kV 为介质恢复强度为阈值，在燃弧时间为 500、1000、1500μs 时的介质恢复时间分

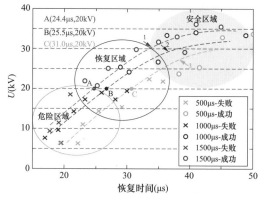

别是 24.4、25.5μs 和 31.0μs。如图 3-30 所示，恢复到安全区域大约需要 35μs。

燃弧时间为 1500μs 时的介质恢复强度优于燃弧时间为 1000μs 和 500μs 时的结果。燃弧时间对介质恢复强度的影响主要表现在两个方面：一方面，燃弧时间越长，电弧能量越大，金属蒸汽浓度越高，对介质恢复强度产生负面影响；另一方面，燃弧时间越长，触头分离距离越大，电弧向扩散状态发展，对介质恢复强度有积极影响。因此，需要对实验结果进行综合评估。

图 3-30　不同燃弧时间下介质强度恢复曲线

3.1.6　磁耦合电流注入开断技术

针对目前开断方案存在的问题，本节介绍了磁耦合电流注入式直流开断方案。该方案解决了电流注入式方案小电流开断速度慢的难题，全电流开断速度快；并且，由于仅一次电流转移即完成开断，成本体积得到大幅优化。基于此方案所设计的直流负荷开关样机综合成本降低了 40%。

图 3-31 所示的直流断路器主要由两条并联的支路组成，分别是包含高速开关 HSS 的额定通流支路和包含避雷器 MOV 的能量耗散支路。

通过与避雷器 MOV 串联的磁耦合转移模块 MICCM 的低压侧电感 L1，可以实现电流从额定通流支路向能量耗散支路转移。磁耦合转移模块 MICCM 的高压侧电感 L2 与晶闸管 T、预充电电容 C 连接，通过控制电容器放

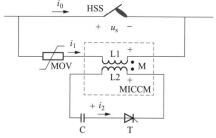

图 3-31　磁耦合电流注入式断路器拓扑

电来控制磁耦合转移模块的工作状态。在这种方案中，断路器高压侧回路和低压侧回路没有直接连接，因此断路器中高压侧和低压侧相互隔离，有利于提高断路器的稳定性和可靠性。

在正常工作情况下，断路器能量耗散支路不导通，由 HSS 承担所有电流，因此断路器额定通流的损耗非常小，如图 3-32（a）所示。

当断路器进行分断操作时，首先打开高速开关 HSS 并起弧，然后触发晶闸管 T，利用预充电电容器 C 产生的脉冲电流使低压侧电感 L1 感应出负电压，在该负压的作用下，电流被转移至 MOV，如图 3-32（b）所示。当电流完全转移后，高速开关熄弧，电流只流过 MOV，系统的能量在 MOV 中被耗散，如图 3-32（c）所示。当系统所有剩余能量被耗散时，避雷器电流为零，系统电流被分断。断路器的工作波形如图 3-33 所示。

由于直流配电系统的柔性运行方式与灵活的网架结构，断路器存在双向开断的工况，因此对磁耦合电流注入式双向开断方案进行分析。其拓扑结构如图 3-34 所示，高压侧采用双向

桥式结构设计，由四个晶闸管 T1～T4 和预充电电容器 C 组成，电容器两端并联一个续流二极管 VD，其他同上。可以通过对桥臂晶闸管的通断来控制电容器向磁耦合线圈高压侧电感 L2 注入电流的方向，从而进行双向电流开断。

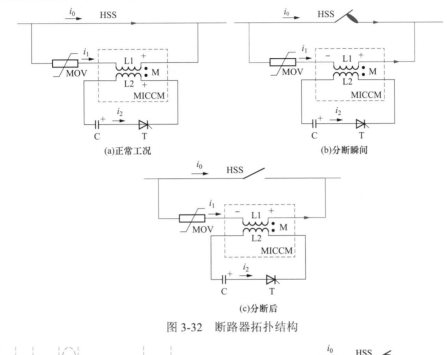

(a)正常工况　　　　　　　　　　(b)分断瞬间

(c)分断后

图 3-32　断路器拓扑结构

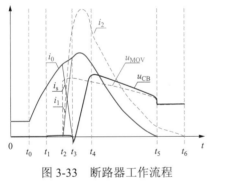

图 3-33　断路器工作流程

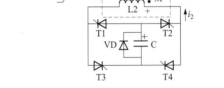

图 3-34　双向磁耦合电流注入式断路器拓扑

正常情况下由机械开关承载正常电流，因此断路器的通态损耗较小，如图 3-35（a）所示。

当断路器需要开断电流时，首先打开高速开关 HSS 并起弧，然后根据开断电流方向选择触发晶闸管 T1、T4 或 T2、T3，利用预充电电容器 C 产生的脉冲电流使低压侧电感 L1 感应出高的负电压，在该负电压的作用下，电流被转移至 MOV，如图 3-35（b）所示。当电流完全转移后，高速开关 HSS 熄弧，电流只流过 MOV，系统的能量在 MOV 中被耗散，如图 3-35（c）所示。电容器 C 中能量耗尽后二极管 VD 导通续流，当系统所有剩余能量被耗散时，MOV 电流为零，系统电流被分断成功。

本节所采用的中压直流分断方案具有如下优点：①直接将被开断电流转移至避雷器支路，简化了电流转移流程，提高了断路器工作的可靠性；②取消了主回路电容器的安装，大大降低了断路器整体的成本开销，也减小了产品的体积；分断时间对所分断的电流幅值不敏感，

无论是对于故障电流分断还是小电流分断，都能实现负载的快速切除和保护。

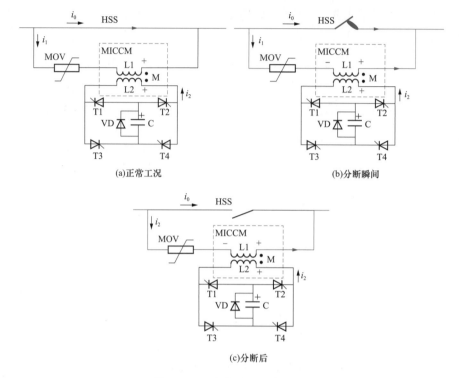

(a)正常工况   (b)分断瞬间

(c)分断后

图 3-35　双向断路器工作流程

3.2　直 流 变 换 技 术

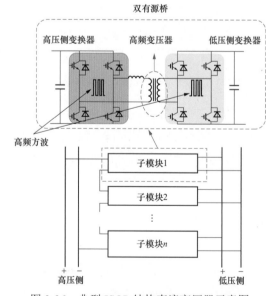

图 3-36　典型 ISOP 结构直流变压器示意图

3.2.1　直流变压器技术原理

直流变压器（DC Transformer，DCT）又称为隔离型 DC/DC 变换器，是电力电子变压器（Power Electronic Transformer，PET）在直流配电网中的典型应用。目前，学者们针对 DCT 的拓扑结构已进行了大量研究，提出了基于 MMC 结构的方案、基于多电平扩容的方案、基于非隔离型结构的方案等多种拓扑方案。其中，业内认可度高、研究广泛，也是工程上具备成熟应用条件的方案为串入并出（Input Series Output Parallel，ISOP）结构，如图 3-36 所示。

图 3-36 表明，ISOP 结构通过子模块高压侧串联来提升耐压能力，通过低压侧并联来提升通流能力。每个子模块由高低压侧功率变换器及高

频变压器组成。通过高低压侧功率变换器将直流电转换成高频交流电，再通过高频变压器连接高低压侧以实现功率传输。

对于 ISOP 结构的 DCT，主要通过其子模块拓扑设计来实现上述功能。从实现原理上看，DCT 子模块可分为移相型和谐振型两种结构，如表 3-2 所示。移相型结构以双有源桥拓扑（Dual Active Bridge，DAB）为基础，通过改变电感两侧电压的相位关系来控制传输功率，具有控制性能良好的优点；谐振型结构以串联谐振变换器（Series Resonant Converter，SRC）为基础，通过谐振腔的谐振作用来传输功率，具有传输效率高的优点，但控制性能较差。DAB 及 SRC 拓扑均包含一级/多级功率变换电路、取能及驱动电路、高频隔离变压器等结构，因此，对于 DCT 的研究主要包括功率半导体器件、调制策略、软开关技术、先进控制技术、功率电路电磁兼容、高频变压器的优化设计以及多物理场紧凑化设计技术等。

表 3-2　　　　　　　　　　　　　直流变压器子模块结构

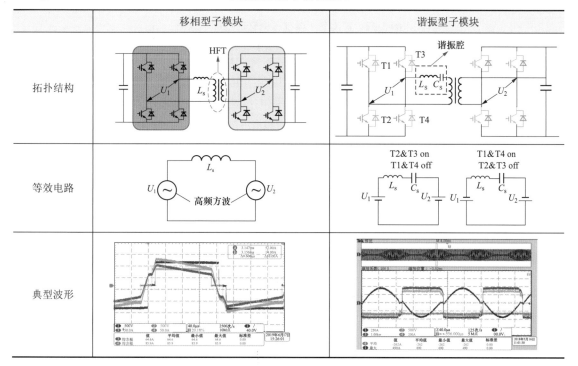

	移相型子模块	谐振型子模块
拓扑结构		
等效电路		
典型波形		

3.2.1.1　启动策略

直流变压器的启动方式可分为高压侧启动和低压侧启动两种，若系统具备高压电源，可选用如图 3-37 所示的高压侧启动方式，顺控流程如下。

（1）不控充电阶段：在高压侧配置软启回路，首先闭合 K1，高压电源经软启电阻 R 给高压侧串联电容不控充电，待电容电压升高至允许水平时，闭合 K2 旁路软启电阻 R，继续充电直至高压侧串联电容电压达到稳定。

（2）模块升压阶段：保持 DAB 闭锁，解锁隔离半桥，采用载波移相方式控制隔离半桥以 Boost 模式运行，使高压侧电容进一步升压至额定电压。

（3）低压电容充电阶段：解锁 DAB，如图 3-38 所示，控制高压侧 H 桥内移相角 D 由 0°

逐渐增大至 180°，通过高频变为低压侧电容不控充电，直至低压侧电容达到额定电压。

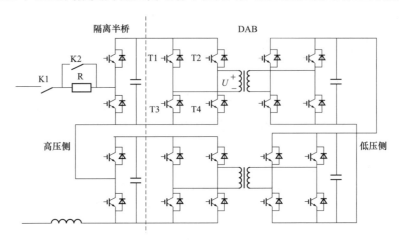

图 3-37　直流变压器高压侧软启过程示意图

（4）低压侧 H 桥解锁阶段：低压侧电容达到额定电压后，保持高低压 H 桥间外移相角为 0°并解锁低压侧 H 桥。对于谐振型 DCT，进一步调节隔离半桥占空比并进入额定运行状态；对于移相型 DCT，逐渐增大外移相角使输出功率/电压达到额定值后进入额定运行状态。

应当指出，采用高压侧充电时，当充电时间过长的情况下，可能由于模块的不一致性或均压电阻配置不当等原因，导致出现模块电压不均压的情况。此时可在步骤（2）中加入如图 3-39 所示的均压策略进行主动均压，图中：U_{ci}（i=1，2，…，n）为模块 i 的高压侧电容电压，$\bar{U}_c$ 为子模块电容电压的平均值，α_{ref0} 为模块隔离半桥占空比的参考值，α_{refi}（i=1，2，…，n）为模块 i 隔离半桥占空比的参考值。

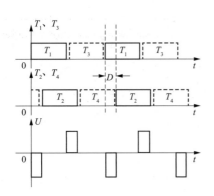

图 3-38　增大内移相角为低压电容充电

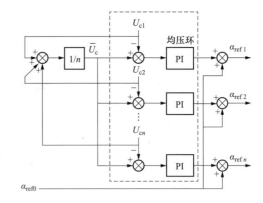

图 3-39　前级半桥主动均压策略

若系统具备低压电源，也可选用低压侧启动的方式，启动过程与高压侧启动类似。此外，在实验室中也可使用蓄电池、不控整流电源等充当低压侧电源以完成 DCT 的整机启动。

采用低压侧启动时无均压问题。

3.2.1.2　子模块控制方法

DCT 的子模块控制主要根据整机控制下发的指令（移相角 φ 或控制频率 f_s），控制各子

模块功率器件状态，从而传输功率。以下针对移相型 DCT 和谐振型 DCT 分别进行控制模态分析。

（1）移相型 DCT 子模块（DAB）控制模态分析

DAB 通过改变移相电感两侧电压的相位关系来控制传输功率。以图 3-40 所示的单移相控制（Single-Phase-Shift，SPS）方式为例进行分析，Q1～Q8 为高低压侧的 IGBT，D1～D8 为高低压侧的并联二极管，T 和 L_s 分别为理想变压器和移相电感，U_1、U_2、U_L 为高低压侧电容电压及移相电感上的电压，i_L 为高频变压器电流，U_1、U_2、U_L、i_L 的正方向如图 3-40 所示。

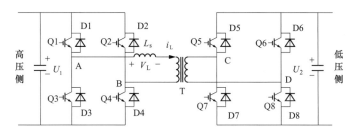

图 3-40　DAB 示意图

整个控制周期的时序图如图 3-41 所示，控制模态图如图 3-42 所示，U_{AB} 与 U_{CD} 之间的角度为移相角 φ，以下分阶段进行分析。

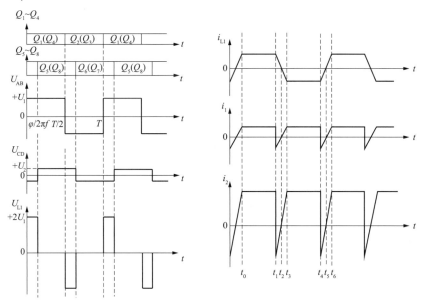

图 3-41　DAB 控制周期时序图

1）模态 1：$t_0 \sim t_1$ 阶段：

t_0 时刻之前，开关管 Q1、Q4、Q6、Q7 导通，如图 3-42（f）所示，在 t_0 时刻，Q6、Q7 关断，由于 $i_L > 0$，此时 IGBT 为硬关断，电流通过 D5，D8 续流，使得 Q5、Q8 两侧电压为 0；随后 Q5、Q8 导通，实现了零电压开通（Zero Voltage Switch，ZVS），如图 3-42（a）所示，该阶段电感电流为

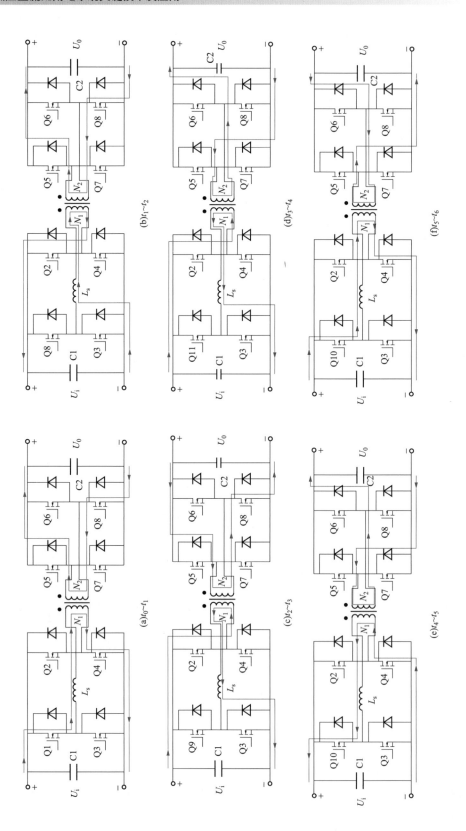

图 3-42 DAB 控制周期模态图

$$i_L(t) = i_L(t_0) + \frac{U_1 - KU_2}{L_s}(t - t_0) \tag{3-7}$$

式中：K 为高频变压器变比。

2）模态 2：$t_1 \sim t_2$ 阶段：

在 t_1 时刻，Q1、Q4 关断，由于 $i_L > 0$，此时 IGBT 为硬关断，电流通过 D2、D3 续流，使得 Q2、Q3 两侧电压为 0；随后 Q2、Q3 导通，实现了零电压开通（ZVS），如图 3-42（b）所示。

3）模态 3：$t_2 \sim t_3$ 阶段：

在 t_2 时刻，电流为 0，随后反向，因此 D2、D3、D5、D8 关断，Q2、Q3、Q5、Q8 导通，如图 3-42（c）所示。由于反向时电流为 0，故 Q2、Q3、Q5、Q8 均实现零电压开通（ZVS）。模态 2 及模态 3 中，电感电流为

$$i_L(t) = i_L(t_1) - \frac{U_1 + KU_2}{L_s}(t - t_1) \tag{3-8}$$

模态 4～6 与模态 1～3 对称，在此不详细介绍。

上述分析表明，采用 SPS 控制时，所有 IGBT 均处于 ZVS 开通及硬关断状态。

考虑到如下关系：

$$i_L(t_3) = -i_L(t_0) \tag{3-9}$$

$$(t_3 - t_1)f = \frac{\varphi}{\pi} \tag{3-10}$$

式中：f 为 DAB 工作频率。

联立式（3-7）～式（3-10），并考虑电压电流关系，可得到传输功率 P 的计算公式为

$$P = \frac{KU_1U_2}{2\pi^2 fL_s}\varphi(\pi - |\varphi|) \tag{3-11}$$

式（3-11）表明，在移相角 φ 位于（$-\pi/2$，$\pi/2$）区间内（超过该区间，系统容易失稳），传输功率 P 随着移相角 φ 单调增加，即若需要增大传输功率 P，只需增加移相角 φ 进行控制。

应当指出，在 SPS 的基础上，可以引入 DAB 两侧全桥的内移相角作为控制对象以增加控制自由度，达到减小回流功率及电流应力的效果。典型的控制方式有双移相控制（DPS）、三移相控制（TPS）、扩展移相控制（EPS）等，其分析方法与 SPS 类似，限于篇幅不再赘述。

（2）谐振型 DCT 子模块（SRC）控制模态分析

SRC 通过谐振腔的谐振作用来传输功率，如图 3-43 所示，下面以谐振状态定频控制的 LLC 谐振变换器为例进行分析。图中，Q1～Q4、D1～D4、C1～C4 分别为源侧 IGBT、二极管及寄生电容；DR1～DR4 为负荷侧二极管；L_r、L_m、C_r 分别为谐振电感、励磁电感及谐振电容，U_{in}、U_0 为输入输出电压，i_{Lr}、i_{Lm}、i_{sec}、i_{rect} 分别为源侧电流、励磁电流、低压侧电流及负荷侧电流，且满足 $i_{Lr} = i_{Lm} + ni_{sec}$，各电气量的正方向如图 3-43 所示。

此外，定义 L_s 和 C_s 的谐振周期为 $T_s = 2\pi\sqrt{L_sC_s}$，（$L_s + L_m$）和 C_s 的谐振周期为 $T_m = 2\pi\sqrt{(L_s + L_m)C_s}$。其中，$T_m \geq T_s$，$f_s$、$f_m$ 分别为对应的谐振频率，f_r 为控制频率。

当 $f_r > f_s$ 时，谐振变换器处于谐振状态，整个控制周期的时序图如图 3-44 所示，控制模态

图如图 3-45 所示，以下分阶段进行分析。

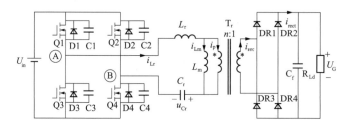

图 3-43　SRC 示意图

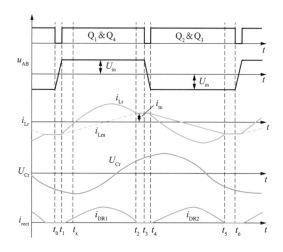

图 3-44　LLC 控制周期时序图

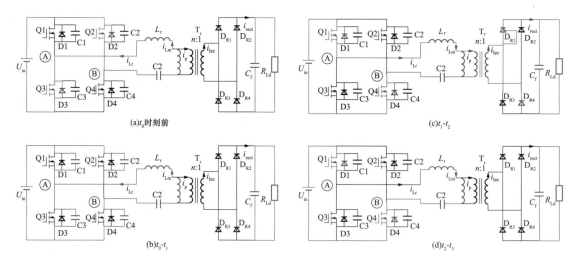

图 3-45　LLC 控制模态图

1）模态 1：t_0 时刻前

如图 3-45（a）所示，在 t_0 时刻前，Q2、Q3 导通，高压侧电流为负，低压侧电流为 0，AB 两端电压被钳位至 $-U_{in}$，（L_r+L_m）与 C_r 谐振，由于 T_m 值很大，可认为 $i_{Lr}=i_m$ 近似保持

不变。

2）模式 2：$t_0 \sim t_1$ 阶段：

在 t_0 时刻，Q2、Q3 关断，由于此时电流很小，近似零电流关断（ZCS），此时由于 i_m 的续流作用，C1、C4 放电，C2、C3 充电；当 C1、C4 经放电至电压为 0 后，D1、D4 导通，U_{AB} 两端电压被钳位至 U_{in}，DR1、DR2 因为承受正压导通，此时即 t_1 时刻。

3）模式 3：$t_1 \sim t_2$ 阶段：

在 t_1 时刻，由于 D1、D4、DR1、DR2 导通，电路进入新的工作状态，此时一方面 L_r 和 C_r 开始正向谐振，谐振腔上电压为 $U_{in} - U_0/n$；另一方面，由于 L_r 和 C_r 谐振时，两个元件上的电压和为 0，因此 L_m 的电压被钳位至 $U_{AB} = U_{in}$，励磁电流线性上升。到达 t_x 时刻后，由于源侧电流 i_{Lr} 反向，D1、D4 关断，Q1、Q4 零电压零电流开通（ZVZCS）；到达 t_2 时刻时，励磁电流与源侧电流相等，低压侧电流为 0，此时 DR1、DR2 关断。

4）模式 4：$t_2 \sim t_3$ 阶段：

在 t_2 时刻，由于 DR1、DR2 关断，电路进入新的工作状态，此时（$L_r + L_m$）与 C_r 谐振，由于 T_m 值很大，可认为 $i_{Lr} = i_m$ 近似保持不变。

t_3 时刻之后的模态与模态 1～4 对称，不展开分析。

结合上述分析可知，对于处于谐振状态（$f_r \geq f_s$）的 LLC 变换器，由于其功率器件都为零电压零电流开通，近似零电流关断，因此其效率要高于 DAB（零电压开通，硬关断）。

应当指出，由于 LLC 是一种不对称的电路，当功率反向时，其增益特性将发生改变，可通过改变谐振腔的拓扑改善其特性，如采用 CLLLC 型等对称型结构，其分析方法与 LLC 电路类似。此外，对于谐振变换器，定频控制无调压能力，若有调压需求，可采用变频控制调压，限于篇幅，相关方法及分析不再展开。

3.2.1.3 整机控制方法

DCT 的整机控制主要针对上层控制器下发的指令（高压侧电压 U_1、低压侧电压 U_2、传输功率 P），生成移相角 φ 或控制频率 f_s，并下发给各子模块。整机控制又可分为主控和阀控两个环节，其中主控负责电压外环、电流内环控制，阀控负责均压控制及调制。

下面以移相型 DCT 为例，通过控制框图分析定高压侧电压控制、定低压侧电压控制及定功率控制三种模式。

DCT 定高压侧电压控制框图如图 3-46 所示，图中 U_1、I_1 分别为高压侧电压和电流，U_{ci}、U_{cavg} 分别为第 i 个子模块高压侧电容电压及子模块高压侧电容平均电压，φ_i 为整机控制下发给各子模块的移相角参考值，U_{1ref} 为上级控制器下发的电压参考指令。在主控制器中，电压外环经过 PI 环节后生成控制电流的参考值 I_{1ref}，再经过电流内环生成移相角的参考值 φ_{ref} 下发给阀控制器。阀控制器采集每个子模块上送的高压侧电容电压后进行均压控制，通过均压环生成移相角调整量 $\Delta\varphi$，并针对每个模块进行载波移相调制，最终生成每个子模块的移相角 φ_i 下发给各子模块。子模块控制器根据前述内容生成触发脉冲，控制各模块的传输功率。

定低压侧电压控制、定功率控制的控制流程与定高压侧电压控制类似，不再赘述，其控制框图如图 3-47 和图 3-48 所示。

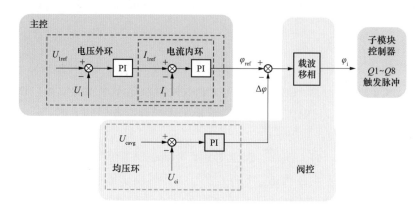

图 3-46　定高压侧电压控制框图

图 3-47 中，U_2、I_2 分别为低压侧电压电流，U_{2ref} 为上级控制器下发的电压参考指令。

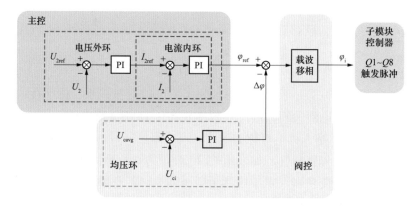

图 3-47　定低压侧电压控制框图

图 3-48 中，P 为通过计算得出的直流变传输功率，P_{ref} 为上级控制器下发的功率参考指令。

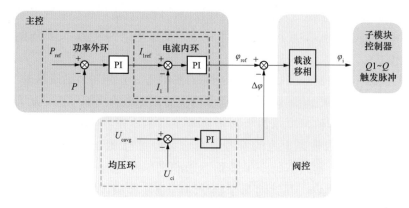

图 3-48　定功率控制框图

3.2.2　高频变压器正交解耦磁集成技术

本节介绍的磁集成技术主要应用于 DAB 变换器，其拓扑如图 3-49 所示，主要由两个全

桥、一个串联电感 L_r 和一个高频变压器组成。采用传统的单移相控制策略，其典型波形如图 3-50 所示，其中 B_{Tr} 是高频变压器的励磁磁通，且 $t_1=(1/4-\varphi/2\pi)T_s$，$t_2=T_s/4$，$t_3=(3/4-\varphi/2\pi)T_s$，$t_4=3T_s/4$。式中：$\varphi$ 为移相角，T_s 为开关周期。

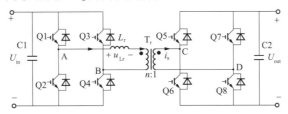

图 3-49　DAB 变换器拓扑图

设计 DAB 变换器的磁集成结构需要考虑磁件功率密度、集成后磁件损耗、集成结构对高频变压器励磁电感的影响。本节介绍的低损耗正交解耦磁集成结构（ODMIS）可以提升系统功率密度，以保证高频变压器励磁电感的独立性其结构如图 3-51 所示。

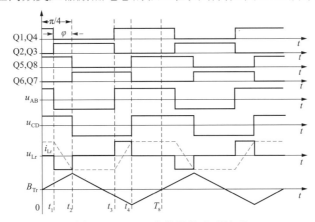

图 3-50　DAB 变换器的典型波形

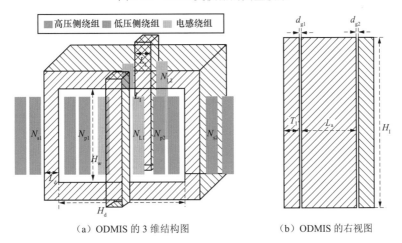

（a）ODMIS 的 3 维结构图　　　　　（b）ODMIS 的右视图

图 3-51　ODMIS 的磁芯结构图

主体磁芯结构是由一个矩形磁芯及两个 I 型磁芯构成，其中 HFT 的高低压绕组分成串联连接且占比相同的两部分，分别同心包绕在矩形磁芯的左右两个边柱上，且两侧绕组绕制方

向相反，集成电感绕组分成串联连接的两部分绕制在两根Ⅰ型磁芯柱上，且两侧绕组绕制方向相反。在两个Ⅰ型磁芯与矩形磁芯之间分别插入宽度为 d_{g1} 和 d_{g2} 的气隙，矩形磁芯柱宽度为 L_d，厚度为 L_a，窗口宽度为 H_d，窗口高度为 H_w。

3.2.2.1　正交解耦磁集成结构电感矩阵及解耦条件推导

根据图 3-51 建立对应的磁路模型，如图 3-52 所示。其中矩形磁芯左侧边柱上的高压侧和低压侧绕组匝数分别为 N_{p1}、N_{s1}，右侧边柱上的高压侧和低压侧绕组匝数分别为 N_{p2}、N_{s2}，前侧Ⅰ型磁芯上的电感绕组匝数为 N_{L1}，后侧Ⅰ型磁芯上的电感绕组匝数为 N_{L2}，高压侧绕组电流为 i_p、低压侧绕组电流为 i_s、电感绕组电流为 i_{Lr}。

图 3-52 中，蓝色代表的是电感磁路，红色代表的是 HFT 磁路，且两条磁路相对于黑色虚线垂直；R_{T11}、R_{T22} 分别为矩形磁芯左右两部分的磁芯磁阻，R_{L33}、R_{L44} 分别为前后两条Ⅰ型磁芯的磁芯磁阻，R_{gap1}、R_{gap2} 分别为前后两条Ⅰ型磁芯与矩形磁芯之间的气隙磁阻，$R_{c1} \sim R_{c4}$ 为矩形磁芯与Ⅰ型磁芯连接部分的磁芯磁阻。现定义 $R_{T1}=R_{T11}+2R_{c1}$、$R_{T2}=R_{T22}+2R_{c2}$、$R_{L3}=R_{L33}+2R_{c3}+2R_{gap1}$、$R_{L4}=R_{L44}+R_{c4}+2R_{gap2}$，分别代表矩形磁芯左右侧总的磁阻大小、通过两部分Ⅰ型磁芯闭合环形路径的前后两部分总的磁阻大小。简化后的磁路模型图如图 3-53 所示，其中 $\Phi_1 \sim \Phi_4$ 表示矩形磁芯左右边柱和前后Ⅰ型磁芯柱中的磁通大小。

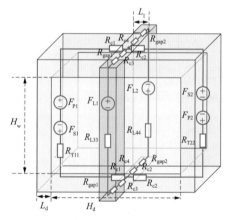

图 3-52　ODMIS 的磁路模型

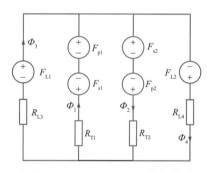

图 3-53　ODMIS 的简化磁路模型

基于图 3-53 的简化磁路模型，可得 ODMIS 的电感矩阵。由高频变压器绕组在 ODMIS 左右两侧产生的磁通（Φ_{T1}，Φ_{T2}）和由电感绕组在 ODMIS 前后两侧产生的磁通（Φ_{L1}，Φ_{L2}）可以表示为

$$
\begin{cases}
\Phi_{T1} = \dfrac{(N_p i_p - N_{s1} i_s)(R_{T2}R_{L3} + R_{T2}R_{L4} + R_{L3}R_{L4})}{\Delta} \\[2mm]
\Phi_{T2} = \dfrac{(N_{p2} i_p - N_{s2} i_s)(R_{T1}R_{L3} + R_{T1}R_{L4} + R_{L3}R_{L4})}{\Delta} \\[2mm]
\Phi_{L1} = \dfrac{N_{L1} i_{L_r}(R_{T1}R_{T2} + R_{T1}R_{L4} + R_{T2}R_{L4})}{\Delta} \\[2mm]
\Phi_{L2} = \dfrac{N_{L2} i_{L_r}(R_{T1}R_{T2} + R_{T1}R_{L3} + R_{T2}R_{L3})}{\Delta}
\end{cases}
\tag{3-12}
$$

其中，$\Delta=R_{T1}R_{T2}R_{L3}+R_{T1}R_{T2}R_{L4}+R_{T1}R_{L3}R_{L4}+R_{T2}R_{L3}R_{L4}$，另外 Z_1、Z_2、Z_3、Z_4 可定义为 $Z_1=R_{T2}R_{L3}+R_{T2}R_{L4}+R_{L3}R_{L4}$、$Z_2=R_{T1}R_{L3}+R_{T1}R_{L4}+R_{L3}R_{L4}$、$Z_3=R_{T1}R_{T2}+R_{T1}R_{L4}+R_{T2}R_{L4}$、$Z_4=R_{T1}R_{T2}+R_{T1}R_{L3}+R_{T2}R_{L3}$。

对应于图 3-53 中四条磁路的磁通表达式如下：

$$\begin{cases} \varPhi_1 = \varPhi_{T1} + \varPhi_{T2}\dfrac{R_{L3}R_{L4}}{Z_2} - \varPhi_{L1}\dfrac{R_{T2}R_{L4}}{Z_3} + \varPhi_{L2}\dfrac{R_{T2}R_{L3}}{Z_4} \\[2mm] \varPhi_2 = \varPhi_{T1}\dfrac{R_{L3}R_{L4}}{Z_1} + \varPhi_{T2} + \varPhi_{L1}\dfrac{R_{T1}R_{L4}}{Z_3} - \varPhi_{L2}\dfrac{R_{T1}R_{L3}}{Z_4} \\[2mm] \varPhi_3 = -\varPhi_{T1}\dfrac{R_{T2}R_{L4}}{Z_1} + \varPhi_{T2}\dfrac{R_{T1}R_{L4}}{Z_2} + \varPhi_{L1} + \varPhi_{L2}\dfrac{R_{T1}R_{T2}}{Z_4} \\[2mm] \varPhi_4 = \varPhi_{T1}\dfrac{R_{T2}R_{L3}}{Z_1} - \varPhi_{T2}\dfrac{R_{T1}R_{L3}}{Z_2} + \varPhi_{L1}\dfrac{R_{T1}R_{T2}}{Z_3} + \varPhi_{L2} \end{cases} \tag{3-13}$$

根据法拉第电磁感应式，电压可以表示为

$$\begin{cases} U_p = N_{p1}\dfrac{d\varPhi_1}{dt} + N_{p2}\dfrac{d\varPhi_2}{dt} \\[2mm] U_s = -N_{s1}\dfrac{d\varPhi_1}{dt} - N_{s2}\dfrac{d\varPhi_2}{dt} \\[2mm] U_{L_r} = N_{L1}\dfrac{d\varPhi_3}{dt} + N_{L2}\dfrac{d\varPhi_4}{dt} \end{cases} \tag{3-14}$$

已知自感与互感的定义式为

$$\begin{bmatrix} U_{Lr} \\ U_p \\ U_s \end{bmatrix} = \begin{bmatrix} L_r & M_{pLr} & M_{sLr} \\ M_{pLr} & L_p & -M_{ps} \\ M_{sLr} & -M_{ps} & L_s \end{bmatrix} \begin{bmatrix} di_{Lr}/dt \\ di_p/dt \\ di_s/dt \end{bmatrix} \tag{3-15}$$

因此集成电感的表达式可以为

$$L_r = N_{L1}^2\frac{Z_3}{\Delta} + N_{L2}^2\frac{Z_4}{\Delta} + 2N_{L1}N_{L2}\frac{R_{T1}R_{T2}}{\Delta} \tag{3-16}$$

ODMIS 中的励磁电感的解析式可以表示为

$$L_m = N_{p1}^2\frac{Z_1}{\Delta} + N_{p2}^2\frac{Z_2}{\Delta} + 2N_{p1}N_{p2}\frac{R_{L3}R_{L4}}{\Delta} \tag{3-17}$$

变压器绕组与电感绕组之间的互感表达式可以表示为

$$\begin{cases} M_{pLr} = \dfrac{(N_{p1}R_{T2} - N_{p2}R_{T1})(N_{L2}R_{L3} - N_{L1}R_{L4})}{\Delta} \\[3mm] M_{sLr} = \dfrac{(N_{s2}R_{T1} - N_{s1}R_{T2})(N_{L2}R_{L3} - N_{L1}R_{L4})}{\Delta} \end{cases} \tag{3-18}$$

式中：M_{pLr} 代表高压侧绕组与电感绕组之间的互感；M_{sLr} 代表低压侧绕组与电感绕组之间的互感。

从式（3-18）可知，为实现高频变压器与电感之间的电气解耦，至少需要满足以下解耦条件其中的一个：

$$N_{p1}R_{T2} = N_{p2}R_{T1} \quad AND \quad N_{s1}R_{T2} = N_{s2}R_{T1} \tag{3-19}$$

$$N_{L2}R_{L3} = N_{L1}R_{L4} \tag{3-20}$$

由式（3-19）和式（3-20）可知，只需满足矩形磁芯左右两侧变压器绕组的匝数之比等同于矩形磁芯左右两条磁路的总磁阻之比或者前后两部分的电感绕组匝数之比等同于电感前后两条磁路的总磁阻之比，HFT 绕组与集成电感绕组便可实现电气参数上的解耦。ODMIS 中的气隙布置在矩形磁芯外侧，因此可以消防励磁电感受气隙的限制。

3.2.2.2　有限元仿真验证

DAB 变换器的参数如表 3-3 所示，采用 ODMIS 的磁集成变压器的设计参数如表 3-4 所示。磁集成变压器与电感的仿真模型如图 3-54 所示。

表 3-3　　　　　　　　　　**DAB 变换器的参数**

参数	数值	参数	数值
传输功率 P_t	6kW	串联电感 L_r	105μH
输入电压 U_{in}	400V	工作频率 f_s	20kHz
输出电压 U_o	400V		

表 3-4　　　　　　　　　　**ODMIS 样机的设计参数**

矩形磁芯材料	纳米晶	I 型磁芯材料	铁氧体
N_{p1}	12	N_{p2}	12
N_{s1}	12	N_{s2}	12
N_{L1}	9	N_{L2}	9
$L_d \times L_a$	30mm×40mm	$H_d \times H_w$	60mm×45mm
L_I	20mm	T_I	15mm
H_I	105mm	I 型磁芯相对磁导率	3300
绕组电流密度	5A/mm²	d_{g1}, d_{g2}	0.65mm，0.65mm

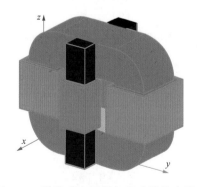

图 3-54　磁集成变压器与电感的仿真模型

（1）集成变压器的解耦情况仿真

在麦克斯韦尔 MAXWELL 涡流场中对高频变压器绕组与电感绕组施加电流激励，图 3-55 为磁通密度分布图。

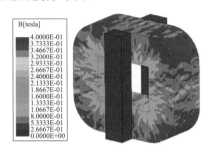

(a)仅给高频变压器绕组施加　　　　(b)仅给电感绕组　　　　(c)同时给高频变压器
　　电流激励　　　　　　　　　　施加电流激励　　　　　　绕组与电感绕组施加
　　　　　　　　　　　　　　　　　　　　　　　　　　　　　　电流激励

图 3-55　不同情况下磁芯中的磁密分布

由图 3-55（a）可知，在仅给高频变压器绕组施加电流激励时，磁通密度分布在矩形磁芯中，在Ⅰ型磁芯中没有磁密分布；图 3-55（b）中，在仅给电感绕组施加电流激励时，在矩形磁芯柱中没有磁密分布，磁密分布在上下铁轭的磁芯连接部分和Ⅰ型磁芯中。这两种情况很好地验证了高频变压器与电感之间解耦的实现。在图 3-55（c）中，上下铁轭的磁芯连接部分的磁密比其他部分更高，主要是因为变压器磁通与电感磁通在此处正交叠加。

同时，通过涡流场得到了高频变压器绕组与电感绕组之间的互感。高频变压器高低侧绕组与电感绕组之间的互感分别为 0.224μH 和 0.225μH，与集成电感值 105.85μH 相比可以忽略不计。仿真结果表明，集成变压器可以实现高频变压器与电感之间的电气解耦。

（2）正交解耦磁集成结构的磁通密度仿真

正交解耦磁集成结构磁通密度的仿真在 MAXWELL 暂态场中进行，并通过外电路对集成磁件的绕组施加激励。这种情况下，流经集成电感的电流及其两端的电压仿真波形如图 3-56 所示。

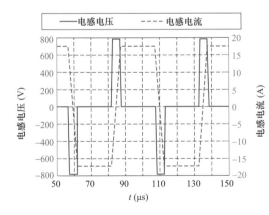

图 3-56　集成电感的仿真结果

图 3-56 的仿真结果同图 3-50 的理论波形相符合，同时说明了在 DAB 变换器中 ODMIS 可以实现与分立磁件同样的功能。矩形磁芯左边柱的磁通密度仿真波形如图 3-57（a）所示，可见矩形磁芯左边柱的磁通密度仿真波形同图 3-58 中的励磁磁密波形相同。

在不满足最优解耦条件时，选择了两组气隙尺寸。两组气隙组合分别为 $d_{g1}=0.8$mm、$d_{g2}=0.5$mm 和 $d_{g1}=1.5$mm、$d_{g2}=0.4$mm，分别对应 $U_{out}/N_s \geqslant 2x_1$（$U_{in}/L_r$）和 $U_{out}/N_s < 2x_1$（U_{in}/L_r）两种情况。以上现象说明，只有在满足最优解耦条件时高频变压器磁路和电感磁路才能实现解耦。

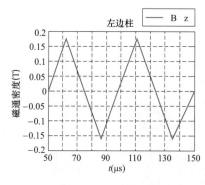
（a）d_{g1}=0.65mm、d_{g2}=0.65mm 时的左边柱磁密波形

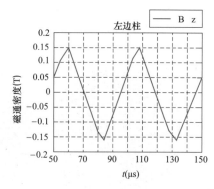
（b）d_{g1}=0.8mm、d_{g2}=0.5mm 时的左边柱磁密波形

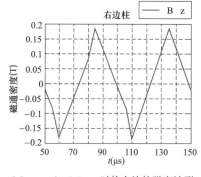
（c）d_{g1}=0.8mm、d_{g2}=0.5mm 时的右边柱磁密波形

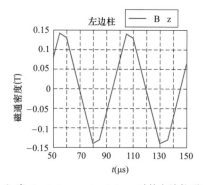
（d）当 d_{g1}=1.5mm、d_{g2}=0.4mm 时的左边柱磁密波形

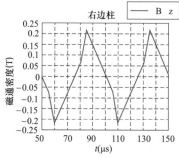
（e）d_{g1}=1.5mm、d_{g2}=0.4mm 时的右边柱磁密波形

图 3-57　在不同情况下矩形磁芯各部分的磁密波形

　　暂态场中的磁密矢量仿真图如图 3-58 所示。可见高频变压器与电感产生的磁通相互正交，且在磁芯连接部分的磁通正交叠加。但考虑到磁芯连接部分只占很小的一部分体积，叠加磁通对总体磁芯损耗的影响不予考虑。

3.2.2.3　实验验证

（1）样机设计与测试

　　搭建 DAB 变换器样机，电气参数如表 3-3 所示，其中开关管 Q1～Q8 选用的 MOSFET 型号为 IPW60R070CFD7。针对表 3-4 中的磁集成变压器结构参数，绕制磁集成变压器，其中矩

形磁芯选用深圳供应商的 AM-120×105×40 切割纳米晶磁芯，通过磨合切割面，使拼接磁芯的单匝电感达到 22μH；两个Ⅰ型磁芯均选用横店供应商的铁氧体磁芯 T15×20×105，Ⅰ型铁氧体磁芯与纳米晶磁芯之间采用 13 层 0.05mm 的聚酰亚胺薄膜隔开；高频变压器绕组与电感绕组均采用 0.1mm×350 股的利兹线，变压器采取低压绕组在内、高压绕组在外的同心包绕形式；低压绕组与纳米晶磁芯之间的绝缘采用 2 层 0.05mm 的聚酰亚胺薄膜缠绕，原副边之间的主绝缘以及电感同铁氧体磁芯之间的绝缘采用 4 层 0.05mm 的聚酰亚胺薄膜缠绕。最终设计的样机如图 3-59 所示。

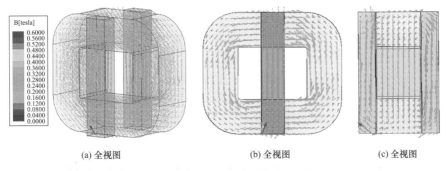

| (a) 全视图 | (b) 全视图 | (c) 全视图 |

图 3-58　暂态场中的磁密矢量图

利用 LCR 电桥测量仪 YB2811 对样机的电感参数进行测量，结果如表 3-5 所示。其中，L_s 是漏感，L_m 是励磁电感，L_r 是集成串联电感。根据表 3-5 的测试结果，样机的高频变压器与电感的解耦已经实现，变压器与电感之间的互感对变换器的运行几乎没有影响。

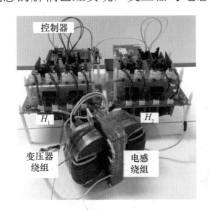

图 3-59　DAB 变换器测试平台与磁集成样机

表 3-5　测 量 电 感 参 数

参数	电感值
L_s	5.2μH
L_r	103.75μH
M_{pLr}	1.5μH
M_{sLr}	0.75μH
L_m	17.5mH

满载工况下，磁集成 DAB 变换器的典型波形如图 3-60 所示。最后实验波形与图 3-56 中的理论波形相符合，说明此磁集成样机的电气参数是可靠的。满载工况下测得磁集成 DAB 变换器的整机效率为 97.55%。

（2）采用其他集成结构的样机

为了更清晰的说明本书磁集成方案的优越性，另外设计了采用分立磁件、大漏感集成结构和解耦集成结构三种样机并进行比较。其中，分立磁件方案的电感磁芯选用铁氧体 EE70B 磁芯，绕组绕制 10 匝，两半 EE 磁芯中部垫出 0.45mm 的气隙，测得分立电感为 100.74μH，

样机如图 3-61（a）所示；大漏感集成结构的主体磁芯仍采用 AM-120×105×40 的切割纳米晶磁芯，高低压绕组匝数均为 15 匝，且高压绕组绕制于左侧磁芯，低压绕组绕制于右侧磁芯，测得高频变压器漏感为 102μH，样机如图 3-61（b）所示；解耦集成结构选用铁氧体 EE110B 磁芯作为主体磁芯结构，两半 EE 磁芯中部垫出 0.45mm 的气隙，变压器高低压绕组分别绕制 40 匝，在磁芯中柱上分为连续两层绕制，电感绕组绕制 8 匝，在两个边柱均分布置并串联连接，测得的各部分电感值如表 3-6 所示，样机如图 3-61（c）所示。

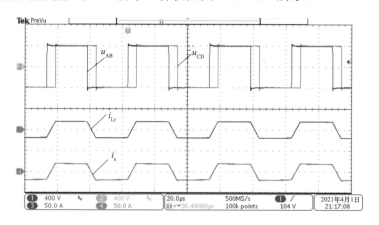

图 3-60　磁集成 DAB 变换器的典型波形

表 3-6　　　　　　　　　　　　　　　第三种样机的电感参数测量

参数	电感值	参数	电感值
L_s	29.24μH	M_{sLr}	4.25μH
L_r	75μH	L_m	2.706mH
M_{pLr}	4μH		

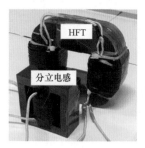

(a)分立磁件

(b)大漏感集成结构

(c)解耦集成结构

图 3-61　采用其他三种集成结构的测试样机

三种样机的实验结果如图 3-62 所示。可见，三种方案均能保证 DAB 变换器正常工作，测得的 DAB 变换器整机传输效率分别为 97.37%、96.32% 和 96.47%。

（3）效率对比

采用四种变压器结构的 DAB 变换器从 10%～100% 额定负载的整机效率曲线如图 3-63 所示。可见采用 ODMIS 的 DAB 变换器的整机效率与采用分立磁件时的最为接近，说明本书

介绍的磁集成方案在集成后不会导致磁件损耗的增加。

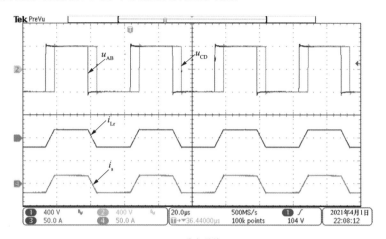

(a)分立磁件

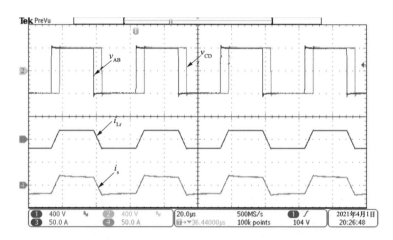

(b)大漏感集成结构

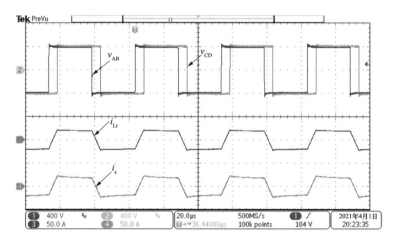

(c)解耦集成结构

图 3-62　三种样机的实验结果

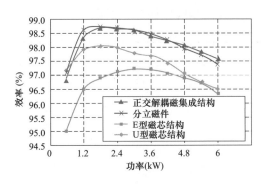

图 3-63　四种样机的整机效率曲线

（4）温升验证

在半载工况下采用红外成像仪对采用 ODMIS、大漏感集成结构和解耦集成结构的样机的稳态温升进行比较，热成像图如图 3-64 所示，其中 S_{p1} 和 S_{p2} 分别表示磁芯和绕组的最高温升。图 3-64（a）中，采用 ODMIS 的样机的最高稳态温升出现在绕组部分，为 22.2K，磁芯部分的温升均低于 20K，且图中的温升分布比较均匀。相反的，图 3-64（b）中，采用大漏感集成结构的样机的最高稳态温升出现在纳米晶磁芯的外部层叠部分，为 59.6K，证实了正交磁通会增大带材磁芯损耗。图 3-64（c）中，采用解耦集成结构的样机的最高稳态温升出现在 EE 磁芯的左侧边柱，为 45.7K，绕组部分的稳态温升也很高，为 42.1K。由上述现象可知，左侧边柱的磁通叠加增大了磁芯损耗，且邻近效应产生了过大的绕组损耗。通过对比发现，采用 ODMIS 的样机的稳态温升最低。

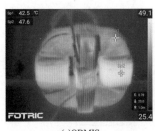
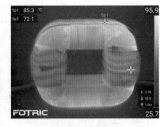

(a)ODMIS　　　　　　　　　　(b)大漏感集成结构　　　　　　　　　(c)解耦集成结构

图 3-64　不同样机在稳态时的热成像图

（5）功率密度对比

通过实验得到磁集成样机的体积为 0.514L，重量为 3kg，功率密度为 11.67kW/L，分立样机的体积为 0.592L，重量为 3.2kg，功率密度为 10.13kW/L。最终磁件体积减小了 13.2%，磁件重量减小的 6.3%，功率密度提升了 15.2%。

ODMIS 既保证了集成结构的损耗特性最接近分立磁件，又提高了系统的功率密度。通过合理选择磁芯材料，可以将现有工艺应用于大功率场合，且气隙仅分布于两侧 Ⅰ 型磁芯与矩形磁芯之间，使其安装方便，便于控制，满足大功率场合对可靠性的要求。

3.2.3 光伏直流变压器不闭锁零电压穿越技术

由于现有光伏 DCT 故障穿越能力弱，所以系统一旦发生故障，光伏 DCT 便闭锁跳闸，无法进行故障穿越。若采用直接闭锁直流变压器的方案，容易产生以下问题：①不符合新能源低电压穿越（简称低穿）的要求，系统瞬间失去大量功率，不利于系统安全稳定运行；②直流变压器在解闭锁过程中冲击较大，容易损坏器件；③停机重启时间长，影响故障恢复后的供电可靠性；④停机过程中光伏无法发出功率，导致弃光损失。

利用双有源桥 DAB 加全桥的两级式拓扑，以及光伏电池板的输出特性，本书介绍一种平滑切换的直流变压器不闭锁零电压穿越策略。该策略对故障时长不敏感，且无需配置直流断路器。

3.2.3.1 光伏直流变压器拓扑结构设计

如图 3-65（a）所示，I_1、U_1、I_2、U_2 分别为光伏 DCT 的输入电流、电压及输出电流、电压；U_{c1k}、U_{c2k} 分别为第 k 个子模块的低压侧及高压侧电压，L_2 为限流电感，K 为直流负荷开关，U_{bw}、U_g 分别为经电感滤波后的高压侧电压及电网电压，T1～T4、Q1～Q4、S1～S4 均为直流变压器子模块的开关器件。

光伏电源首先通过汇流母线实现能量汇集，然后通过光伏 DCT 升压后并入直流电网。光伏 DCT 采用 IPOS 结构，其子模块拓扑如图 3-65（b）所示，前级为 DAB 变换器，后级为全桥结构。根据不同运行工况，直流变压器可运行于 MPPT 控制、故障穿越控制等不同模式。

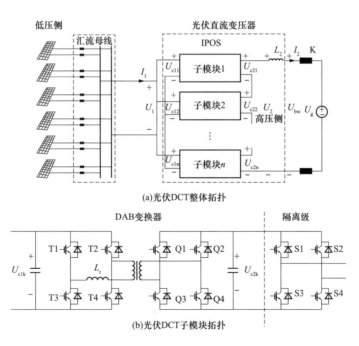

(a) 光伏 DCT 整体拓扑

(b) 光伏 DCT 子模块拓扑

图 3-65　光伏直流升压汇集接入系统

针对子模块控制，全桥隔离电路有两种工作模式，如图 3-66 所示。
模态 1：开关管 S1、S4 导通，S2、S3 关断，子模块电容电压正向投入；

模态2：开关管 S2、S3 导通，S1、S4 关断，子模块电容电压反向投入。

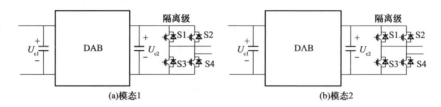

(a)模态1　　　　　　　　　　　　　　(b)模态2

图 3-66　子模块工作状态

因此，通过调节不同子模块后级全桥电路的工作模态，可以实现光伏 DCT 中压侧并网电压 U_{bw} 由 $-U_N \sim +U_N$ 连续可调（其中，U_N 为 U_{bw} 的额定电压）。

3.2.3.2　不闭锁零电压穿越策略

电网运行正常时，直流变压器采用 MPPT 控制策略；当电网发生故障时，直流变压器通过故障判据（如欠压过流等）识别故障，并切换至故障穿越控制策略。该策略由两部分组成：一是通过 DAB 变换器，控制每个子模块的高压侧电容以维持额定电压不变；二是通过后级全桥电路控制高压侧直流电压，快速抑制故障电流至零。

（1）DAB 控制策略

对于 DAB 变换器，其控制目标为控制子模块高压侧电容电压 U_{c2} 为额定值。此时由于 DCT 输出功率为 0，同时有光伏功率输入，因此能量将在低压侧聚集，使得低压侧电压 U_1 由 U_{MPPT} 开始升高。又当 U_1 升高至开路电压 U_{oc} 附近时，光伏电池板输出功率与损耗功率相等，U_1 不再升高，直流变压器继续维持不闭锁稳定运行。根据光伏电池板的输出特性，$U_{oc} \approx 1.33 U_{1N}$。

DAB 变换器在故障过程中的控制框图如图 3-67 所示。其输出端口电压参考值 U_{c2ref} 可由高压侧直流母线额定电压 U_{2N} 和模块数 N 得到，该值与 DAB 变换器的输出端口电压 U_{c2k} 相减后得到的差值经过一个 PI 调节器获得一个移相角，然后生成 DAB 变换器 8 个开关管 T1～T4 和 Q1～Q4 的驱动信号。

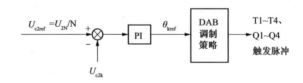

图 3-67　DAB 变换器故障穿越策略

（2）后级全桥控制策略

后级全桥电路的控制目标是控制直流侧故障电流为 0，将该目标与高压侧的测量电流 I_2 做差后，通过 PI 环节输出作为高压侧直流电压 U_2 的参考值 U_{2ref}，高压侧直流电流参考值 I_{2ref} 与高压侧直流电流 I_2 相减后得到的差值经过一个 PI 调节器获得高压侧直流电压参考值 U_{2ref}，再根据式（3-21）和式（3-22）获得正向投入模块数 N_1^* 和反向投入模块数 N_2^*。根据均压策略和调制策略生成全桥电路 4 个开关管 S1～S4 的驱动信号，如图 3-68 所示。

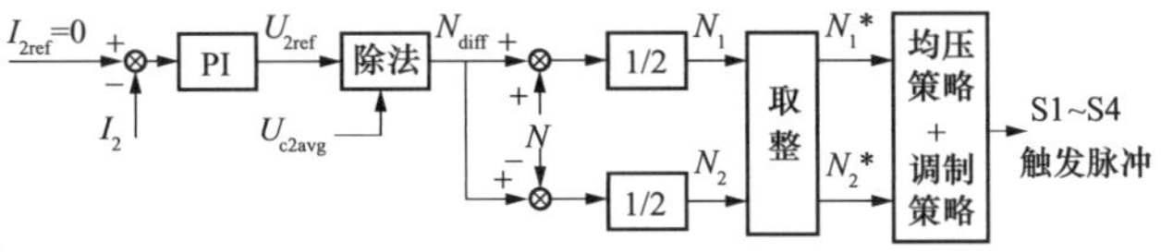

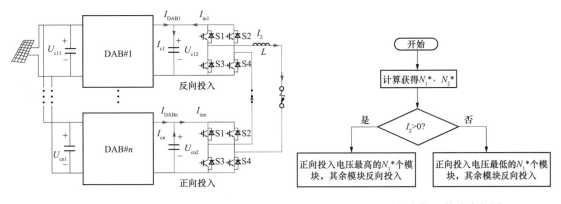

图 3-68　后级全桥电路故障电流控制策略

$$N_1^* = \left[N_1 + 1/2 \right] = \left[\frac{1}{2} \left(N + \frac{U_{2ref}}{U_{c2avg}} + 1 \right) \right] \tag{3-21}$$

$$N_2^* = \left[N_2 + 1/2 \right] = \left[\frac{1}{2} \left(N - \frac{U_{2ref}}{U_{c2avg}} + 1 \right) \right] \tag{3-22}$$

式中：N_1*、N_2* 分别为取整后的正向、负向投入模块数，函数[A]表示对数 A 向下取整。假设 N_1 为正压投入模块数、N_2 为负压投入模块数、U_{c2avg} 为子模块高压侧端口电压的平均值。

（3）不同模态平滑切换策略

如图 3-69 所示，发生故障后故障电流由直流变压器注入故障点，由于电感 L 的续流作用，此时对于正向投入的模块 n，电网电流 I_{inn} 为放电电流；对于反向投入的模块 1，电网电流 I_{in1} 为充电电流，因此将产生暂时电压不均衡现象。为改善上述问题，引入基于完全排序的电容电压平衡策略，如图 3-70 所示。首先由式（3-21）和式（3-22）计算得到正、反向投入的模块数 N_1^*、N_2^*，接着判断输出电感电流 I_2 的方向：

图 3-69　高压侧双极短路故障示意图　　　　图 3-70　暂态均压策略流程图

a）当 $I_2>0$ 时（电流从光伏 DCT 流向直流电网），正向投入电压最高的 N_1^* 个子模块，其余模块反向投入；

b）当 $I_2<0$ 时（电流从直流电网流向光伏 DCT），正向投入电压最低的 N_1^* 个子模块，其余模块反向投入。

正常运行时光伏 DCT 采用 MPPT 控制，能量由低压传输至高压，即 DAB 的电流方向是从低压流向高压，如图 3-69 中 I_{DAB1} 和 I_{DABn} 所示。发生故障后，光伏 DCT 通过故障判据将控制模式切换为零电压穿越模式。在零电压穿越模式下，对于正向投入模块，电网电流 I_{inn} 为放电电流；对于反向投入的模块，电网电流 I_{in1} 为充电电流。

在控制策略刚切换的瞬间，为快速抑制故障电流 I_2，几乎所有的模块均反向投入，使得电容电流为两个充电电流的叠加，造成子模块的高压侧电压 U_{ck} 在暂态过程中快速抬升，危害系统的安全稳定运行。

为解决上述问题，考虑到在故障穿越时，光伏 DCT 控制输出电流为零，从能量的角度看输出功率为零，因此，采用在切换瞬间将移相角初始值置零的方式以抑制电容电压的快速抬升。此时低压侧不向高压侧传输功率，电感上存储的剩余能量将通过暂态均压策略由每个子模块高压侧电容均匀吸收。同时，由于此时 DAB 的控制策略是控制高压侧电容电压为额定值，这部分能量经过一个暂态过程后最终将由 DAB 传递到低压侧。

基于上述分析，由 MPPT 控制切换至零电压穿越控制时，在移相角参考值上加入一个前馈补偿环节；切换后的 t 时刻，移相角参考值如下式所示

$$\theta'_{\text{kref}}(t)=\theta_{\text{kref}}(t)-\theta_{\text{kref}}(t_0^-) \quad (t \geq t_0^-) \tag{3-23}$$

式中：t_0 为策略切换时刻；$\theta_{\text{kref}}(t)$ 为策略切换后的移相角参考值；$\theta'_{\text{kref}}(t)$ 为经过图 3-67 所示控制策略计算得到的移相角参考值；$\theta_{\text{kref}}(t_0^-)$ 为策略切换前一刻的移相角参考值。

综上所述，光伏升压 DCT 的整体控制框图如图 3-71 所示。

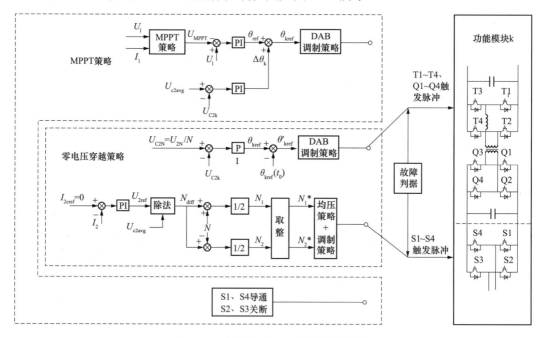

图 3-71　光伏升压 DCT 整体控制框图

3.3　AC/DC 换流关键技术

3.3.1　AC/DC 换流器技术原理

MMC 的控制不同于其他系统，因为就其本身器件来说，只能控制每个子模块的切除和投入时间。从这个角度来看完全是一个非线性的过程，不可能对开关本身的状态来进行建模，因此需要回到 MMC 初始拓扑（见图 3-72）来看。从交流侧看进去，MMC 在交流电网中相

当于一个同步调相机。

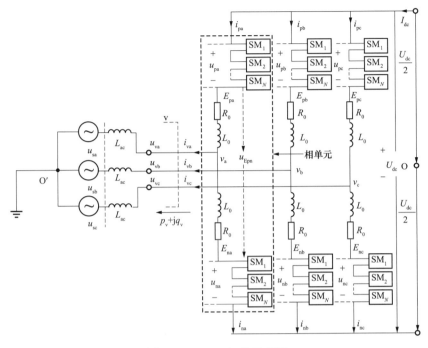

图 3-72　MMC 拓扑示意图

图中的实际 L_{ac} 是联接变压器的漏电感。根据基尔霍夫电压定律（KVL），可以得到 MMC 的微分方程：

$$\left.\begin{aligned}
u_{sj} + L_{ac}\frac{di_{vj}}{dt} + u_{pj} + R_0 i_{pj} + L_0\frac{di_{pj}}{dt} &= U_{dc}/2 \\
u_{sj} + L_{ac}\frac{di_{vj}}{dt} - u_{nj} - R_0 i_{nj} - L_0\frac{di_{nj}}{dt} &= -U_{dc}/2
\end{aligned}\right\} \tag{3-24}$$

为进一步简化分析，需要定义以下三个量

$$\left.\begin{aligned}
u_{diffj} &= \frac{1}{2}(u_{nj} - u_{pj}) \\
u_{comj} &= \frac{1}{2}(u_{pj} + u_{nj}) \\
i_{cirj} &= \frac{1}{2}(i_{pj} + i_{nj})
\end{aligned}\right\} \tag{3-25}$$

式中：u_{diffj} 是上下桥臂的差模电压；u_{comj} 是上下桥臂的共模电压；i_{cirj} 是 j 相桥臂的环流。上下桥臂的电流差就是相电流 $i_{vj} = i_{pj} - i_{nj}$。

将 MMC 的微分方程相减和相加，代入刚才定义的三个量得到

$$\left.\begin{aligned}
(L_{ac} + L_0/2)\frac{di_{vj}}{dt} + \frac{R_0}{2}i_{vj} &= -u_{sj} + u_{diffj} \\
L_0\frac{di_{cirj}}{dt} + R_0 i_{cirj} &= U_{dc}/2 - u_{comj}
\end{aligned}\right\} \tag{3-26}$$

式（3-26）中，第一个式子只有差模电压和相电流，第二个式子只有共模电压和环流。在直流电压和交流电压不变时，只要控制了差模电压和共模电压，就可以控制输出电流和环流，从而控制功率传输了。

差模电压控制输出电流为

$$L\frac{\mathrm{d}}{\mathrm{d}t}\begin{bmatrix} i_{va}(t) \\ i_{vb}(t) \\ i_{vc}(t) \end{bmatrix} + R\begin{bmatrix} i_{va}(t) \\ i_{vb}(t) \\ i_{vc}(t) \end{bmatrix} = -\begin{bmatrix} u_{sa}(t) \\ u_{sb}(t) \\ u_{sc}(t) \end{bmatrix} + \begin{bmatrix} u_{diffa}(t) \\ u_{diffb}(t) \\ u_{diffc}(t) \end{bmatrix} \tag{3-27}$$

其中：$L = L_{ac} + L_0 / 2, R = R_0 / 2$。

电流电压的变化都会是工频下的正弦信号，为进一步获得状态量，只需将三相静止坐标系下的正弦交流量变换为两轴同步旋转坐标系下的直流量即可，即经典的派克变换。

$$T_{3s-dq}(\theta) = \frac{2}{3}\begin{bmatrix} \cos(\theta) & \cos(\theta - 2\pi/3) & \cos(\theta + 2\pi/3) \\ -\sin(\theta) & -\sin(\theta - 2\pi/3) & -\sin(\theta + 2\pi/3) \end{bmatrix} \tag{3-28}$$

其中 $\theta = \omega t$，即为 PLL 锁相环得到的 a 相电压的相位。在这种情况下，其实 d 轴的电压就是交流电网的相电压，而 q 轴的电压为零。

进行坐标变换可得

$$L\frac{\mathrm{d}}{\mathrm{d}t}\begin{bmatrix} i_{vd}(t) \\ i_{vq}(t) \end{bmatrix} + R\begin{bmatrix} i_{vd}(t) \\ i_{vq}(t) \end{bmatrix} = -\begin{bmatrix} u_{sd}(t) \\ u_{sq}(t) \end{bmatrix} + \begin{bmatrix} u_{diffd}(t) \\ u_{diffq}(t) \end{bmatrix} + \begin{bmatrix} 0 & \omega L \\ -\omega L & 0 \end{bmatrix}\begin{bmatrix} i_{vd}(t) \\ i_{vq}(t) \end{bmatrix} \tag{3-29}$$

变换之后等号右边的第三项是 abc 三相电流求导时变换矩阵多出来的，因为变换矩阵是时变的，所以求导不能单纯提出来。具体公式如下

$$T_{3s-dq}\frac{\mathrm{d}}{\mathrm{d}t}\big[f_{abc}(t)\big] = \frac{\mathrm{d}}{\mathrm{d}t}\big[f_{dq(t)}\big] - \left[\frac{\mathrm{d}}{\mathrm{d}t}f_{3s-dq}(\theta)\right] \cdot T_{dq-3s}(\theta) \cdot f_{dq}(t) \tag{3-30}$$

进行拉普拉斯变换，可得

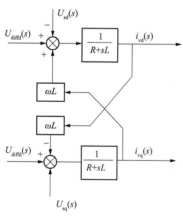

图 3-73　差模电压控制图

$$\begin{cases} (R + Ls)i_{vd}(s) = -u_{sd}(s) + u_{diffd}(s) + \omega L i_{vq}(s) \\ (R + Ls)i_{vq}(s) = -u_{sq}(s) + u_{diffq}(s) - \omega L i_{vd}(s) \end{cases} \tag{3-31}$$

由上面式子可以看出，MMC 的交流输出电流仅取决于交流系统电压和桥臂差模电压。如果确定了系统电压，那么交流输出电流仅取决于桥臂差模电压，其控制图如图 3-73 所示。

下面介绍共模电压控制内部环流。相环流的表达式为

$$i_{cirj} = \frac{I_{dc}}{3} + I_{r2m}\cos(2\omega - \theta_t) + Q_{10} \tag{3-32}$$

式中：I_{r2m} 是 2 倍频环流的幅值，Q_{10} 是 3 次及以上的谐波分量，非常小，可以忽略不计。

环流实际上由一个直流分量和一个 2 倍频的交流分量组成。I_{r2m} 的表达式非常复杂，写出来也没有太大意义，但从表达式中可以看出，电平 N 越多，子模块电容 C_0 越大，桥臂电

抗 L_0 越大，I_{r2m} 就越小。

即环流里面还有一个 2 倍频的分量。三相环流为

$$
\left.\begin{array}{l}
i_{\text{cira}} = \dfrac{I_{\text{dc}}}{3} + I_{r2m} \cos(2\omega t - \theta_t) \\[2mm]
i_{\text{cirb}} = \dfrac{I_{\text{dc}}}{3} + I_{r2m} \cos(2\omega t - \theta_t + 2\pi/3) \\[2mm]
i_{\text{circ}} = \dfrac{I_{\text{dc}}}{3} + I_{r2m} \cos(2\omega t - \theta_t - 2\pi/3)
\end{array}\right\} \tag{3-33}
$$

可以发现，MMC 内部环流的 2 次谐波是负序的。沿用刚才坐标变换的思路，采用与负序 2 次分量相对应的坐标系来进行变换（即以 2ω 速度反 θ 方向旋转），记为

$$
T_{3s-dq}(\theta) = \frac{2}{3}\begin{bmatrix} \cos(2\theta) & \cos(2\theta + 2\pi/3) & \cos(2\theta - 2\pi/3) \\ \sin(2\theta) & \sin(2\theta + 2\pi/3) & \sin(2\theta - 2\pi/3) \end{bmatrix} \tag{3-34}
$$

代入 MMC 微分方程的第二组

$$
L_0 \frac{\mathrm{d}}{\mathrm{d}t}\begin{bmatrix} i_{\text{cira}}(t) \\ i_{\text{cirb}}(t) \\ i_{\text{circ}}(t) \end{bmatrix} + R_0\begin{bmatrix} i_{\text{cira}}(t) \\ i_{\text{cirb}}(t) \\ i_{\text{circ}}(t) \end{bmatrix} = \begin{bmatrix} U_{\text{dc}}/2 \\ U_{\text{dc}}/2 \\ U_{\text{dc}}/2 \end{bmatrix} - \begin{bmatrix} u_{\text{coma}}(t) \\ u_{\text{comb}}(t) \\ u_{\text{comc}}(t) \end{bmatrix} \tag{3-35}
$$

得到

$$
L_0 \frac{\mathrm{d}}{\mathrm{d}t}\begin{bmatrix} i_{\text{cird}}(t) \\ i_{\text{cirq}}(t) \end{bmatrix} + R_0\begin{bmatrix} i_{\text{cird}}(t) \\ i_{\text{cirq}}(t) \end{bmatrix} = \begin{bmatrix} 0 & -2\omega L_0 \\ 2\omega L_0 & 0 \end{bmatrix}\begin{bmatrix} i_{\text{cird}}(t) \\ i_{\text{cirq}}(t) \end{bmatrix} - \begin{bmatrix} u_{\text{comd}}(t) \\ u_{\text{comq}}(t) \end{bmatrix} \tag{3-36}
$$

注意：经过此变化之后直流量 U_{dc} 没了，再进行拉普拉斯变换，得到

$$
\left.\begin{array}{l}
(R_0 + L_0 s)i_{\text{cird}}(s) = -u_{\text{comd}}(s) - 2\omega L i_{\text{cirq}}(s) \\[2mm]
(R_0 + L_0 s)i_{\text{cirq}}(s) = -u_{\text{comq}}(s) + 2\omega L i_{\text{cird}}(s)
\end{array}\right\} \tag{3-37}
$$

从式（3-37）可以看出，MMC 的内部环流只取决于桥臂的共模电压，其控制框图如图 3-74 所示。

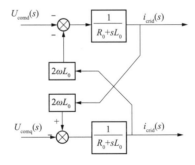

图 3-74　共模电压控制框图

3.3.2　大电流应力下的换流阀设计

3.3.2.1　换流阀大电流应力的分析

为了分析子模块阀的应力，首先要对换流站的单站应力进行分析。在假设每个子模块电

容器电压恒定、桥臂阻抗相等的基础上，分别分析了电压应力和电流应力、三个相单元之间、每个相单元中上下两个桥臂之间的电气应力相互独立，通过分析其中一个桥臂（以 a 相上桥臂为例）的应力来确定阀的应力，得出的结果具有普遍性。电容器电压的波动实际上是系统对电容器补充能量和电容器发出能量的过程，需要求出提供电容充放电的能量，即功率对时间的积分，因此只需求出功率的过零点，在过零点之间的时间段内将功率对时间进行积分即可求出能量的波动，进而求出电容电压的波动。从研究结果可以看出，电容器中的电流包含了很多频率的分量，其中最主要的成分是工频和 2 倍频，而其他频率的电流只占很小的一部分。

当 MMC 阀直流侧发生短接故障时，其过程可分为两个阶段：第一个阶段，直流电容器放电阶段，放电路径如图 3-75 中的粗线所示，此时下桥臂的二极管要同时承受直流电容器放电电流和交流侧系统短路电流的叠加；第二个阶段，IGBT 关断，引起 IGBT 关断的原因有两种，一种是过电流保护动作，另一种是由于子模块电容器电压放电严重而使电压迅速降低，造成取能电路无法正常工作引起的 IGBT 关断。IGBT 关断之后由交流系统提供二极管（晶闸管）的短路电流。

当柔性直流系统发生直流侧短路故障时，需要及时检测直流侧故障并触发保护晶闸管以达到保护 FWD 的目的。考虑到控制系统的响应时间，通常晶闸管会在发生直流侧短路故障之后被可靠触发。

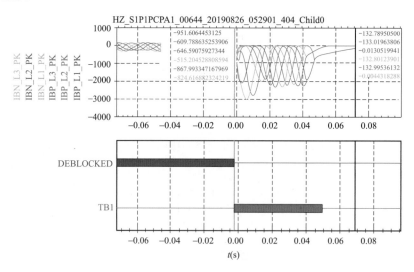

图 3-75　直流侧短路桥臂电流波形示意图

3.3.2.2　换流阀大电流应力耐受能力设计

换流阀的额定运行、过负荷能力主要受 IGBT 的结温限制，与通流量、环境温度、换流阀的水冷设计、过负荷时间等因素密切相关。IGBT 的通态压降随温度的升高而增加，这样换流阀的损耗也会随之增大。此外，环境温度的增加还会引起换流阀半导体器件绝对温度的增大。设计换流阀时需要满足换流阀在最高环境温度条件下，换流阀器件结温控制在安全工作区内。IGBT 短路故障时失效的主要原因有 SCSOA 破坏、浪涌电压破坏和过热破坏。在短

路条件下，短路电流流经 IGBT，一方面使得损耗急剧上升，可能导致器件过热；另一方面在此过程中的 IGBT 开关动作是极其危险的，很容易超出器件的短路安全工作区而损坏。这一类的短路通常由驱动电路来保护，一般闭锁 IGBT 的时间在 10μs 以内。

由于杂散电感的存在，IGBT 关断过程中会在 IGBT 的 C、E 两端产生电压尖峰。若关断尖峰电压值超过 IGBT 的耐受能力，会导致 IGBT 开关管损坏。在主回路确定的条件下，尖峰电压值的大小与电流回路的寄生电感、IGBT 关断电流、直流母线电压相关。选择子模块的直流电压约 900V，同时控制回路的杂散电感，IGBT 的关断尖峰便得到很好的控制并留有较大裕度，可有效保障换流阀的安全工作。

换流阀设计是为了能够承受交流侧与直流侧接地故障、阀短路、交流系统接地等故障情况下的过电流。直流双极短路是换流站的严重故障之一。换流阀的设计可以保证故障过程中换流阀 IGBT、二极管能够耐受短路故障电流。IGBT 驱动电路具有完善的短路保护功能，短路情况下驱动电路可以保证 IGBT 的安全。选用的晶闸管能够耐受双极短路故障情况下的短路故障电流。

3.3.2.3 换流阀大电流应力下的多物理场仿真分析

双极短路情况下，功率模块的额定运行电压为 0.9kV，考虑最大波动范围为 ±10%，按照 1kV/10kA 的情况搭建仿真模型，分析功率模块内部的电场和磁场。有分区屏蔽和无分区屏蔽磁场分布如下图所示，无分区屏蔽的磁感应强度大于 30mT，采用分区屏蔽技术，磁感应强度小于 0.3mT。采用分区屏蔽技术把磁感应强度降低了 100 倍，保证了二次板卡的正常工作。

3.3.3 基于集成在线检监测与故障智能诊断功能的子模块设计

3.3.3.1 子模块拓扑

±10kV/10MW 配电网柔性直流模块化电压源型换流阀采用模块化设计，子模块紧凑，构成换流阀的最小单位，换流阀极易扩展到不同的电压及功率等级，具有较强的灵活性。桥臂中的各模块可独立进行控制，每个子模块可采用半桥拓扑或者全桥拓扑。

3.3.3.2 开关器件选型设计

在各种可能运行工况下的结温不应超过器件允许的最大结温，IGBT 器件的最大结温一般为 125℃或 150℃。但是在最大结温设计上应该考虑到留有适当的安全裕量。换流阀功率开关器件的选型要点为：①根据子模块额定直流电压选择合适的 IGBT 电压等级；②根据换流站容量、电压等级确定换流站桥臂电流及子模块电流。

3.3.3.3 子模块电容设计

模块化电压源型换流阀的电容分散于各个子模块。直流电容器是换流器的储能元件，为换流站提供直流电压支撑。每个子模块单元包含子模块电容。电容是决定换流阀总成本、占地面积大小的重要因素之一，电容参数设计得合理与否直接影响到换流阀的经济性。子模块的电压波动主要与子模块的电容参数相关，对于 ±10kV/10MW 配电网柔性直流模块化电压源型换流阀子模块电容的选择，建议满足最大运行工程下桥臂电压波动不超过子模块额定运行电压的 10%。

换流阀子模块运行过程中可通过子模块的投切策略，主动进行子模块的电压控制，从而

可以将子模块的电压控制在一定的合理的范围内。通过子模块均压策略，可使子模块电容电压偏差小于 5%。

3.3.3.4 低漏感叠层母排设计

换流阀子模块的连线电感会在开关器件动作时，由于电流快速变化而感应电压尖峰，从而造成严重的电磁干扰并增大器件的电压应力。±10kV/10MW 配电网柔性直流模块化电压源型换流阀设备采用低杂散电感的母排设计，具有低杂散电感、结构紧凑、散热性能良好等优点。

合理设计子模块母排结构及连接方式以减小寄生电感及其影响，减少 IGBT 关断尖峰电压，提高换流阀的可靠性和运行性能。

3.3.3.5 子模块旁路开关设计

子模块中旁路开关用于实现冗余子模块和故障子模块的快速投切。故障发生时通过闭合故障子模块中的旁路开关使故障子模块短路，退出运行。

旁路开关的额定电压值应满足子模块工作电压的需要，其工作电压为直流电压。额定电流值应满足桥臂通态情况下通流量的要求，工作电流为有偏置的正弦波电流。

3.3.3.6 子模块旁路晶闸管选型设计

半桥子模块旁路晶闸管的主要功能是保护子模块 IGBT 器件的续流二极管，在直流侧发生短路故障后，短路电流将通过子模块上的二极管流通。该电流一般会超过二极管的额定电流，二极管会产生大量热量。较高的热应力有可能导致功率器件损坏。由于二极管是不控器件，无法进行关断，需采取其他措施来降低此应力造成的影响。晶闸管的通态电阻小于 IGBT 续流二极管的通态电阻。在子模块下 IGBT 两端并联一个晶闸管，在系统发生直流侧短路故障后，触发导通晶闸管可以对二极管的故障电流进行分流，从而使二极管免受损坏。旁路晶闸管的电压定额应参照子模块的工作电压选型。

3.3.3.7 集成在线监测和控制设计

子模块由数个一次器件以及其驱动控制电路组成，内部电气及机械连接多、结构复杂，故障类型较多，其监视控制功能由子模块控制器（Sub-Module Controller，SMC）来实现。SMC 作为子模块的控制核心，接收 VBC 发送下来的控制命令，控制 IGBT 开通与关断以及晶闸管和旁路开关的开通，同时监视子模块各元器件的状态上送至 VBC，包括晶闸管状态、旁路开关状态、IGBT 状态、高压电源状态及电容电压等。

3.3.3.8 故障智能诊断与保护设计

子模块具备多重故障智能诊断与保护，可有效保证器件和内部元件的安全；具备短路故障诊断与保护、过压故障诊断与保护、通信故障诊断与保护。当控制电路或系统检测到子模块出现无法恢复的故障时，通过控制机械开关闭合，将子模块旁路，从而不影响其他子模块的运行。当系统检测到直流侧短路故障时，控制电路触发晶闸管导通，短路电流主要从晶闸管中流过，保护 IGBT 中反向并联的二极管免受损坏。

3.3.4 AC/DC 换流器分层分布式控制架构与分区保护架构

中低压配用电系统 AC/DC 换流器需要实现控制部分、保护部分和通信、事件顺序记录等方面的功能。其中，控制部分的功能包括：①外环控制（有功功率控制、无功功率控制、直流电压控制、交流电压控制）；②内环控制（内环电流控制、负序电压控制、环流抑制）；

③开关刀闸顺序控制。

保护部分的功能包括：①交流保护（交流过电压保护、交流低电压保护、交流频率异常保护、交流连接线过流保护、零序过流保护、零序电压保护）；②换流器保护（启动回路差动保护、阀差动保护、换流器过流保护、桥臂过流保护、桥臂环流保护、换流器差动保护）；③直流保护（直流电压不平衡保护、直流过流欠压保护、直流低电压保护、直流过电压保护）。

通信、事件顺序记录等方面的功能包括：①与极控主机、站间协调控制主机的站间通信，AB 套主机系统间通信，与 VBC、直流接口柜、启动接口柜通信；②相关的事件顺序记录（SER）；③冗余功能。

3.3.4.1 AC/DC 换流器控制系统分层

柔性直流电网控制系统分层结构包括：

（1）系统监视与控制层：该层是运行人员进行操作和系统监视的 SCADA 系统，属于运行人员控制系统。

（2）换流站控制层：该层包括电网协调控制系统、交流站控系统（包括站用电控制和辅助系统接口）、直流站控系统、直流极控系统等。

（3）就地控制和设备控制（I/O 单元）层：该层主要由分布式 I/O 单元及有关测控装置构成，执行其他控制层的指令，完成对应设备的操作控制。

冗余控制系统可以保证当一个系统出现故障时，不会通过信号交换接口，以及装置的电源等将故障传播到另一个系统，可确保直流系统不会因为控制系统的单重故障而发生停运。

3.3.4.2 AC/DC 换流器保护系统

根据可靠性的基本原理以及电力系统的运行经验，保护功能的层次划分要遵循一定的原则才能提高可靠性，这些原则有：面向的一次对象可以独立运行时，负责此一次对象的保护装置也能够独立运行；保护装置要有足够的能力完成所分配的功能，并留有一定的裕度；进行维护工作时，工作界面清晰，涉及的以及会影响到的一、二次设备少；采用最简单的系统。

保护系统采用双重化配置包括 2 套保护装置（保护装置 1 和保护装置 2），完全双重化配置方式的每一套保护采用"启动+保护"的出口逻辑，两套保护同时运行，任意一套动作可出口，保证安全性。

对于模块化多电平的柔性直流系统保护，对象规模变大，因此保护装置使用分布式的保护装置，柔性直流的全部保护系统采用了分级、分层的分布式的结构来实现，包括阀、子模块保护和直流保护。其中系统级、换流站级和换流器级三层保护按照统一平台进行整体设计，在同一主机内实现，子模块保护和阀保护分别在子模块控制板卡（SMC）和阀控装置（VBC）内实现。

3.4 中压直流传感技术

3.4.1 中压直流传感器技术原理

（1）中压直流电压传感器原理

电压传感器是指能感受被测电压并转换成可用输出信号的传感器。在各种自动检测、控

制系统中，需要对高速变化的交直流电压信号进行跟踪采集，对于比较复杂的电压波形进行频谱分析。被测电压为直流电压时，可采用分压电阻作为传感元件，并联在被测元件两端的电阻值应足够大（一般应控制消耗功率小于被测电机额定功率的 1/1000），以尽可能地减少该回路电流产生的损耗对测量值造成的影响。取该被测电压在电阻上的 部分电压降作为信号，直接送入数据采集系统和 A/D 转换器。

（2）中压直流电流传感器原理

直流电流传感器是一种检测装置，能感受到被测电流的信息，并能将检测感受到的信息，按一定规律变换成为符合一定标准需要的电信号或其他所需形式的信息输出，以满足信息的传输、处理、存储、显示、记录和控制等要求。根据不同的电流测量原理，电流传感器一般有电阻分流器检测、霍尔效应、磁通门、电磁感应、罗氏线圈（电磁感应原理及安培环路定律）五种技术。

分流器是根据直流电流通过电阻时在电阻两端产生电压的原理制作而成。分流器实际上是一个阻值很小的电阻，当有直流电流通过时产生压降，供直流电流表显示。直流电流表实际为电压表，一般其量程为 75、150、300mV。用电压表来测量电压，再将此电压换算成电流，就完成了大电流的测量。

电流互感器采用的是电磁感应原理，由闭合的铁心和绕组组成。电流互感器的作用是可以把数值较大的一次电流通过一定的变比转换为数值较小的二次电流，用来进行保护、测量等用途。

霍尔电流传感器包括开环式和闭环式两种，开环的霍尔电流传感器采用的是霍尔直放式原理，闭环的霍尔电流传感器采用的是磁平衡原理。高精度的霍尔电流传感器大多属于闭环式。

磁通门电流传感器是利用被测磁场中高导磁率磁芯在交变磁场的饱和激励下，其磁感应强度与磁场强度的非线性关系来测量弱磁场的。这种物理现象对被测环境的磁场来说好像是一道"门"，通过这道"门"，相应的磁通量即被调制，并产生感应电动势。利用这种现象来测量电流所产生的磁场，从而间接达到测量电流的目的。

3.4.2 电压传感器分时采样自校准

中压直流电压传感器的结构框图如图 3-76 所示，主要由电阻分压器、保护电路、低压测量电路及通信电路等部分组成。被测高电压 U_H 经直流电阻分压器分压后（设分压比为 k_N）得到低压侧电压，经过低压测量电路测得低压侧电压测量值 U_N，通过分压比计算得到被测高电压值 $U_H=k_N U_N$。电子开关 K 并联在电阻分压器的低压侧电阻 R_{N-1} 上，微控制器控制电子开关 K 的通断以进行低压侧电压的分时采样，从而校准电阻分压器高压臂电阻 R_H 的阻值。

整个传感器系统中，测量前端得到的模拟量最终转换为数字量进行计算、分析并进行传输。对此类包含模数转换器的数字系统，系统误差可分为两部分：一是模数转换器的误差；二是模数转换器之前电路的所有组件带来的累积误差。因此，当选择系统的模拟元件时，通常要求选择的每部分元件的精度比系统要求的总精度高 5～10 倍。

直流输配电系统可采用中压直流电压传感器分别测量正极对地和负极对地电压，极间压

差可通过两个传感器的给出值计算得到。

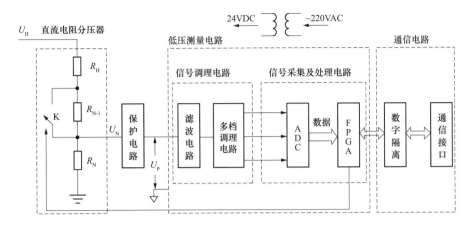

图 3-76 中压直流电压传感器结构框图

为保证测量准确度，电阻分压器的低压臂电阻 R_{N-1} 和 R_N 均采用低漂移的精密电阻。在测量前端出现过压或过流时，保护电路将保护低压测量电路及后续器件的安全。低压测量电路中的滤波电路可滤除信号中的高频噪声，避免或削弱高频噪声对后续测量的影响。低压测量电路可处理的最大电压为 10V，为了尽可能在大的动态范围内保证测量准确度，低压测量电路采用多档调理电路（依次分为 3 档），不同的被测电压范围对应不同放大倍数的调理电路。信号采样及处理电路中的模数转换器应具有同时采样多路信号的能力，且理论分辨率不小于 12 位，微处理器选用 FPGA；模数转换器的转换速率满足传感器带宽的要求，并且和 FPGA 数据传输处理速率相匹配。通信电路实现传感器与主机之间的互联，采用数字隔离将传感器系统与主机隔开，以保证主机及传感器的安全。

设被测高电压值为 U_H，电子开关 K 在不同状态下低压侧电压 U_N 有不同的值：

（1）常规情况下，即电子开关 K 关断时，由电阻分压原理可得到电阻分压器低压侧输出电压 U_N 的值为

$$U_N = \frac{R_N}{R_H + R_{N-1} + R_N} U_H = \frac{U_H}{k_{N1}} \tag{3-38}$$

式中：U_H 表示被测电压值；k_{N1} 表示电子开关 K 关断时的电阻分压器标称分压比或校准后的电阻分压器分压比。

由此被测电压值 U_H 可按下式计算得到

$$U_H = k_{N1} U_N \frac{R_H + R_{N-1} + R_N}{R_N} U_N \tag{3-39}$$

在常规情况下，根据测得的电阻分压器低压侧电压值 U_N 和分压比 k_{N1} 按式（3-39）计算得到被测直流电压值 U_H。

（2）当被测电压处于第 2 档且波动小时，可对电阻分压器高压臂电阻阻值进行校准。这里的波动小是指，在 3 倍电子开关 K 切换与数据采集周期内，被测电压波动幅值小于被测电压值乘以要求的准确度等级。例如，传感器要求的准确度为 0.2 级，被测电压 U_H=10kV 时，

可得被测电压允许波动范围为 20V。

在进行电阻分压器高压臂电阻阻值校准时，微控制器控制电子开关 K 进行分时关断和导通，从而控制电阻分压器低压侧电阻 R_{N-1} 的接入和短路，低压测量电路分时采样并处理这两种情况下的低压侧电压值，最终达到电阻分压器高压臂电阻阻值校准的目的。

电子开关 K 关断时，电阻分压器低压侧电阻 R_{N-1} 接入分压器，与上述情况（1）相同。电子开关 K 导通时，电阻分压器低压侧电阻 R_{N-1} 被短路，此时由电阻分压原理得到电阻分压器低压侧输出电压 U_N' 为

$$U_N' = \frac{R_N}{R_H + R_N} U_H = \frac{U_H}{k_{N2}} \tag{3-40}$$

式中：U_H 表示被测电压值；k_{N2} 表示电子开关 K 导通时的电阻分压器标称分压比或校准后的电阻分压器分压比。

联立式（3-38）～式（3-40）可得，电阻分压器高压臂电阻阻值的校准值 R_{HJ} 为

$$R_{HJ} = \frac{U_N R_{N-1}}{U_N' - U_N} - R_N \tag{3-41}$$

直流电阻分压器高压臂电阻阻值 R_H 的具体校准流程如下：

1）保持电子开关 K 关断，在 3 倍电子开关 K 切换与数据采集周期内连续多次采集低压侧电压 U_N，计算并判断 U_N 的 2 倍标准 $\hat{\delta}(U_N)$ 差是否小于允许偏差 λ，根据判断结果决定是否进行电阻分压器高压臂电阻 R_H 校准（允许偏差 λ 由被测电压和传感器要求的准确度等级决定）。

2）若 $\hat{\delta}(U_N) > \lambda$ 时，说明此时被测电压不稳定，不宜进行分压器高压臂电阻校准，重复步骤 1）。

3）若 $\hat{\delta}(U_N) \leqslant \lambda$ 时，表明此时被测电压可能处于稳定状态，微处理器控制电子开关 K 的导通和关断，实现低压侧电压的分时采样，计算分压器高压臂电阻 R_H 的校准值 R_{HJ}；并重复该步骤多次，求取分压器高压臂电阻校准值 R_{HJ} 的均值 R_{HJ0}。满足判断条件时，选取校准均值 R_{HJ0} 作为新的分压器高压臂电阻值；若不满足判断条件，则说明在校准过程中被测电压不稳定，校准失败，需要重新进行校准。判断条件为

$$\frac{2|R_{HJ0} + R_H|}{R_H} \leqslant \alpha \tag{3-42}$$

式中：α 表示直流电阻分压器的准确度等级，例如 $\alpha=0.001$ 表示直流电阻分压器的准确度等级为 0.1 级。

校准电阻分压器高压臂电阻阻值后，采用校准值得到的分压比计算被测电压值，校准后被测电压 U_H 的计算式为

$$U_H = \frac{R_{HJ} + R_{N-1} + R_N}{R_N} U_N = \frac{R_{N-1} U_N U_N'}{R_N(U_N' - U_N)} \tag{3-43}$$

即校准电阻分压器高压臂电阻阻值后，被测电压 U_H 可由电阻分压器低压臂精密电阻 R_{N-1}、R_N 以及低压侧输出电压测量值 U_N 直接计算获得，与电阻分压器高压臂电阻阻值无关。

3.4.3 基于多档调理的电压调理电路

低压测量电路包括信号调理电路、信号采样及处理电路两部分，如图 3-77 所示。

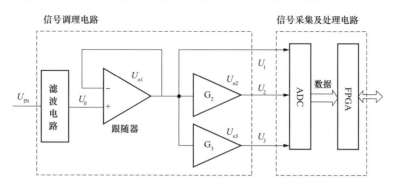

图 3-77　传感器低压测量电路示意图

信号调理电路由滤波电路、跟随器及 3 路放大倍数不同的运算放大器电路组成。其中，滤波电路将信号中的高频杂波滤除，但滤波电路的存在不影响传感器要求的截止频率；跟随器用于降低输出阻抗，实现滤波器电路和后侧电路的阻抗匹配；为提高测量装置的准确度等级，调理电路设计为多档调理的电路模式，经过跟随器的信号分为 3 路分别调理后进入信号采集及处理电路。信号采集及处理电路中模数转换器须具有同步采样 3 路信号的功能，且分辨率不低于 12 位。微处理器接收到采集单元同步采样的 3 路数据，根据处理后初步得到被测高电压所处幅值范围，选择相应档位的一路信号进行后续的被测高电压值的计算和电阻分压器高压臂电阻阻值的校准，并将数据传送至通信电路以实现传感器与 PC 机的互联。因此，微处理器须具有一定的处理和响应速度，满足测量装置响应时间要求且与信号采集元件速度匹配。微处理器可以是单片机、DSP、嵌入式系统或普通工控机等，这里选用 FPGA。

低压测量电路可处理的最大电压为 10V，为了尽可能在大的动态范围内保证测量准确度，低压测量电路采用多档调理电路（依次分为 3 档），不同的被测电压范围对应不同放大倍数的调理电路。假设中压直流电压传感器的电压测量范围为 $0 \sim U_{HM}$，额定值为 $U_{HM}/2$，将此测量范围划分为的 3 档，分别为 $0 \sim U_{HM1}$、$U_{HM1} \sim U_{HM2}$ 和 $U_{HM2} \sim U_{HM}$，对应 3 路不同的调理电路，调理电路输出电压分别对应 U_3、U_2 和 U_1。

3.4.3.1　传感器的多档选择过程

工作时，信号采样及处理电路获得同步采样的 3 路调理电路的电压值 U_3、U_2 和 U_1。首先认为被测电压 U_H 处于电压值最高的档位（$U_{HM2} \sim U_{HM}$），根据对应该档位的电压采样值 U_1 计算得到被测电压估算值 U_{HS}。若 U_{HS} 属于档位 $U_{HM2} \sim U_{HM}$，则被测电压值 $U_H = U_{HS}$；若 U_{HS} 不属于档位 $U_{HM2} \sim U_{HM}$，则根据所处档位实际低压测量值 U_2（档位 $U_{HM1} \sim U_{HM2}$）或 U_3（档位 $0 \sim U_{HM1}$），重新计算被测电压值。

3.4.3.2　3 个档位的分界值 U_{VHM1} 和 U_{HM2} 确定

直流电阻分压器高压臂电阻校准值 R_{HJ} 的计算式为

$$R_{HJ} = \frac{U_N R_{N-1}}{U'_N - U_N} - R_N \tag{3-44}$$

在已知某一给定直流高电压 U_H 的情况下，低压臂输出电压 U_N' 和 U_N 的差值越大，高压臂电阻 R_H 的校准越准确，因此要求

$$U_N' - U_N = \frac{U_H}{k_{N2}} - \frac{U_H}{k_{N1}} \geqslant \alpha \frac{U_{HM}}{k_{N1}} \tag{3-45}$$

式中：α 表示直流电阻分压器的准确度等级；k_{N1} 和 k_{N2} 分别表示电阻分压器在电子开关 K 关断和导通时的分压比，$k_{N1}=(R_H+R_{N-1}+R_N)/R_N$ 和 $k_{N2}=(R_H+R_N)/R_N$。

由此可得

$$U_H \geqslant \alpha \frac{R_H + R_N}{R_{N-1}} U_{HM} = \lambda U_{HM} \tag{3-46}$$

则分档边界值分别为（额定值为 $U_{HM}/2$）

$$U_{HM1} = (0.5 - \lambda)U_{HM} \tag{3-47}$$

$$U_{HM2} = (0.5 + \lambda)U_{HM} \tag{3-48}$$

当中压直流电压传感器的测量范围为 0～20kV，额定值为 10kV，选定的分时采样电阻分压器电阻阻值分别为 $R_H=200M\Omega$、$R_{N-1}=2M\Omega$、$R_N=60k\Omega$ 时，计算可得分档边界值分别为 $U_{HN1}=8kV$、$U_{HN2}=12kV$，对应的低压侧输出电压分别为 2.4V 和 3.6V。

因为选用的模数转换器为 AD7606 可接受的最大电压为 10V，则对应 0～8kV、8～12kV 和 12～20kV 的低压测量电路三档调理电路的放大倍数分别为 $G_3=4$、$G_2=2$ 和 $G_1=1$。

3.4.4 光纤电流传感器系统方案

3.4.4.1 提高信噪比的光路系统方案

反射式串联结构光纤电流传感器的光路系统在高压侧输入与返回光波共用一条光纤，没有寄生 Sagnac 陀螺效应[1]，对温度与振动不敏感，同时具有双倍的磁光法拉第效应，因而传感器具有较高的信噪比，因此该光路系统结构是优选的光路方案，如图 3-78 所示。

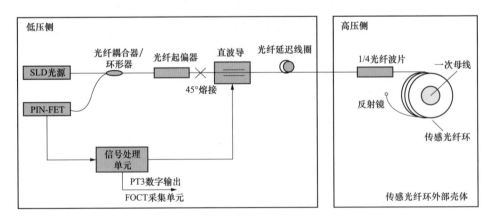

图 3-78 反射式串联结构、直波导调制方案

---

[1] Sagnac 陀螺效应是相对惯性空间转动的闭环光路中所传播光的一种普遍的相关效应，即在同一闭合光路中从同一光源发出的两束特征相等的光，以相反的方向进行传播，最后汇合到同一探测点。

虽然反射式串联结构的光路系统具有最小非互易特性，但是在光纤电流传感器光路系统中，存在光学器件性能的限制及其全温环境（−40～70℃）下性能的劣化，以及保偏光纤因机械应力或温度引起的偏振光串扰，同时光纤起偏器还存在正向和反向输入时起偏性能不一致的问题。这些非理想的因素导致偏振串扰的光波进入光电探测器中，形成传感器的光路噪声，造成传感器的信噪比下降。为提高传感器的信噪比，可以在保偏光纤耦合器一端连接光纤起偏器的正向输入端，而起偏器的输出端再与光电探测器相连，该光路系统方案可以大大降低进入光电探测器的光路噪声，如图 3-79 所示。

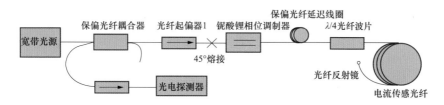

图 3-79　提高传感器信噪比的光路系统方案

3.4.4.2　自适应闭环反馈控制方案

开环控制下的传感器具有动态范围小、响应线性度差的缺点，为了克服开环控制的缺点，光纤电流传感器采用闭环反馈控制方式，其系统框图如图 3-80 所示。

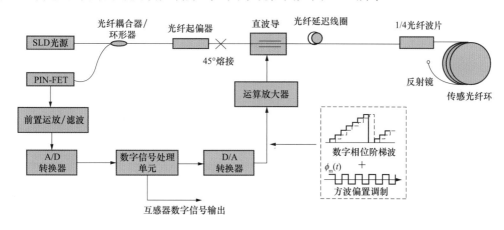

图 3-80　闭环反馈控制光纤电流传感器的系统框图

为了提高传感器系统动态响应速度，根据建立的光纤电流传感器闭环反馈控制模型，在数字积分前增加比较器环节。当解调的误差信号较小时，选择较小的前向通道增益以满足小电流信号检测的需求；而当解调的误差信号较大时，选择较大的前向通道增益以满足大电流快速检测的需求，从而提高系统动态响应速度。自适应闭环反馈控制模型框图如图 3-81所示。

自适应闭环反馈控制系统的阶跃响应仿真波形如图 3-82 所示。

3.4.4.3　系统误差补偿方案

根据光纤电流传感器的动态模型，闭环光纤电流传感器的比例因数由磁光法拉第效应比

例因数 K_s 和反馈通道增益 K_F 共同构成，即

$$K_{SF} = \frac{K_s}{K_F} = \frac{4VN}{K_F} \qquad (3\text{-}49)$$

式中：N 为光纤缠绕圈数；V 为费尔德常数。

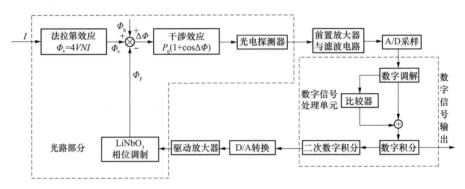

图 3-81　自适应闭环反馈控制模型框图

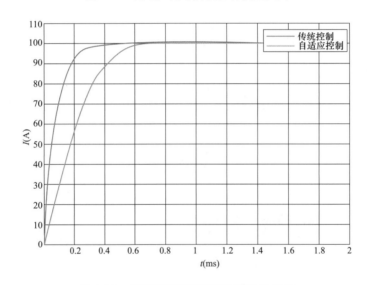

图 3-82　自适应控制系统的阶跃响应仿真

式（3-49）表明传感器系统的稳态增益为 $K_s / K_2 K_m$，称之为光纤电流传感器的比例因数，即 $K_{SF} = K_s / K_2 K_m$。它表明传感器的比例因数只与磁光法拉第效应比例因数 K_s、反馈通道增益 K_2 以及相位调制器的调制系数 K_m 有关。研究表明，闭环反馈控制的光纤电流传感器的比例因数非线性度与光源波长的变化成正比关系，而传感器比例因数的误差与反馈通道增益变化量的三次方成正比，因此反馈通道增益的变化不会造成标度因数非线性度的显著增加。

误差补偿方案如下：

（1）光源波长温度稳定技术

1）采用闭环恒流源控制技术以稳定 SLD 光源驱动电流，全温驱动电流变化量小于 1mA。

2）采用闭环 TEC 温度控制技术以稳定 SLD 光源工作温度，使得光源全温工作温度变化

量小于 0.1℃。

（2）第二闭环反馈通道增益稳定技术

利用 2π 复位误差信号在传感器第一闭环反馈控制电路的基础上增加第二闭环反馈控制回路，用以补偿反馈通道的增益变化，从而精确控制阶梯波的 2π 复位过程。第二闭环反馈控制回路的实现方式如图 3-83 所示。

3.4.5 光纤电流传感器故障诊断方案

根据光纤电流传感器的系统构成，在实际运行中可能出现的故障类型分为光路系统故障和电路系统故障。设计的传感器故障诊断方案能够实现的功能如图 3-84 所示。

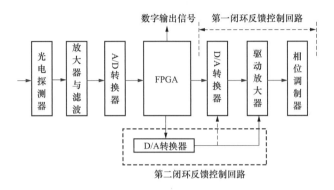

图 3-83　第二闭环反馈通道增益稳定方案

3.4.5.1　基于光功率检测的光路故障诊断

在传感器的光路系统中，由 SLD 光源发出的光波在光纤中传输，遍历各个光器件后不可避免会发生光功率损耗。这些损耗受光路系统的装配工艺和工作温度的影响而发生波动，进而引起光电探测器前端光功率的变化。最严重的情况是光纤断裂及光器件损坏，导致光波在光路系统无法正常传播，光功率发生显著变化，因此可以通过检测光功率的变化来判断光路系统的故障。

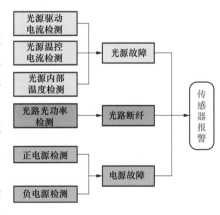

图 3-84　传感器故障诊断系统功能

光路光功率的检测方法：由光纤电流传感器的测量原理与信号的调制/解调原理可知，传感器在方波偏置调制的正、负两个半周期内对 Sagnac 相位差的响应相加求和，得到如下公式

$$I_{\mathrm{sum}} = I(\phi_{\mathrm{S}}, \phi_{\mathrm{b}}) + I(\phi_{\mathrm{S}}, -\phi_{\mathrm{b}}) = 2I_0 \tag{3-50}$$

由上式可以看出，响应相加的结果和光功率 I_0 为一次线性函数关系；ϕ_{S} 是 Sagnac 相移（电流导致的）；ϕ_{b} 是偏置相位（控制系统引入的相位）。因此可以通过对该值的大小进行分析从而得到光路中的光功率值，再根据光功率值的大小来判断光纤电流传感器是否出现故障。

3.4.5.2　基于光源监控电路的故障诊断

在 SLD 光源驱动电路中 SLDCURRENT 信号、ITEC 信号和 THEMVOL 信号分别指示

SLD 光源的恒流源电流、ITEC 温度控制器的工作电流以及 SLD 光源内部的工作温度。这 3 个模拟信号经光源 A/D 转换器转换为数字信号，再输出给 FPGA 处理。在实际使用过程中，当指示 SLD 光源工作状态的 3 个模拟信号超出工作阈值，则 FPGA 输出故障报警信息。光源监控电路原理图如图 3-85 所示。

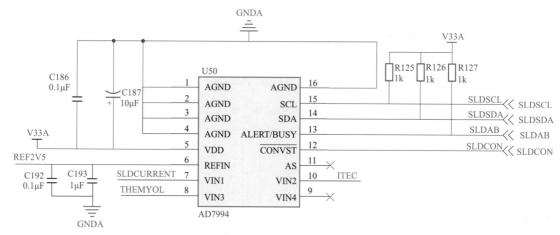

图 3-85　光源监控电路原理图

3.4.5.3　基于电源监控电路的故障诊断

光纤电流传感器的核心供电源电压为 ±6V，FPGA 的供电电源电压为 3.3V。若传感器电压下降到 ±5.5V 以内，则对模拟电路及光源电压造成影响，但此时 FPGA 还能正常运行；若下降到 3.3V 以内则 FPGA 无法正常工作，输出数据出现错乱。为了保证电源电压的正常输出，在电源电路上增加了电源正负电压监控电路，分别监测 ±6V 供电和 3.3V 供电。若监测电源电压小于预设的报警阈值，则电源电压监控电路向 FPGA 发出警报信号，如图 3-86 所示。

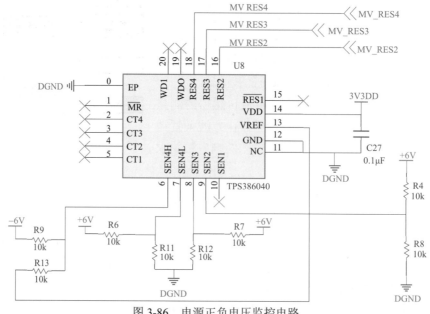

图 3-86　电源正负电压监控电路

3.5　直流用电适配技术

3.5.1　直流用电适配技术原理

直流适配器是一种隔离型 DC/DC 变换器，可以实现低压直流用电装备高效安全接入低压直流系统，以 DAB、LLC、CLLC 的研究和应用最为广泛。上述拓扑技术原理参见 3.2.1 节分析。以下从效率、功率密度、电压调节能力与设计难度方面，综合分析 DAB、LLC、CLLC、CLTC、多谐振拓扑以及 DCX 拓扑的优势与缺点，拓扑方案对比如表 3-7 所示。

表 3-7　　　　　　　　　　　　　　拓扑方案对比

拓扑类型	优点	缺点
DAB	电路简单； 一次侧 ZVS	不能全范围软开关； 控制环流算法复杂； 不利于功率密度提升； 不利于效率提升
LLC	电路简单； 易实现软开关； 功率密度高	变压器变比大； 反向增益特性受限； 电压调节范围受限
CLLC	电路简单，结构对称； 易实现软开关； 功率双向传输	变压器变比大； 电压调节范围受限； 难以兼顾功率密度与效率
CLTC	变压器变比小； 电压宽范围调节； 易实现软开关，功率双向传输	器件多，结构复杂； 高频参数设计复杂； 限制功率密度和效率
LCLC LCLCL	全范围软开关； 包含谐振零点； 宽范围，电压调节	器件多，参数设计复杂； 不易提升频率； 不易实现高功率密度
LLC+Buck DCX	控制容易，全范围软开关； 宽范围，电压调节； 易实现，多输出	二级结构，器件多； 不易提升效率

从表 3-7 中可以看出，LLC+Buck 拓扑可以满足实际工程的效率、功率密度与电压输出的需求，因此采用 LLC+Buck 的 DCX 设计方案，如图 3-87 所示。

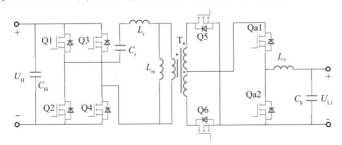

图 3-87　级联 DCX 拓扑

3.5.2　参数设计与器件选取

基于 LLC+Buck 构成的级联型 DCX 拓扑，参数设计主要包括前级 LLC 的谐振无源器件、

电感 L_r、电容 C_r、隔离变压器的匝比 n 和励磁电感 L_m 以及后级 Buck 电路所需考虑的电感 L_b 和滤波电容 C_b。

前级 LLC 主要是实现高效、高增益的电压转换，同时为满足适配器的整体需求而避免占用过大的体积。

3.5.2.1　工作频率的选取

对于 LLC 变换器通常采用变频控制的方式，工作频率一般设定在变换器谐振频率附近调频以实现宽范围调压。但是，本书采用 DCX 的拓扑形式，主要通过后级的 Buck 电路实现宽范围的电压调节。LLC 仅需实现 375～48V 高增益的电压变换。因此，将工作频率设定为 LLC 谐振频率，即可在理论上实现 LLC 变换器的最高效率变换。而从效率上看，即使 LLC 可以实现一次侧的 ZVS、二次侧的 ZCS，但是仍然不可避免在一次侧开挂管上产生关断损耗，过高的工作频率会造成这部分损耗上升，从而使变换器总体效率下降，因此选择谐振频率时应避免过高以限制效率的提升。此外，由于实际工程中高功率密度的需求，需要提高谐振频率，这样使得谐振电感和谐振电容的值减小，从而降低谐振电感和谐振电容的体积。

综上，工作频率的选取需要兼顾体积和效率两方面因素，表 3-8 给出对应的参数值与谐振频率的关系。这里以 5μH 电感作为定值进行对比分析。可以看出当工作频率较低时，所需电感值和电容值较大，会导致变换器的体积较大。而工作频率在 500kHz 以上时，变换器的谐振原件参数变化并不大，体积优化趋于饱和。相反 1MHz 与 500kHz 相比，在损耗上则带来了成倍的增长。

表 3-8　　　　　　　　　　　工作频率与参数的关系

工作频率 参数	10kHz	100kHz	500kHz	1MHz
L_r	5μH	5μH	5μH	5μH
C_r	50μF	500nF	20nF	5nF

因此，基于效率和体积的综合考虑，采用 500kHz 的谐振频率作为变换器的额定工作频率，得到对应的谐振电感值与电容值。

3.5.2.2　ZVS、ZCS 软开关的选取

后级的 Buck 电路在适配器中主要负责低压调压。根据检测到的负载端信号来判断所需的电压和功率等级，从而通过变化占空比来进行 0～48V 的电压调压。由于适配器设备需要具有多端输出的结构以同时给不同功率等级或电压等级的设备供电，这里采用 3 路并联输出的方式。主路大功率可以为 500W 功率等级的设备供电，由于提供功率等级较大，采用交错并联的电路结构以进行分流，在提高设备的运行效率同时避免了开关管的局部过热。两路支路均为单路 Buck 电路，其供电目标主要针对手机类低压小功率设备。

3 路电路中，Buck 中需要设计的参数均为电感 L_b 和滤波电容 C_b。其目标同样是为了实现 Buck 电路开关管的 ZVS 软开关并保证输出电压的稳定。最终根据仿真验证得到电感值为 1μH、电容值为 50μF。

与一次侧相比，二次侧电压等级较低但是所需电流等级较大，因此 L_b 电感需要拥有较大

的电流应力（20A）。同时电感的封装体积合适，有利于功率密度的优化。综合考虑上述要求，适配器参数如表 3-9 所示。

表 3-9　　　　　　　　　适 配 器 参 数

参数	L_r	C_r	L_m	n	L_b	C_b
数值	5μH	20nF	100μH	8:1:1	1μH	50μF

由于变换器工作在 500kHz 的高频工况下，相较于传统的 Si 管、SiC 和 GaN 功率开关管具有更好的运行特性，其中导通电阻 R_{ds} 和输出电容 C_{oss} 将会影响开关管的开通损耗和关断损耗，从而影响变换器的效率。另外，开关管的电压应力和电流应力的选择也很重要，体积则是重要的优化目标，表 3-10 给出了部分型号 GaN 器件的相关数据。

表 3-10　　　　　　　　　开 关 管 器 件 选 取

参数	R_{ds}	C_{oss}	u_{ds}	i_d	封装（mm）	备注
LLC 高压需求			375V	5A		
GS66502B	220mΩ	17pF	650V	7A	5×6.5×0.5	单管
GS66504B	110mΩ	34pF	650V	15A	5×6.5×0.5	单管
LMG341xR050	50mΩ	89pF	600V	12A	8×8×1	驱动集成
LMG341xR070	70mΩ	71pF	600V	12A	8×8×1	驱动集成
LLC 低压需求			96V	5A		
EPC2112	40mΩ	150pF	200V	10A	2.9×1.1×0.7	单体
EPC2033	7mΩ	670pF	150V	48A	4.6×2.6×0.5	单体
EPC2034	10mΩ	550pF	200V	48A	4.6×2.6×0.5	单体
Buck 电路需求			50V	7A		
GS61004B	25mΩ	133pF	100V	45A	4.6×4.4×0.5	单体
EPC2022	2.4mΩ	840pF	100V	70A	6×2.3×0.7	单体
LMG5200	15mΩ	266pF	80V	10A	6×8×2	半桥+驱动集成

经过体积、导通损耗、开关管关断时间及器件集成程度等方面的对比，选择 LMG341xR070 作为 LLC 高压侧逆变开关管、选择 EPC2034 作为 LLC 低压侧整流开关管、选择 LMG5200 应用于 Buck 拓扑中的对应半桥。

3.5.3　高频磁件集成设计

由于变换器采用 500kHz 的开关频率，所以需对高频变压器进行优化设计以保证变压器的体积和效率。变压器的设计主要包括磁芯设计和绕线布置。通过 AP 法获得磁芯的窗口面积与导磁面积，并通过现有磁芯型号集成与利用磁力线相互抵消的原理所特制设计的磁芯方案进行对比分析。

基于图 3-88 中三种方案，从损耗与体积的角度进行计算分析，如表 3-11 所示。

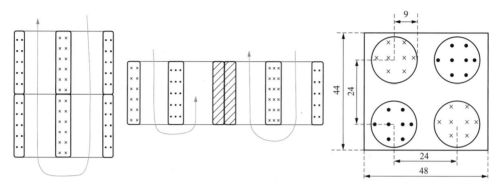

图 3-88　适配器用隔离变压器主要集成方案

表 3-11　　　　　　　　　　　　　变 压 器 方 案 对 比

变压器方案	磁芯损耗理论计算	绕组损耗理论计算	占用面积（mm²）
方案 1	6.5	2.5	64×64
方案 2	5.9	3.8	57×60
方案 3	2	1.6	48×48

绕线方案采用 PCB 绕组的方式，从导线宽度和厚度两个方面进行优化，充分考虑高频场景下趋肤效应与邻近效应的影响，选取最佳的导线厚度；并采用不等宽绕线方式，获得最优的等效电阻，从而使绕组损耗最低。高压侧绕线采用两匝共用一层，每根磁柱绕两层，串联绕过 4 根磁柱的排布方式；而低压侧由于存在两股线圈，因此每根磁柱需绕 4 匝，两个绕组各两匝。此外，考虑到低压侧电流较大，对 4 个磁柱产生的低压输出进行并联处理，达到高低压绕组的匝比为 16:2:2 的效果。

3.5.4　仿真模型搭建及验证

基于上述参数与器件选取，建立 1kW 仿真电路模型。从仿真结果中可以看出变换器 LLC 和 Buck 开关管均实现了 ZVS，并且 LLC 整流侧保证 ZCS。由于 GaN 开关管固有的良好特性，极大地缩短了开关管的关断时间，避免过高的关断电流所导致的较大关断损耗，从而保证变换器的效率。

基于损耗计算的理论公式，结合根据参数设计、器件选取与仿真验证得到的电流、电压结果，可以大致计算出适配器各部分损耗并得到适配器 1000W 额定运行时的最终效率。变换器的理论总损耗为 16.1W，具体损耗成分计算结果如表 3-12 所示，计算出的理论工作效率达到了 98.4%。

表 3-12　　　　　　　　　　　　变换器损耗成分计算

损耗成分	值
LLC 高压开关管损耗（W）	5.355
LLC 低压开关管损耗（W）	1.57
Buck 开关管损耗（W）	4.03
变压器铁耗（W）	2
变压器铜耗（W）	1.63
谐振电感损耗（W）	1.3
电容损耗（W）	0.2

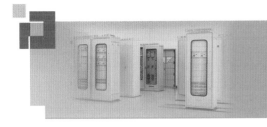

多换流器并网直流配用电系统
稳定运行及协同控制技术

4.1 面向宽频带的多换流器并网稳定技术

4.1.1 直流系统宽频带混合精度建模方法

本小节以中压直流（Medium Voltage Direct Current，MVDC）配用电系统为研究对象，基于所提出的多换流器耦合系统的宽频带建模方法，介绍计及换流器间动态交互的开环和闭环等效降阶模型、MVDC配用电系统的单机等值模型、基于单机等值的临界降阶理论等内容。

4.1.1.1 计及换流器间动态交互的开环等效降阶模型

（1）系统拓扑及其等效电路模型

对如图4-1（a）所示的MVDC配电系统中的相关电力电子装置进行等值处理，得到如图4-1（b）所示的MVDC配电系统等效电路模型。图4-1（b）中，U_{sk} [k=1，2，…，n，其中n为电压源换流器（Voltage Source Converter，VSC）的个数] 为第k台DC-DC VSC（即VSC_k）的理想直流输入电压源；D_k和I_k分别为VSC_k的占空比和输出滤波电感电流；L_{fk}和C_{fk}分别为VSC_k的输出滤波电感和输出滤波电容；U为直流母线电压；R_{ch}和L_{ch}（h=1，2，…，m，其中m为恒功率负荷的个数）分别为第h条电缆线路的线路电阻和线路电感；I_{ch}和I_{Lh}分别为第h条电缆线路上的电流和注入第h个恒功率负荷的电流，其中I_{Lh}可为正值或负值，为正值时表示是真正的恒功率负荷，为负值时表示是风机和光伏等可再生能源）；C_{Lfh}和U_{Lh}分别为第h个恒功率负荷的输入滤波电容和输入电压。由此，图4-1（b）所示的MVDC配电系统等效电路模型可由$n+2m+1$阶微分方程描述。

（2）等效降阶电路模型

当用等效简化模型表示多个并联运行的恒功率负荷时，图4-1（b）可以简化为图4-2（a）。基于多换流器耦合系统的宽频带建模方法的第1步，并运用戴维南和诺顿等效定理将图4-2（a）等效为图4-2（b）所示的等效降阶电路模型。图4-2中，C_{feq}为所有输出滤波电容C_{fk}并联后的等效输出滤波电容；C_{Lfeq}为所有输入滤波电容C_{Lfh}并联后的等效输入滤波电容；R_{cable}和L_{cable}分别为等效电缆线路的线路电阻和线路电感；U_{seq}为理想直流输入电压源；L_{eq}为等效输出滤波电感；I_L为等效恒功率负荷的电流（所有恒功率负荷电流I_{Lh}的累加和）；P_{eq}为等效恒功率负荷功率；D_{eq}为等效降阶模型的占空比；I为等效降阶模型的输出滤波电感电流。

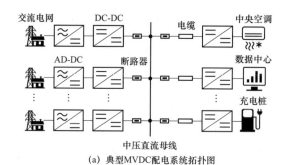

(a) 典型MVDC配电系统拓扑图

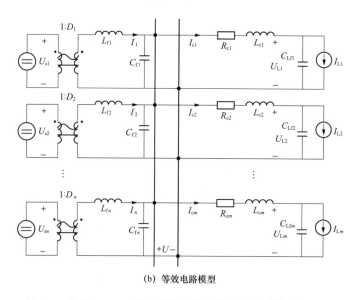

(b) 等效电路模型

图 4-1　典型 MVDC 配电系统拓扑及其等效电路模型

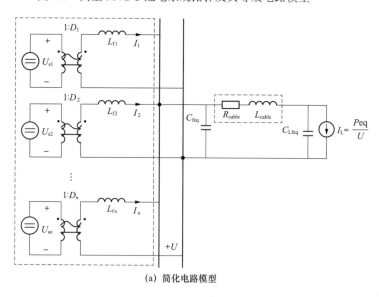

(a) 简化电路模型

图 4-2　简化电路模型及其等效降阶电路模型（一）

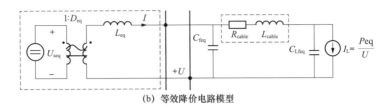

（b）等效降价电路模型

图 4-2　简化电路模型及其等效降阶电路模型（二）

图 4-2（a）中，对于 VSC_k 而言，其占空比 $D_k(s)$ 至直流母线电压 U 的开环传递函数 $G_{\mathrm{vd}k\_\mathrm{cable}}(s)$ 通用表达式为

$$G_{\mathrm{vd}k\_\mathrm{cable}}(s) = \frac{\dfrac{U_{sk}}{C_{\mathrm{eq}}L_{fk}}(s^2 + 2\zeta_{\mathrm{cz}}\omega_{\mathrm{cz}}s + \omega_{\mathrm{cz}}^2)}{(s^2 + 2\zeta_0\omega_0 s + \omega_0^2)(s^2 + 2\zeta_{\mathrm{cp}}\omega_{\mathrm{cp}}s + \omega_{\mathrm{cp}}^2)} \tag{4-1}$$

$$\left.\begin{array}{l} \zeta_0 = -\dfrac{1}{2R_{\mathrm{eq}}}\sqrt{\dfrac{L_{\mathrm{eq}}}{C_{\mathrm{eq}}}} \\[3mm] \omega_0 = \dfrac{1}{\sqrt{C_{\mathrm{eq}}L_{\mathrm{eq}}}} \end{array}\right\} \tag{4-2}$$

$$\omega_{\mathrm{cz}} = \sqrt{\dfrac{1}{L_{\mathrm{cable}}C_{\mathrm{Lfeq}}}} \tag{4-3}$$

$$\left.\begin{array}{l} C_{\mathrm{eq}} = \displaystyle\sum_{k=1}^{n} C_{fk} + \sum_{h=1}^{m} C_{Lfh} \\[3mm] \dfrac{1}{L_{\mathrm{eq}}} = \displaystyle\sum_{k=1}^{n} \dfrac{1}{L_{fk}} \end{array}\right\} \tag{4-4}$$

式中：ω_0 和 ζ_0 分别为 MVDC 配电系统的无阻尼自然频率和阻尼比；ω_{cz} 和 ζ_{cz} 分别为电缆线路引入零点所对应的固有振荡频率和阻尼比；ω_{cp} 和 ζ_{cp} 分别为电缆线路引入极点所对应的固有振荡频率和阻尼比；C_{eq} 为等效输出滤波电容。

传递函数 $G_{\mathrm{vd}k\_\mathrm{cable}}(s)$ 的幅频曲线如图 4-3 所示。

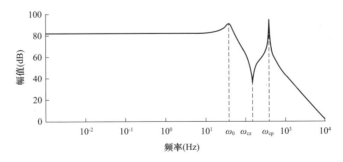

图 4-3　传递函数 $G_{\mathrm{vd}k\_\mathrm{cable}}(s)$ 的幅频曲线

由图 4-3 和式（4-3）可知，ω_{cp} 由 L_{cable} 和 C_{Lfeq} 共同决定，并不会受到 MVDC 配电系统

中控制参数的影响。当 ω_{cp} 与 ω_0 的比值小于 5 倍频时，电缆线路就会对 MVDC 配电系统的动态特性造成负面影响，严重时可导致系统出现稳定性问题。可以利用状态反馈控制来解决该问题。由自动控制原理可知，当 ω_{cp} 与 ω_0 的比值大于 5 倍频时，电缆线路的影响就可以被忽略。当忽略电缆线路时，图 4-2 中的 C_{feq} 和 C_{Lfeq} 并联得到 C_{eq}，此时 MVDC 配电系统中的多个滤波环节最终可等效降阶为一个 LC 滤波环节。对于 VSC_k 而言，$D_k(s)$ 至 U 的开环传递函数 $G_{vdk}(s)$ 的表达式变为

$$G_{vdk}(s) = \frac{U_{sk}}{C_{eq}L_{fk}} \frac{1}{s^2 + 2\zeta_0\omega_0 s + \omega_0^2} \tag{4-5}$$

开环传递函数 $G_{vdk}(s)$ 就是 VSC_k 的计及换流器间动态交互的开环等效降阶模型，不仅计及了 VSC_k 自身的滤波参数，还计及了其他换流器的滤波参数。由式（4-5）可知，$\zeta_0<0$，说明 MVDC 配电系统的等效降阶电路模型存在两个不稳定的极点，后文将介绍如何设计控制参数以保证 MVDC 配电系统的稳定性。

针对图 4-2（b）所示的等效降阶电路模型，当忽略电缆线路时，占空比 $D_{eq}(s)$ 为恒定常数，则 $D_{eq}(s)$ 至 U 的开环传递函数 $G_{vdeq}(s)$ 的表达式为

$$G_{vdeq}(s) = \frac{U_{seq}}{C_{eq}L_{eq}} \frac{1}{s^2 + 2\zeta_0\omega_0 s + \omega_0^2} \tag{4-6}$$

由于 $G_{vdeq}(s)$ 等于 MVDC 配电系统中各个 $G_{vdk}(s)$ 的累加和，因此 $G_{vdeq}(s)$ 能够反映 MVDC 配电系统中各个传递函数 $G_{vdk}(s)$ 的整体特性。

4.1.1.2　计及换流器间动态交互的闭环等效降阶模型

利用多换流器耦合系统的宽频带建模方法的第 2 步和第 3 步，建立计及换流器间动态交互的闭环等效降阶模型，如图 4-4 所示。

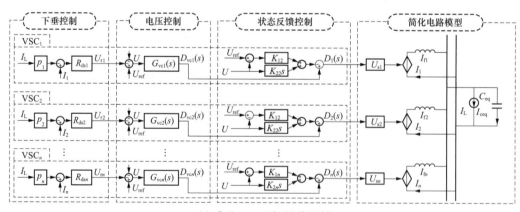

(a) 典型MVDC配电系统控制结构

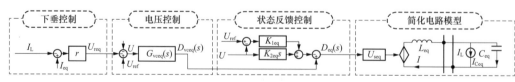

(b) 等效降阶模型

图 4-4　MVDC 配电系统控制结构及其单机等值模型

由图 4-4 可知，利用多换流器耦合系统的宽频带建模方法可得到 MVDC 配用电系统（多个 VSC 并联）最终的单机等值模型（单个 VSC）。考虑到 MVDC 配用电系统中各 VSC 通过下垂控制来实现功率分配，故单机等值模型的控制结构中也配置了下垂控制。另外，MVDC 配用电系统及其单机等值模型的控制结构中均包含状态反馈控制环节，其原因将在后文详细阐述。

（1）计及状态反馈控制的等效降阶建模

本书采用状态反馈控制方法主要是基于以下两个方面的考虑：一方面，因恒功率负荷的负电阻特性，传递函数 $G_{vdeq}(s)$ 呈现负相的不稳定状态，并且电压 PI 控制器并不能有效改变电压控制回路增益相角裕度。本书所采用的基于泰勒展开的状态反馈控制方法的优势在于能将传递函数 $G_{vdeq}(s)$ 控制成含正相稳定状态的传递函数 $G_{svdeq}(s)$，满足了 MVDC 配电系统对稳定性的要求；另一方面，当 ω_{cp} 与 ω_0 的比值小于 5 倍频时，电缆线路会对 MVDC 配电系统的动态特性产生负面影响，严重时会导致系统出现稳定性问题。此时，可利用基于泰勒展开的状态反馈控制方法将无阻尼自然频率 ω_f 调整至合理值，以满足上述要求。利用所建立的计及换流器间动态交互的闭环等效降阶模型中的状态反馈控制传递函数频域曲线，可以查看状态反馈控制的效果。虽然 ω_0 和 ω_f 都是无阻尼自然频率，但 ω_0 仅由滤波参数决定，而 ω_f 则由滤波参数和状态反馈系数共同决定。

由图 4-4（a）可知，MVDC 配电系统中各个 VSC 均配置了状态反馈控制。计及状态反馈控制后的 VSC_k 占空比 $D_k(s)$ 变为

$$D_k(s) = D_{vck}(s) - (K_{1k} + K_{2k}s)U \tag{4-7}$$

式中：K_{1k} 和 K_{2k} 为 VSC_k 的状态反馈增益；$D_{vck}(s)$ 为 VSC_k 电压控制环生成的占空比信号。

当 MVDC 配电系统中的 VSC 均配置状态反馈控制后可得

$$U = \sum_{k=1}^{n} G_{vdk}(s)D_k(s) \tag{4-8}$$

联立上述两式，可得 $D_{vck}(s)$ 至 U 的传递函数 $G_{svdk}(s)$ 为

$$G_{svdk}(s) = \frac{U_{sk}}{C_{eq}L_{fk}} \bigg/ \left[s^2 + \left(\sum_{x=1}^{n} K_{2x} \frac{U_{sx}}{C_{eq}L_{fx}} - \frac{1}{C_{eq}R_{eq}} \right)s + \left(\sum_{x=1}^{n} K_{1x} \frac{U_{sx}}{C_{eq}L_{fx}} + \frac{1}{C_{eq}L_{eq}} \right) \right] \tag{4-9}$$

由式（4-9）可知，$G_{svdk}(s)$ 就是 VSC_k 计及换流器间动态交互的闭环等效降阶模型中的状态反馈控制传递函数。$G_{svdk}(s)$ 不仅计及了 VSC_k 自身的状态反馈增益，还计及了其他换流器的状态反馈增益。

由图 4-4（b）可知，计及状态反馈控制后占空比 $D_{eq}(s)$ 的表达式变为

$$D_{eq}(s) = D_{vceq}(s) - (K_{1eq} + K_{2eq}s)U \tag{4-10}$$

式中：K_{1eq} 和 K_{2eq} 为状态反馈增益；$D_{vceq}(s)$ 为电压控制环生成的占空比信号。

且有

$$U = G_{vdeq}(s)[D_{vceq}(s) - (K_{1eq} + K_{2eq}s)U] \tag{4-11}$$

联立式（4-6）和式（4-11），$D_{vceq}(s)$ 至 U 的传递函数 $G_{svdeq}(s)$ 的表达式变为

$$G_{\text{svdeq}}(s) = \frac{U_{\text{seq}}}{C_{\text{eq}}L_{\text{eq}}} \Bigg/ \Bigg[s^2 + \left(K_{2\text{eq}} \frac{U_{\text{seq}}}{C_{\text{eq}}L_{\text{eq}}} - \frac{1}{C_{\text{eq}}R_{\text{eq}}} \right) s + \left(K_{1\text{eq}} \frac{U_{\text{seq}}}{C_{\text{eq}}L_{\text{eq}}} + \frac{1}{C_{\text{eq}}L_{\text{eq}}} \right) \Bigg] \quad (4\text{-}12)$$

式（4-12）特征方程可写成如式（4-13）所示的典型二阶系统形式，无阻尼自然频率 ω_{f} 和阻尼比 ζ_{f} 可由式（4-14）计算得到。

$$G_{\text{svdeq}}(s) = U_{\text{seq}} \frac{\omega_0^2}{s^2 + 2\zeta_0\omega_0 s + \omega_0^2} \quad (4\text{-}13)$$

$$\left. \begin{aligned} \zeta_{\text{f}} &= \frac{K_{2\text{eq}} - \dfrac{1}{C_{\text{eq}}R_{\text{eq}}}}{2\sqrt{K_{1\text{eq}} + \dfrac{1}{C_{\text{eq}}L_{\text{eq}}}}} \\[2em] \omega_{\text{f}} &= \sqrt{K_{1\text{eq}} + \frac{1}{C_{\text{eq}}L_{\text{eq}}}} \end{aligned} \right\} \quad (4\text{-}14)$$

由式（4-14）可知，调整 $K_{1\text{eq}}$ 和 $K_{2\text{eq}}$ 使得 ζ_{f} 为合适的正值，同时也可以改变 ω_{f} 以满足系统振荡频率的设计需求。

若 U_{sk} 均为相同常数值，并且假设 $G_{\text{svdeq}}(s)$ 等于所有 $G_{\text{svd}k}(s)$ 之和，则有

$$\left. \begin{aligned} K_{2\text{eq}} &= L_{\text{eq}} \sum_{k=1}^{n} \frac{K_{2k}}{L_{\text{f}k}} \\ K_{1\text{eq}} &= L_{\text{eq}} \sum_{k=1}^{n} \frac{K_{1k}}{L_{\text{f}k}} \end{aligned} \right\} \quad (4\text{-}15)$$

已知各 VSC 状态反馈增益 K_{1k} 和 K_{2k} 时，可通过式（4-15）计算得到等效降阶模型的状态反馈增益，并利用传递函数 $G_{\text{svdeq}}(s)$ 来反映 MVDC 配电系统中各个传递函数 $G_{\text{svd}k}(s)$ 的整体特性。

（2）计及电压控制及下垂控制的等效降阶建模

由图 4-4（a）可知，计及电压控制和下垂控制后，VSC_k 的占空比 $D_k(s)$ 的表达式进一步变为

$$D_k(s) = G_{\text{vc}k}(s)[U_{\text{ref}} - U_{rk}(s) - U] - (K_{1k} + K_{2k}s)U \quad (4\text{-}16)$$

式中：$G_{\text{vc}k}(s)$ 为 VSC_k 的电压 PI 控制器；U_{ref} 为 $G_{\text{vc}k}(s)$ 的电压参考值（本书各 VSC_k 中的电压参考值 U_{ref} 均为相同值）；$U_{rk}(s)$ 为 VSC_k 下垂控制环节的输出信号。

VSC_k 的电压控制回路增益 $T_{\text{svv}k}(s)$ 的表达式为 $T_{\text{svv}k}(s) = G_{\text{svd}k}(s)G_{\text{vc}k}(s)$，$U_{rk}(s)$ 的表达式为

$$U_{rk}(s) = R_{\text{ds}k}(I_k - I_{\text{Leq}}p_k) = rC_{\text{eq}}sU = k_{rk}U \quad (4\text{-}17)$$

式中：p_k 为功率分配系数，且 $\sum_{k=1}^{n} p_k = 1$；r 为等效虚拟电阻。

为便于后文传递函数的推导，定义 k_{rk} 等于 $rC_{\text{eq}}s$、$R_{\text{ds}k}$ 为 VSC_k 的虚拟电阻，其定义为

$$R_{\text{ds}k} = \frac{r}{p_k} \quad (4\text{-}18)$$

采用与式（4-13）相同的推导思路，可得 VSC_k 中电压参考值 U_{ref} 至 U 的闭环传递函数

$G_{sivvk}(s)$为

$$G_{sivvk}(s) = \frac{G_{vdk}(s)G_{vck}(s)}{1 + \sum_{x=1}^{n}\{G_{vdx}(s)[G_{vcx}(s)(k_{rx}+1)+K_{1x}+K_{2x}s]\}} \quad (4\text{-}19)$$

由式（4-19）可知，$G_{sivvk}(s)$就是 VSC_k 计及换流器间动态交互的闭环等效降阶模型中的电压闭环传递函数，不仅计及了 VSC_k 自身的控制参数（状态反馈控制参数、电压控制参数和下垂系数），而且计及了其他换流器的控制参数。

由图 4-4（b）可得，电压控制回路增益 $T_{svveq}(s)$的表达式为 $T_{svveq}(s)=G_{svdeq}(s)G_{vceq}(s)$，并且占空比 $D_{eq}(s)$的表达式进一步变为

$$D_{eq}(s)=G_{vceq}(s)(U_{ref}-U_r(s)-U)-(K_{1eq}+K_{2eq}s)U \quad (4\text{-}20)$$

式中：U_{ref} 为 $G_{vceq}(s)$的电压参考值；$U_r(s)$为单机等值模型下垂控制环节的输出信号。

其表达式为

$$U_r(s) = r(I-I_L) = rC_{eq}Us \quad (4\text{-}21)$$

采用与式（4-13）相同的推导思路，可得电压 PI 控制器 $G_{vck}(s)$的电压参考值 U_{ref}至 U 的电压闭环传递函数 $G_{sivveq}(s)$为

$$G_{sivveq}(s) = \frac{\dfrac{U_{seq}}{C_{eq}L_{eq}}(K_{pveq}s+K_{iveq})}{\left\{\begin{array}{c} s^3 + \left(\dfrac{U_{seq}}{C_{eq}L_{eq}}K_{2eq}+\dfrac{U_{seq}}{L_{eq}}K_{pveq}r-\dfrac{1}{C_{eq}R_{eq}}\right)s^2 + \\ \left[\dfrac{U_{seq}}{C_{eq}L_{eq}}(K_{1eq}+K_{pveq})+\dfrac{U_{seq}}{L_{eq}}K_{iveq}r+\dfrac{1}{C_{eq}L_{eq}}\right]s + \dfrac{U_{seq}}{C_{eq}L_{eq}}K_{iveq} \end{array}\right\}} \quad (4\text{-}22)$$

式中：K_{pveq} 和 K_{iveq} 分别为电压 PI 控制器 $G_{vceq}(s)$中的比例增益和积分增益。

若 U_{sk} 和 U_{seq} 均为相同值，并假设 $G_{sivveq}(s)$等于所有 $G_{sivvk}(s)$之和（$k=1$，2，$\cdots$，n），则有

$$\left.\begin{array}{l} K_{pveq} = L_{eq}\sum_{k=1}^{n}\dfrac{K_{pvk}}{L_{fk}} \\[3mm] K_{iveq} = L_{eq}\sum_{k=1}^{n}\dfrac{K_{ivk}}{L_{fk}} \end{array}\right\} \quad (4\text{-}23)$$

式中：K_{pvk} 和 K_{ivk} 分别为 VSC_k 电压 PI 控制器 $G_{vck}(s)$中的比例增益和积分增益。

在已知各 VSC 滤波参数及控制参数的情况下，可通过式（4-15）和式（4-23）计算得到单机等值模型的滤波参数和控制参数，然后通过 $G_{sivveq}(s)$的频域曲线判断 MVDC 配电系统的动态特性。

4.1.2 宽频带多换流器系统的稳定性分析

4.1.2.1 MVDC 配电系统控制参数的设计方法

基于所建立的计及换流器间动态交互的开环和闭环等效降阶模型，为达到将 MVDC 配用电系统控制成二阶系统（即精准设计系统振荡频率和阻尼比）的目的，这里介绍一种 MVDC

配用电系统控制参数设计方法，即创建了基于单机等值的临界降阶理论，具体步骤如下：

第一步：计算状态反馈增益。根据预设的无阻尼自然频率 ω_f 和阻尼比 ζ_f 计算各 VSC 的状态反馈增益。

第二步：根据各 VSC 电压控制回路增益的穿越频率，设计各 VSC 电压 PI 控制器的比例增益和积分增益（积分增益与比例增益的比值通常为电压控制回路增益穿越频率的 1/10）。为获得足够的相角裕度，电压控制回路增益的穿越频率与 ω_f 的比值应稍微大于 1（本书取 1.2），但穿越频率也应同时小于开关频率的 1/10。基于所确定的穿越频率，利用所建立的计及换流器间动态交互的闭环等效降阶模型中的电压控制传递函数，就可以计算得到各 VSC 电压 PI 控制器的比例增益和积分增益。

第三步：计算 MVDC 配电系统所对应二阶系统的振荡频率及阻尼比。根据单机等值模型的滤波参数和控制参数，通过计算电压闭环传递函数 $G_{\text{sivveq}}(s)$ 的零点和极点，从而确定 MVDC 配电系统所对应二阶系统的振荡频率和阻尼比。

针对采用电压、电流双环控制及下垂控制的换流器，按照电流内环穿越频率取值为 0.1 倍的换流器开关频率，设计其电流内环的比例系数；按照积分频率取值为 0.1 倍的电流内环穿越频率，设计其电流内环的积分系数；按照电压外环穿越频率取值为 0.1 倍的电流内环穿越频率，设计其电压外环的比例系数；按照积分频率取值为 0.1 倍的电压外环穿越频率，设计其电压外环的积分系数；针对系统阻尼需要，合理设计下垂系数。当需要部分零点和极点相互抵消时，可以对电压外环的积分频率进行合理的微调。

基于上文所介绍的单机等值模型以及 MVDC 配电系统控制参数设计方法，以图 4-5 所示的 MVDC 配电系统为例进行案例分析。基于 MVDC 配电系统的直流电压纹波 $U_{\%k}=1\%$ 和直流电流纹波 $I_{\%k}=15\%$ 标准，设计电压等级为 10kV 的系统，具体参数如表 4-1 所示。在该 MVDC 配电系统中，电缆线路所引入的固有振荡频率 $\omega_{cz}\approx941\text{rad/s}$（约为 150Hz），故只要 MVDC 配电系统的振荡频率 $\omega_s<188\text{rad/s}$（约为 30Hz），即当 ω_{cp} 与 ω_0 的比值大于 5 倍频时就可以忽略电缆线路的影响。

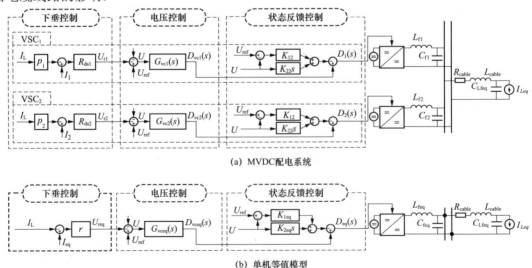

(a) MVDC 配电系统

(b) 单机等值模型

图 4-5 被测直流系统的拓扑结构和控制示意图

表 4-1　　　　　　　　　　　　　　　　MVDC 配电系统参数

对象	参数	数值
VSC₁	额定容量 P_{n1}（MW）	10
	滤波电感 L_{f1}（mH）	13.3
	滤波电容 C_{f1}（mF）	0.187 5
	开关频率 f_{s1}（kHz）	1
VSC₂	额定容量 P_{n2}（MW）	2
	滤波电感 L_{f2}（mH）	66.7
	滤波电容 C_{f2}（mF）	0.037 5
	开关频率 f_{s2}（kHz）	1
恒功率负载	额定容量 P_{eq}（MW）	12
	输入滤波电容 C_{Lfeq}（mF）	1.2
电缆线路	线路电感（mH/km）	0.47
	线路电阻（mΩ/km）	22.1
	线路长度（km）	2

　　给出如表 4-2 所示的 7 种场景，这 7 种场景的零点和极点如表 4-3 所示。表中，f_0 和 f_f 分别为 ω_0 和 ω_f 的对应单位为 Hz 的变量；f_c 和 γ_c 分别为电压控制回路增益的穿越频率和相角裕度，单位分别为 Hz 和（°）；f_b 和 γ_b 分别为电压闭环传递函数的穿越频率和相角裕度，单位分别为 Hz 和（°）；f_s 和 ζ_s 分别为系统振荡频率和阻尼比。

表 4-2　　　　　　　　　　　　　　　　　场景设置

场景	ζ_f	f_f（Hz）	穿越频率（Hz）		r（Ω）
			VSC₁	VSC₂	
1	0.7	10	12	12	0.04
2	0.7	10	14	12	0.04
3	0.7	10	16	12	0.04
4	0.7	12	14.4	14.4	0.04
5	0.7	14	16.9	16.9	0.04
6	0.9	10	16	12	0.04
7	0.9	10	16	12	0.84

表 4-3　　　　　　　　　　　　　　单机等值模型的零点和极点

场景	共轭极点	实数极点	实数零点	f_s（Hz）	ζ_s
1	−41.4±j124	−6	−7.54	20.9	0.316
2	−41.0±j131	−6.76	−8.24	21.9	0.299
3	−40.7±j140	−7.63	−9.1	23.0	0.281
4	−49.7±j149	−7.2	−9	25.0	0.316

场景	共轭极点	实数极点	实数零点	f_s（Hz）	ζ_s
5	$-58.1\pm j174$	-8.4	-10.6	29.2	0.317
6	$-53.2\pm j148$	-7.9	-9	25.0	0.338
7	$-65.5\pm j143$	-7.9	-9	25.1	0.416

由表 4-3 可知，在这 7 种场景中，由于实数零点和实数极点的相互抵消作用，MVDC 配电系统均被等效降阶为二阶系统（临界降阶模型），只是 7 个场景的等效二阶系统的振荡频率和阻尼比有所不同。

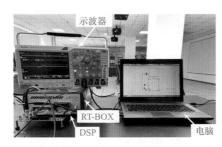

图 4-6　RT-BOX 硬件在环实验平台

为验证多换流器耦合系统的宽频带建模方法以及 MVDC 配电系统控制参数设计方法的有效性，基于 RT-BOX 硬件在环实验平台搭建了的 MVDC 配电系统及单机等值模型的开关模型，如图 4-6 所示。实验系统参数与理论分析参数一致，如表 4-1 所示。

4.1.2.2　MVDC 配电系统等效降阶建模

以场景 2 为例，验证多换流器耦合系统的宽频带建模方法以及 MVDC 配电系统控制参数设计方法的有效性。上述降阶建模过程是在忽略电缆线路影响的情况下进行的，现以表 4-1 所示的 MVDC 配电系统为例进行说明。计及电缆线路后，单机等值模型的相关传递函数定义如下：占空比至直流母线电压的传递函数为 $G_{\text{vdeq\_cable}}(s)$，计及状态反馈控制后的占空比至直流母线电压的传递函数为 $G_{\text{svdeq\_cable}}(s)$，电压控制回路增益为 $T_{\text{svveq\_cable}}(s)$，电压闭环传递函数为 $G_{\text{svveq\_cable}}(s)$。

场景 2 下单机等值模型的波特图如图 4-7 所示。由于 $f_0=40$Hz，经电压 PI 控制后的系统振荡频率会大于 40Hz，此时系统动态特性会受到电缆线路引入的固有振荡频率的影响（不满足 ω_{cp} 与 ω_0 的比值大于 5 倍频的条件），严重时可导致系统出现稳定性问题。基于状态反馈控制，可得到 $f_f=10$Hz（以此为例进行说明），并得到经电压 PI 控制后的系统振荡频率为 21.9Hz，进而可以忽略电缆线路的影响。在场景 2 中，$G_{\text{svdeq\_cable}}(s)$ 具有负相不稳定状态，基于状态反馈控制可得到具有正相稳定状态的传递函数 $G_{\text{svdeq\_cable}}(s)$。由于 $G_{\text{sivveq\_cable}}(s)$ 与等效二阶系统 $G_{\text{two}}(s)$（临界降阶模型）的幅值曲线在系统振荡频率范围内具有高度的一致性，并且两者的相角裕度也基本一致，所以采用本书介绍的控制参数设计方法可以把 MVDC 配电系统等效降阶成二阶系统 $G_{\text{two}}(s)$。场景 2 下的 $G_{\text{two}}(s)$ 的表达式为

$$G_{\text{two}}(s) = \frac{16\,504}{s^2 + 81.73s + 19\,870} \tag{4-24}$$

下面以 MVDC 配电系统中各 VSC 动态特性存在差异的场景 1～3，验证多换流器耦合系统的宽频带建模方法以及 MVDC 配电系统控制参数设计方法的有效性。传递函数 $T_{\text{svv1}}(s)$ 的波特图如图 4-8 所示，传递函数 $G_{\text{svveq}}(s)$ 的零点和极点如表 4-3 所示。

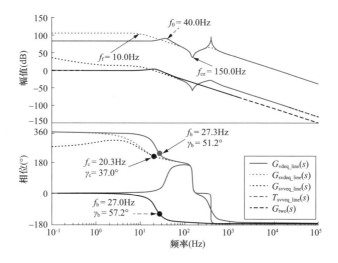

图 4-7 单机等值模型的场景 2 波特图

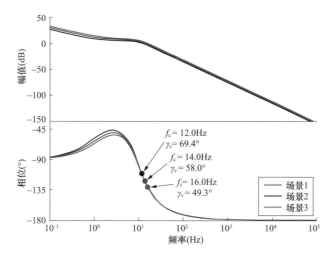

图 4-8 传递函数 $T_{svv1}(s)$ 的波特图

由图 4-8 可知，增大 f_c 会减小传递函数 $T_{svv1}(s)$ 的相角裕度。在场景 1~3 中，由于实数零点和实数极点的相互抵消作用，所以 MVDC 配电系统的动态特性均可由 1 对共轭极点（临界降阶模）进行描述。并且，当增大 f_c 时，虽然会增大临界降阶模型的振荡频率，但会减小临界降阶模型的阻尼比。

0.1s 时,恒功率负荷从 6MW 突增至 12MW，场景 2 下直流母线电压波形如图 4-9 所示。

由图 4-9 可知，MVDC 配用电系统及其单机等值模型的直流母线电压的动稳态特性

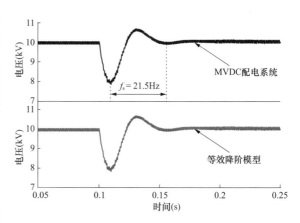

图 4-9 验证等效降阶建模有效性的实验波形

具有极高的一致性，验证了多换流器耦合系统的宽频带建模方法的正确性和适用性。另外，图 4-9 实验结果的振荡频率约为 21.5Hz，与表 4-3 中 21.9Hz 的理论设计值基本一致，验证了采用本书介绍的控制参数设计方法能够将 MVDC 配电系统等效降阶为二阶系统。

4.1.2.3 MVDC 配电系统振荡频率设计

上述设计思路虽能调整系统振荡频率，但会改变系统阻尼比。为此，在保持 f_c 与 f_f 比值不变的前提下，通过改变 f_f 来调整系统振荡频率。以场景 1、4、5 为例，画出传递函数 $G_{vd1}(s)$、$T_{svveq}(s)$ 的波特图如图 4-10 所示，传递函数 $G_{svveq}(s)$ 的零点和极点如表 4-3 所示。

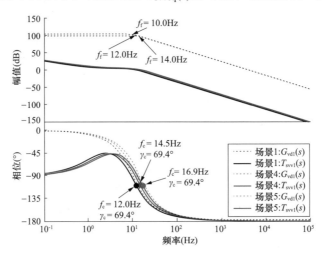

图 4-10　传递函数 $G_{vd1}(s)$ 和 $T_{svv1}(s)$ 波特图

由图 4-10 可知，增大 f_f 会增大传递函数 $T_{svv1}(s)$ 的穿越频率（其相角裕度基本保持不变），并会增大临界降阶模型的振荡频率（阻尼比基本保持不变）。

相同的实验工况下，场景 1、4、5 的实验波形如图 4-11 所示。可知，MVDC 配电系统及其单机等值模型均呈现出相同的二阶系统特性，并且直流母线电压实验结果的振荡频率及阻尼比与表 4-3 中的理论设计值基本一致，验证了通过改变 f_f 来设计系统振荡频率的合理性。

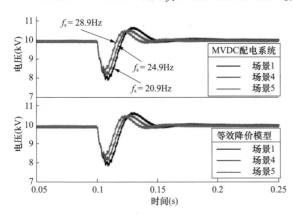

图 4-11　系统振荡频率实验波形

4.1.2.4 MVDC 配电系统阻尼比设计

上述分析中，系统阻尼比基本保持不变，下面以场景 3、6、7 为例介绍系统阻尼比的设计。画出传递函数 $G_{vdeq}(s)$、$G_{svveq}(s)$ 的波特图如图 4-12 所示，传递函数 $G_{svveq}(s)$ 的零点和极点如表 4-3 所示。

根据图 4-12，对比场景 3 和场景 6 可知，增大 ζ_f 会增大传递函数 $G_{svveq}(s)$ 的相角裕度，并会增大临界降阶模型的振荡频率及阻尼比；对比场景 6 和场景 7 可知，增大 r 也会增大传递函数 $G_{svveq}(s)$ 的相角裕度，并会增大临界降阶模型的阻尼比。

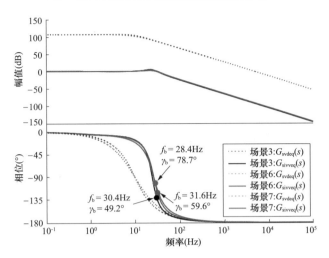

图 4-12 传递函数 $G_{vdeq}(s)$和 $G_{svveq}(s)$波特图

相同的实验工况下，场景 3、6、7 的实验波形如图 4-13 所示，场景 7 下 2 台 VSC 的输出电流波形如图 4-14 所示。

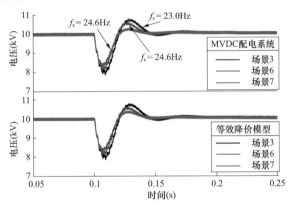

图 4-13 系统阻尼比实验波形图

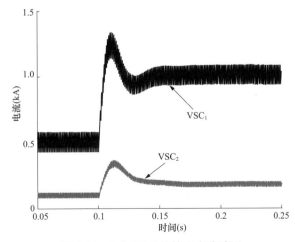

图 4-14 2 台 VSC 的输出电流波形

由图 4-13 可知，MVDC 配电系统及其单机等值模型均呈现出相同的二阶系统特性，且

场景 3、6、7 的直流母线电压超调量逐渐减小，表明 MVDC 配电系统阻尼比逐渐增大，验证了通过增大 ζ_f 和 r 来增大系统阻尼的有效性。

由图 4-14 可知，VSC_1 和 VSC_2 实际输出电流的比值为 5（与额定容量比值一致），验证了下垂控制的有效性。综上所述，状态反馈控制及电压控制能够实现系统动态调整，而下垂控制能够完成稳态功率分配。

4.1.3 多换流器直流配用电系统失稳预警

本小节使用以单机等值模型中的电压及电流变化量为状态变量的李雅普诺夫函数，并快速准确评估了 MVDC 配用电系统的稳定裕度，实现了直流配用电系统在线失稳预警及动态稳定裕度提升。

4.1.3.1 多换流器 MVDC 配用电系统稳定裕度评估

为评价状态反馈控制方法在 MVDC 配用电系统中的效果，可通过改变电压反馈增益 k_v 和电流反馈增益 k_i 来调整 MVDC 配用电系统的自然频率 ω_0 及阻尼比 ξ，探究 MVDC 配用电系统在大扰动情况下的稳定裕度。

李雅普诺夫函数能够确定直流配用电系统在某稳态运行点（u_0, i_0）上的渐进稳定性，即给出直流配用电系统在某稳态运行点（u_0, i_0）上的稳定运行域。为简化计算过程，定义一对新的状态变量（z_1, z_2）

$$\begin{cases} z_1(t) = u(t) - u_0 \\ z_2(t) = i(t) - i_0 \end{cases} \tag{4-25}$$

则直流配用电系统的状态方程可重写为

$$\dot{z}_1(t) = \frac{\mathrm{d}z_1(t)}{\mathrm{d}t} = \frac{1}{c}\left(z_2(t) + \frac{i_0 z_1(t)}{z_1(t) + u_0} \right) \tag{4-26}$$

$$\dot{z}_2(t) = \frac{\mathrm{d}z_2(t)}{\mathrm{d}t} = -\frac{k_v + 1}{l} z_1(t) - \frac{k_i + r}{l} z_2(t) + \frac{u(t)_i + u_{i\_\mathrm{ref}}}{l} \tag{4-27}$$

其中，$u_{i\_ref} = -(r+k_i)i_0 - (k_v+1)u_0$ 是电压源换流器在给定稳定运行点处的状态变量，由式（4-27）可知，电压和电流通过 k_v 和 k_i 两个参数进行了状态反馈，所以变量 u_i 会发生变动。输入 u 表示了 u_i 的独立输入变量，并且忽略其影响。联立式（4-26）和式（4-27），并消去状态变量 z_2，则可得到

$$\ddot{z}_1 + \frac{1}{cl}\left\{ (k_i+r)c - \frac{lp}{(z_1+u_0)^2} \right\}\dot{z}_1 + \frac{1}{cl}\left\{ (k_v+1)z_1 - \frac{(k_i+r)i_0}{z_1+u_0}z_1 \right\} = 0 \tag{4-28}$$

其中，$p=u_0 i_0=ui$ 为给定恒功率负载的功率标幺值。式（4-28）可以写为式（4-29）的形式

$$\ddot{z}_1 + ah(z_1)\dot{z}_1 + bg(z_1) = 0 \tag{4-29}$$

式（4-29）所示的非线性微分方程，给出式（4-30）所示的李雅普诺夫函数 $\Psi(t)$ 表达式及其微分表达式。

$$\Psi(t) = \Psi(z_1(t), z_2(t)) = b\int_0^{z_1} g(\vartheta)\mathrm{d}\vartheta + \frac{\dot{z}_1^2}{2} \tag{4-30}$$

$$\dot{\varPsi}(t) = \frac{\mathrm{d}\,\varPsi(z_1(t), z_2(t))}{\mathrm{d}t} = -ah(z_1)\dot{z}_1^2 \tag{4-31}$$

联立式（4-29）、式（4-30）、式（4-31），可得李雅普诺夫函数如下

$$\varPsi(t) = \frac{1}{cl} \int_0^{z_1} \left[(k_v + 1)\vartheta - \frac{(k_i + r)i_0}{\vartheta + v_0}\vartheta \right] \mathrm{d}\vartheta + \frac{\dot{z}_1^2}{2} \tag{4-32}$$

则李雅普诺夫函数及其微分方程为

$$\varPsi(t) = \frac{1}{cl} \left\{ \frac{(k_v + 1)}{2}z_1^2 - (k_i + r)i_0 z_1 + (k_i + r)i_0 u_0 \log_e\left(\frac{z_1 + u_0}{u_0}\right) \right\} + \frac{1}{2c^2}\left\{ z_2 + \frac{z_1 i_0}{z_1 + v_0} \right\}^2 \tag{4-33}$$

$$\dot{\varPsi}(t) = -\frac{1}{cl}\left\{ (k_i + r)c - \frac{lp}{(z_1 + u_0)^2} \right\}\dot{z}_1^2 \tag{4-34}$$

李雅普诺夫稳定判据表明，直流配用电系统在运行点（u_0，i_0）能够渐进稳定的充分条件为 $\varPsi(t_0) \geqslant 0$ 且 $\mathrm{d}\varPsi(t_0)/\mathrm{d}t \leqslant 0$，即需要满足以下两个不等式约束

$$\frac{1}{2c^2}\left\{ z_2 + \frac{z_1 i_0}{z_1 + u_0} \right\}^2 \geqslant \frac{1}{cl}\left\{ -\frac{(k_v + 1)}{2}z_1^2 + (k_i + r)i_0 z_1 - p(k_i + r)\log_e\left(\frac{z_1 + u_0}{u_0}\right) \right\} \tag{4-35}$$

$$(z_1 + u_0)^2 \geqslant \frac{lp}{(k_i + r)c} \tag{4-36}$$

式（4-35）和式（4-36）在（z_1，z_2）上所确定的区域，即为直流配用电系统在运行点（u_0，i_0）的稳定域。若初始运行点为（u_0，i_0）的直流配用电系统在遇到扰动后仍然在稳定运行域中运行，则直流配用电系统将继续稳定运行，并且最终回到初始运行点。

将式（4-35）和式（4-36）改写为变量为 $u(t)$ 和 $i(t)$ 的形式，则

$$\frac{1}{2c^2}\left\{ i - i_0 + \frac{i_0(u - u_0)}{u} \right\}^2 \geqslant \frac{1}{cl}\left\{ -\frac{(k_v + 1)}{2}(u - u_0)^2 + (k_i + r)i_0\left[u - u_0 - u_0\log_e\left(\frac{u}{u_0}\right) \right] \right\} \tag{4-37}$$

$$|u| \geqslant \sqrt{\frac{lp}{(k_i + r)c}} \tag{4-38}$$

电压 $u(t)$ 不可能为负（MVDC 配用电系统中电压翻转是绝对不允许的），并且假设 $u_0=1$、$i_0=1$、$p=1$（满载），则确定 MVDC 配用电系统稳定裕度的李雅普诺夫稳定判据为

$$\frac{1}{2c^2}\left\{ i - 1 + \frac{(u - 1)}{u} \right\}^2 \geqslant \frac{1}{cl}\left\{ -\frac{(k_v + 1)}{2}(u - 1)^2 + (k_i + r)\left[u - 1 - \log_e(u) \right] \right\} \tag{4-39}$$

$$u \geqslant \sqrt{\frac{l}{(k_i + r)c}} \tag{4-40}$$

由式（4-39）和式（4-40）能够确定 MVDC 配用电系统的稳定裕度。由式（4-39）可知，大于等于号左边的公式恒大于零，而大于等于号右边的公式恒小于零，所以电流 i 在 $[0, i_{max}]$ 内时式（4-39）都会成立。通过李雅普诺夫函数，式（4-39）确定了 MVDC 配用电系统的最低电压：扰动发生后，MVDC 配用电系统直流电压若没有低于最低电压，则 MVDC 配用电

系统就能继续稳定运行；反之，若 MVDC 配用电系统直流电压低于最低电压，则 MVDC 配用电系统就会失稳崩溃。并且，李雅普诺夫稳定判据得到的 MVDC 配用电系统稳定裕度是一个充分非必要条件。也就是说，若在李雅普诺夫稳定判据得到的稳定裕度之内时，MVDC 配用电系统一定能够继续稳定运行；但是若在李雅普诺夫稳定判据得到的稳定裕度之外时，MVDC 配用电系统不一定会失稳崩溃。

状态反馈自适应控制的 MVDC 配用电系统通过改变电压反馈增益 k_v 和电流反馈增益 k_i 可调整自然频率 ω_0 及阻尼比 ξ，而无需降低恒功率负载大小，也不用改变 MVDC 配用电系统的各电阻、电容和电感等物理量。表 4-4 给出了不同电压反馈增益 k_v 和电流反馈增益 k_i 时，MVDC 配用电系统自然频率 ω_0 及阻尼比 ξ 的变化情况，也同时通过李雅普诺夫稳定判据给出了 MVDC 配用电系统的稳定裕度。

表 4-4　　　　　　　　　　　　MVDC 配用电系统的稳定裕度

ξ	k_i	k_v	$u \geqslant$
0.6	0.4490	−0.4610	0.7668
0.7	0.4798	−0.4302	0.7418
0.8	0.5106	−0.3994	0.7190
0.9	0.5415	−0.3685	0.6983
1.0	0.5723	−0.3377	0.6792

以某示范工程 MVDC 配用电系统为例，详细系统参数见第 6 章。当 ξ 分别为 1 和 0.6 时，在发生相同大扰动时直流电压波形图分别如图 4-15 和图 4-16 所示。由图 4-15 和表 4-4 可知，ξ 为 0.6 时，扰动后直流电压跌落值小于稳定裕度，应当发出 MVDC 配用电系统失稳预警，MVDC 配用电系统失稳；由图 4-16 和表 4-4 可知，ξ 为 1 时，系统动态稳定裕度得以提升，扰动后直流电压跌落值大于稳定裕度，MVDC 配用电系统能够继续稳定运行。

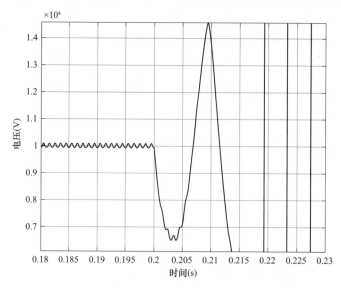

图 4-15　直流母线电压波形（ξ=0.6）

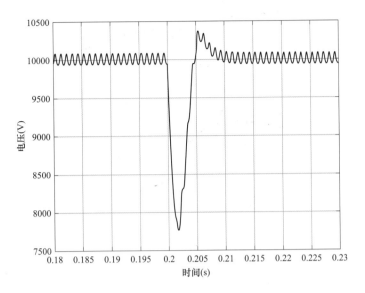

图 4-16　直流母线电压波形（$\zeta=1$）

综上所述，快速准确评估了 MVDC 配用电系统的稳定裕度，对引发系统大扰动稳定性问题的状态反馈控制环节进行了定位，并通过改变状态反馈控制参数有效提升了 MVDC 配用电系统的动态稳定裕度。

4.1.3.2　计及电缆线路影响的 MVDC 配用电系统失稳预警及动态稳定裕度提升

不同长度的电缆线路所引入的系统固有振荡频率 ω_{cz} 是不同的：电缆线路越长（越短），其所引入的系统固有振荡频率越小（越大），那么基于控制参数设计得到的系统主导振荡频率 ω_s 就要越小。当 ω_{cz} 与 ω_s 的比值小于 5 倍频时，电缆线路就会对 MVDC 配用电系统的动态特性造成负面影响，严重时可导致系统出现稳定性问题，需要发出失稳预警。

针对电缆线路长度为 5km 的 MVDC 配用电系统，随着回路增益 $T_{svveq\_line}(s)$ 穿越频率的增大，但是其相角裕度却在减小，详情如图 4-17 所示。通过图 4-18～图 4-20 所示的零点和极点图也可知，场景 8～10 的系统主导振荡频率在不断增大，而系统阻尼比却在不断减小，这就意味着系统稳定性逐渐变差，并且非最小相位系统现象更为严重。

由图 4-21 和图 4-22 可知，当 MVDC 配用电系统中出现恒功率负荷扰动时，场景 8 的直流母线电压能够正常跌落，然后再经过短暂暂态过程后恢复至稳定状态；场景 9 的直流母线电压却出现反向超调现象，然后经过短暂暂态过程后恢复至稳定状态；场景 10 的直流母线电压却直接振荡失稳发散。图 4-21 和图 4-22 所示的仿真结果验证了上述理论分析的正确性：场景 8～10 的系统主导振荡频率在不断增大，而系统阻尼比却在不断减小，这就意味着系统稳定性逐渐变差，并且非最小相位系统现象更为严重，应当发出 MVDC 配用电系统失稳预警。

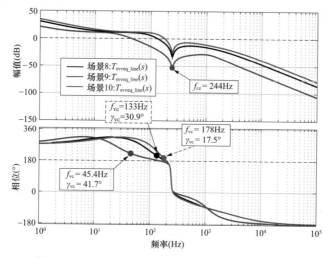

图 4-17 场景 8～10 的回路增益 $T_{svveq\_line}(s)$波特图

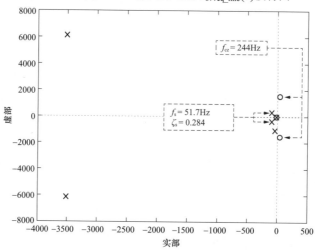

图 4-18 场景 8 的零点和极点图

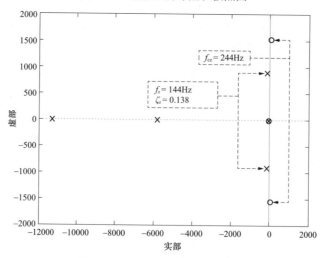

图 4-19 场景 9 的零点和极点图

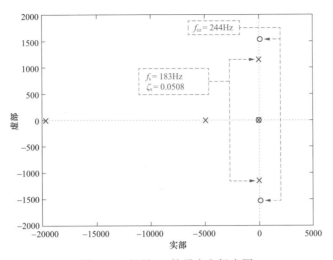

图 4-20　场景 10 的零点和极点图

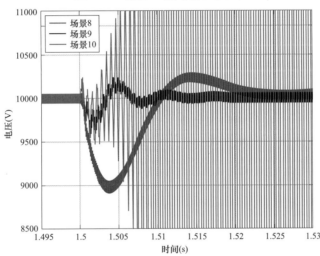

图 4-21　场景 8~10 的直流母线电压仿真波形图（整版）

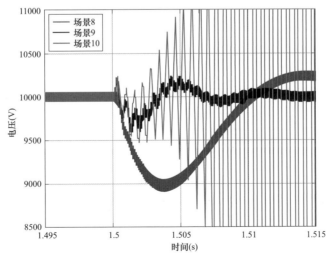

图 4-22　场景 8~10 的直流母线电压仿真波形图（局部放大版）

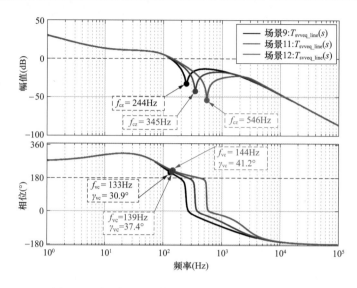

图 4-23　场景 9~12 的回路增益 $T_{\text{svveq\_line}}(s)$ 波特图

针对电缆线路长度分别为 5km、2.5km 和 1km 的 MVDC 配用电系统，采用相同的设计准则对 MVDC 配用电系统进行控制参数设计。由图 4-23 可知，随着电缆长度的减小（分别为 5km、2.5km 和 1km），回路增益 $T_{\text{svveq\_line}}(s)$ 的穿越频率和相角裕度均相继增大。通过图 4-19、图 4-24 和图 4-25 所示的零点和极点图也可知，场景 9~12 的系统主导振荡频率和阻尼比均在不断增大，电缆线路引入的振荡频率 ω_{cz} 也在不断增大（244Hz、345Hz 和 546Hz）。这就意味着系统稳定性逐渐变好，非最小相位系统现象逐渐变轻，甚至可以忽略。

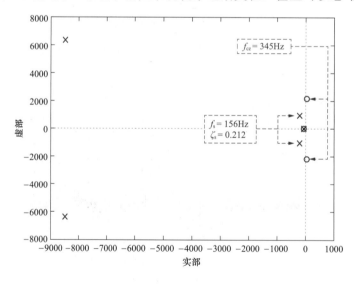

图 4-24　场景 11 的零点和极点图

由图 4-26 和图 4-27 可知，当 MVDC 配用电系统中出现恒功率负荷扰动时，场景 9 和场景 11 的直流母线电压均出现反向超调现象（但场景 11 的直流母线电压反向超调峰值相对减小），然后经过短暂暂态过程后恢复至稳定状态；场景 12 的直流母线电压没有出现反

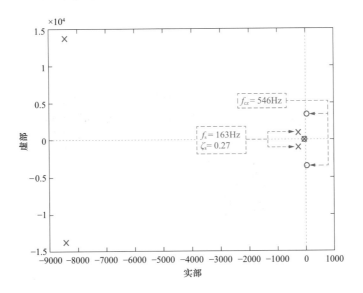

图 4-25 场景 12 的零点和极点图

向超调现象,然后经过短暂暂态过程后恢复至稳定状态。图 4-26 和图 4-27 所示的仿真结果验证了上述理论分析的正确性:场景 9~12 的系统主导振荡频率和阻尼比均在不断增大,电缆线路引入的振荡频率 ω_{cz} 也在不断增大(244Hz、345Hz 和 546Hz)。这就意味着系统稳定性逐渐变好,系统动态稳定裕度得以提升,非最小相位系统现象逐渐变轻,甚至可以忽略。

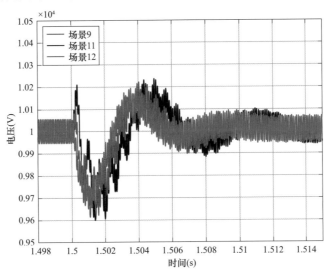

图 4-26 场景 9~11 的直流母线电压仿真波形图(整版)

4.1.3.3 计及占空比饱和的 MVDC 配用电系统失稳预警及动态稳定裕度提升

导致 MVDC 配用电系统出现稳定性问题的原因有很多,例如,系统的主导振荡频率过小,系统的主导振荡频率与电缆线路引入的系统固有振荡频率间的动态交互较强时等等。

当系统发生扰动时,换流器出现占空比饱和,也会造成系统出现稳定性问题。MVDC 配用电系统零点和极点图如图 4-28 所示,系统振荡频率 f_s 约等于 40.4Hz。

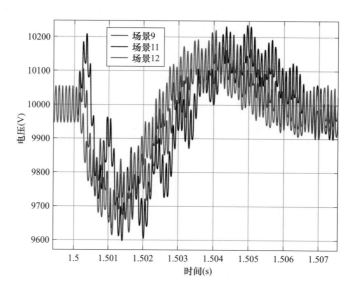

图 4-27　场景 9~11 的直流母线电压仿真波形图（局部放大版）

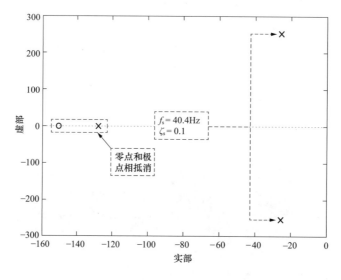

图 4-28　零点和极点图

当两个换流器间动态分配按照 1:8 进行时，MVDC 配用电系统及其单机等值模型的直流母线电压波形出现差异：单机等值模型的直流母线电压波形没有变化，而 MVDC 配用电系统的直流母线电压波形的暂态过程明显变长（意味着系统阻尼比变小，稳定性降低），详情如图 4-29 所示。第二台换流器的占空比波形出现饱和现象，而第一台换流器以及单机等值模型的占空比波形均未出现饱和现象，如图 4-30 所示。由上述分析可知，当两个换流器间动态分配按照 1:8 进行时，由于第二台换流器出现占空比饱和现象（短暂性饱和），导致仿真值与理论分析值出现较大差异，并且系统稳定性降低，此时应当发出 MVDC 配用电系统失稳预警。

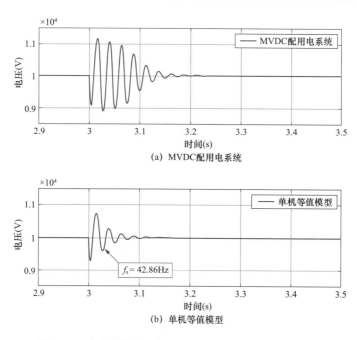

(a) MVDC配用电系统

(b) 单机等值模型

图 4-29　动态特性分配轻微不合理时直流母线电压波形

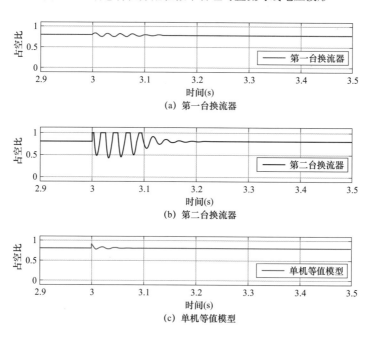

(a) 第一台换流器

(b) 第二台换流器

(c) 单机等值模型

图 4-30　动态特性分配轻微不合理时的占空比波形

当两个换流器间动态分配按照 1:9 进行时，MVDC 配用电系统及其单机等值模型的直流母线电压波形出现非常大差异：单机等值模型的直流母线电压波形没有变化，而 MVDC 配用电系统的直流母线电压波形却发生振荡发散现象，详情如图 4-31 所示。第二台换流器和第一台换流器先后出现持续性饱和现象，单机等值模型的占空比波形未出现饱和现象，如图 4-32 所示。由上述分析可知，当两个换流器间动态分配按照 1:9 进行时，第二台换流器和第一台

换流器先后出现持续性饱和，导致 MVDC 配用电系统发生失稳现象。

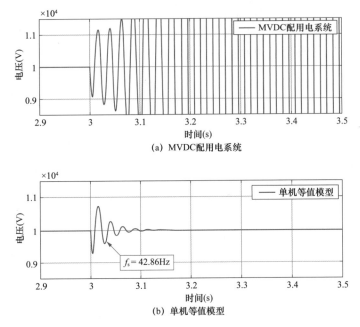

(a) MVDC配用电系统

(b) 单机等值模型

图 4-31　动态特性分配严重不合理时的直流母线电压波形

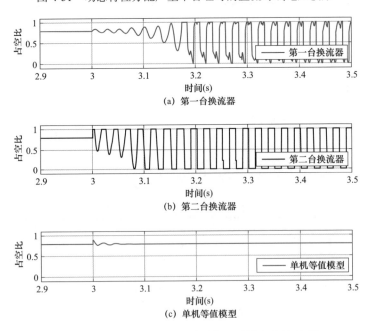

(a) 第一台换流器

(b) 第二台换流器

(c) 单机等值模型

图 4-32　动态特性分配严重不合理时的占空比波形

当两个换流器间动态分配按照 5:1 进行时，MVDC 配用电系统及其单机等值模型的直流母线电压波形完全相同，并且仿真振荡频率 f_s 约为 42.86Hz（与理论分析值 40.4Hz 基本一致），详情如图 4-33 所示。两台换流器及单机等值模型的占空比波形也没有出现饱和现象，系统动态稳定裕度得以提升，如图 4-34 所示。

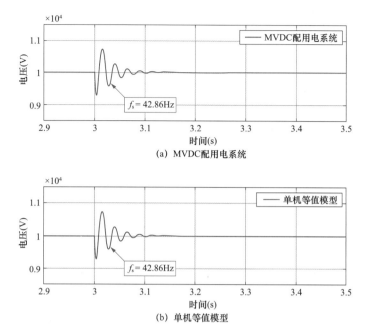

图 4-33 动态特性分配合理时的直流母线电压波形

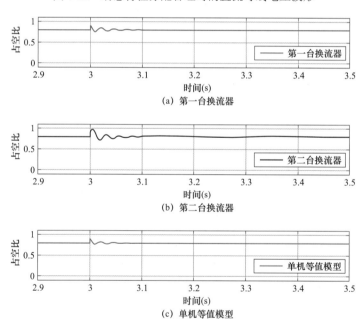

图 4-34 动态特性分配合理时的占空比波形

4.2 直流配电协同控制技术

4.2.1 基于多分段 *P-U* 及电压信息编码的中压自律协同控制

多换流器并网及多电压等级直流配电系统表现出多重运行模式的特征。以图 4-35 中的两

端系统为例，目前常采用的是以换流站运行状态 *state_vsc* 及母联开关的状态 *state_s* 来划分直流配电系统大的运行模式，如表4-5所示。

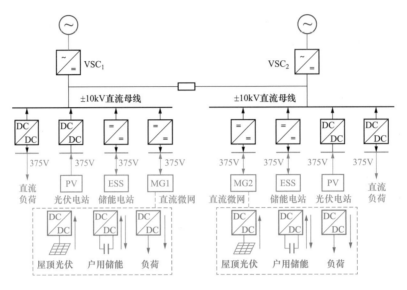

图 4-35　两端直流配电网络

（1）并网分列运行模式 S10：两端换流站正常运行 *state_vsc1*=*state_vsc2*=1，母联断路器断开 *state_s*=0；

（2）联合右端并网运行模式 S20：左端换流站 *state_vsc1*=1 正常运行，右端换流站 *state_vsc1*=0 闭锁，母联断路器闭合 *state_s*=1；

（3）联合左端并网运行模式 S30：左端换流站 *state_vsc1*=0 闭锁，右端换流站 *state_vsc1*=1 正常运行，母联断路器闭合 *state_s*=1；

（4）离网并列运行模式 S40：两端换流站均闭锁 *state_vsc1*=*state_vsc2*=0，母联断路器闭合 *state_s*=1；

（5）离网分列运行模式 S50：两端换流站均闭锁 *state_vsc1*=*state_vsc2*=0，母联断路器断开 *state_s*=0。

表 4-5　　　　　　　　　　　两端直流配电系统运行模式

运行模式	VSC1 运行状态	VSC2 运行状态	母联断路器
并网分列	正常	正常	断开
联合右端并网	正常	闭锁	闭合
联合左端并网	闭锁	正常	闭合
离网并列	闭锁	闭锁	闭合
离网分列	闭锁	闭锁	断开

上述基于换流站、母联开关划分的不同模式，其相互间的切换需通过上层控制器基于输入变量与触发事件来完成转换。在每一种运行模式划分下，设定不同的电压区间，并通过编

码来自主切换不同换流器的控制策略，实现不同运行模式下的功率扁平化管理。

在直流系统中电压信息反映了供需功率动态平衡的情况，因此在不同的运行模式下，可通过设置不同电压区来进一步划分系统运行模式。不同子模式通过设置的电压临界值来完成自主切换，实现功率的动态管理。

（1）并网分列运行模式 S10

由于左、右两端配置一致且结构对称，这里只分析一端情况，以左端为例。

1）子模式 S11：系统内光伏电站发电充足，采用 MPPT 最大功率跟踪控制策略，满足负荷需求之余对储能进行充电。当储能 SOC 过高或过剩功率已超过储能最大调节能力，母线电压上升到一个阈值时 U_{M1}，由换流站作为主控单元进行定电压控制。储能采用定功率控制策略，微电网看作一个功率可双向流动的负荷，其并网变换器采用定低压侧电压控制策略。

2）子模式 S12：系统内光伏发电减小或负荷增加，导致储能充电功率减小到最大限值以下且 SOC 正常时，换流站转为定功率控制，母线电压开始下降，当下降至阈值 U_{M2} 时由储能作为主控单元来调节母线电压。随着系统内光伏进一步减小或负荷进一步增加到光伏发电不足，储能由充电转为放电来维持系统功率平衡，整个过程储能将在电压区间 $[U_{M3}, U_{M2}]$ 内进行下垂控制。光伏维持 MPPT 控制、微电网并网变换器维持定低压侧电压控制策略。

3）子模式 S13：当系统内发电进一步不足，且储能已按照最大功率放电时，母线电压降进一步下降到阈值 U_{M4} 时，由换流站进行定电压控制以满足功率需求，储能转为定功率控制，光伏维持 MPPT 控制，微电网并网变换器维持定低压侧电压控制策略。基于电压信息分区和编码的功率分散管理曲线如图 4-36 所示。

如图 4-36 所示，在运行模式 S10 下设定不同电压区间，通过编码来实现功率扁平化管理和不同单元之间协调控制的自主切换。这里为了避免协调控制策略在设定的电压临界值附近波动而导致的频繁切换而加入滞环控制，即子模式 S11 向 S12 转换时，实际上当电压 $U<U_{M1}=U_{M2}$ 时转换才发生。S12 向 S13 转换以及 S13 向 S12、S12 向 S11 转换时同理。

（2）联合右端并网运行模式 S20

该模式下功率管理曲线与 S10 类似，只是在子模式 2 的主控单元进行下垂控制时，将由两个储能共同下垂来承担功率的变动，功率分散管理曲线如图 4-37 所示。基于电压区间分为 S21、S22、S23 三个子模式。

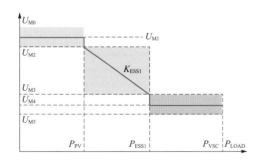

图 4-36　基于电压信息编码的功率分散管理策略

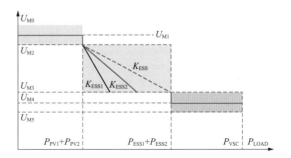

图 4-37　基于电压信息编码的功率分散管理策略

（3）联合左端并网运行模式 S30

与 S20 运行曲线一致，只是左端换流站变为右端换流站，同理分为 S31、S32、S33 运行子模式，这里不再赘述。

（4）离网并列运行模式 S40

此时仅由两端储能作主控单元进行下垂控制来调节孤岛系统内的电压值，光伏维持 MPPT 控制、微电网并网变换器维持定低压侧电压的控制策略，其运行曲线如图 4-38 所示。此时，系统运行曲线相当于图 4-37 中的第二段曲线即 S22，下垂控制同样运行在电压区间 $[U_{M3}, U_{M2}]$。

（5）离网分列运行模式 S50

该模式下仅有储能作为主控单元，两端又各自储能进行下垂控制来调节电压。此时由于两端对称，以左端为例，其运行曲线如图 4-39 所示。

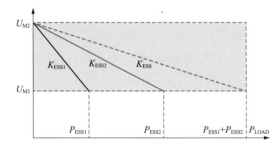

图 4-38 基于电压信息编码的功率分散管理策略

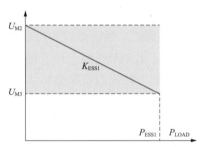

图 4-39 基于电压信息编码的功率分散管理策略

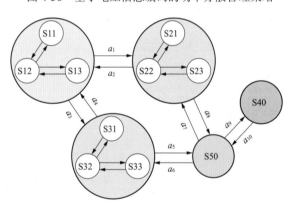

图 4-40 系统运行模式及转换示意图

综上所示，两端直流配电系统运行模式如图 4-40 所示。

图 4-40 中，运行模式间转换条件集合 $\{a_i\}$ 如表 4-6 所示。表中 a_5、a_7 表征当两端换流站均闭锁时，母联开关断开，两端系统将进入独立孤岛状态；a_9 表征当左、右两端系统因负荷增加或光伏减少导致备用容量不足时，两端系统应联合运行以提高供电可靠性；a_{10} 则表征各端备用容量均充足时应各自独立运行。

表 4-6　　　　　　　　　　　　运行模式转换事件表

转换事件	转换条件---遥控指令
a_1	$(state\_vsc2=0)$ --- $(state\_s=1)$
a_2	$(state\_vsc2=1)$ --- $(state\_s=0)$
a_3	$(state\_vsc\,1=0)$ --- $(state\_s=1)$
a_4	$(state\_vsc\,1=1)$ --- $(state\_s=0)$
a_5	$(state\_vsc\,2=0)$ --- $(state\_s=0)$

转换事件	转换条件---遥控指令
a_6	（$state\_vsc\,2{=}1$）---（$state\_s{=}1$）
a_7	（$state\_vsc\,1{=}0$）---（$state\_s{=}0$）
a_8	（$state\_vsc\,1{=}1$）---（$state\_s{=}1$）
a_9	（$P_L{\geqslant}P_G$）---（$state\_s{=}1$）
a_{10}	（$P_L{<}P_G$）---（$state\_s{=}0$）

上述运行模式中涉及光伏、储能、换流站、微电网、负载并网变换器各单元的详细控制策略如图 4-41 所示，各个单元根据各自检测到的电压信息来自主切换外环控制策略。储能充电修正控制中，当储能 SOC 达到一个上限设定值时，将产生一个 ΔU_B 去修正 U_{MPPT} 使其偏离最大功率跟踪控制以达到减光伏发电的目的。负载变换器采用单电压环控制，其输出特性与恒功率负载（Constant Power Load，CPL）等同，即表现出负阻抗的特性。储能在作为主控单元时采用 I-U 下垂控制，作为从控单元时采用定功率控制以输出指定的功率指令。换流站在作为主控单元时采用定直流侧电压控制，作为从控单元时采用定交流侧功率控制，即 PQ 控制以控制交直流侧的交互功率。

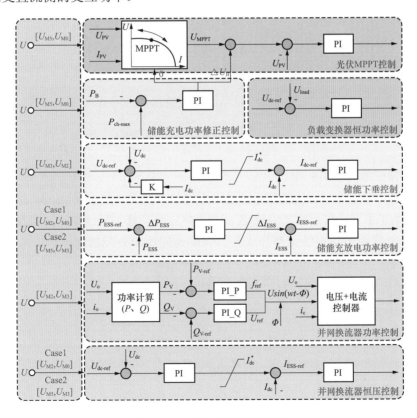

图 4-41　各单元控制策略框图

图 4-41 中，各换流器基于电压信息来自主切换控制策略。图 4-36～图 4-39，光伏单元和

负载将在整个电压区间 $[U_{M5}, U_{M0}]$ 执行 MPPT 控制和恒功率控制，储能充放电功率修正控制同样贯穿电压区间 $[U_{M5}, U_{M0}]$。在电压区间 $[U_{M3}, U_{M2}]$，储能单元将执行下垂控制，并网换流器将执行定功率控制。而储能单元执行定功率控制和并网换流器执行定电压控制存在 Case1 和 Case2 两种情况。在情况 Case1 中，当电压上升到 $U=U_{M1}$ 时，储能单元和并网换流器将在区间 $[U_{M2}, U_{M0}]$ 内分别进行定功率控制和定电压控制；在情况 Case2 中，当电压下降到 $U=U_{M4}$ 时，储能单元和并网换流器将在区间 $[U_{M5}, U_{M3}]$ 内分别进行定功率控制和定电压控制。

这里变流器内、外环以及线路等一、二次关键参数的设定往往通过稳定性分析来探讨系统稳定机理与稳定边界，进而选取合理的参数范围。反过来，不同参数合理选取与否又将对系统不同频率的振荡与稳定性产生直接的影响。当前直流配电系统不同频率振荡机理或是不同时间尺度的稳定性计算建模过程较为复杂，有待进一步深入探索。结合本书研究的侧重点，稳定性机理及研究方法不在这里展开。但考虑到本书在研究系统运行控制时，涉及储能单元下垂控制如模式 S12 等，以及多个储能单元并联下垂控制如模式 S22 等，而下垂系数取值所引起的系统低频振荡和功率精确分配问题当前已有清晰的认识。因此，本书仅对多个运行模式下涉及的下垂控制系数合理选取过程进行必要的阐述。

下垂控制中下垂系数设计不合理将引起系统振荡甚至失稳，且包含多个单元进行下垂时受各单元并网线路阻抗的影响，往往功率动态分配的精度较差。在图 4-37 中，确定了下垂单元最大电压变动范围 $U_{max}=U_{M2}$、$U_{max}=U_{M3}$。阻性下垂系数 K_{ESSi} 可由式（4-41）求得

$$U_{dc} = U_{dc}^{ref} - K_{ESSi}P_{ESSi} \tag{4-41}$$

式中：U_{dc}、U_{dc}^{ref}、P_{ESSi} 分别为换流器端口电压、母线电压参考值、输出功率。

$$K_{ESSi} = \frac{U_{dc}^{ref} - U_{dc}}{P_{ESSi}} = \frac{U_{max} - U_{min}}{P_{ESSi}^{max}} = \frac{U_{M2} - U_{M3}}{P_{ESSi}^{max}} \tag{4-42}$$

式中：P_{ESSi}^{max} 为储能最大输出功率。

由式（4-42）可知，两个储能单元输出电流与阻性下垂系数成反比，即 $I_{ESS1}/I_{ESS2}=K_{ess2}/K_{ess1}$。此时忽略了单元并网的线路阻抗 Z_{li}，而实际中变换器与母线电压间存在微小差别，线路上的压降会影响输出功率的偏差，从而影响单元间功率分配的精确性。考虑线路阻抗由式（4-41）可得：

$$U_{dc} - Z_{li}I_{ESSi} = U_{dc}^{ref} - K_{ESSi}P_{ESSi} \tag{4-43}$$

P_{ESSi} 满足等式约束

$$\left. \begin{array}{l} P_{ESS1} \mid P_{ESS1}^{max} = P_{ESS2} \mid P_{ESS2}^{max} \\ P_{ESS1} + P_{ESS2} = \Delta P_{load} \end{array} \right\} \tag{4-44}$$

式中：ΔP_{load} 为负荷变动值。

由式（4-43）、式（4-44）求得的阻性下垂系数并未考虑换流器内、外环控制，属于机电暂态，无法计及网络设备之间的振荡。因此，对下垂控制换流器建立小信号模型以进行频域分析。下垂控制换流器小信号模型如图 4-42 所示。

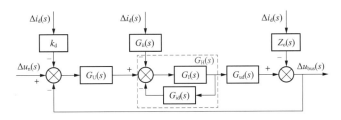

图 4-42 下垂控制变换器小信号模型

图 4-42 中，$\Delta i_d(s)$、$\Delta u_{bus}(s)$、$\Delta u_n(s)$ 分别为下垂变换器输出电流变化量、母线电压变化量及空载电压的变化量；$G_U(s)$、$G_I(s)$ 分别为电压、电流控制器，均为 PI 控制器；$G_{id}(s)$、$G_{ud}(s)$ 分别为变换器电流和电压到占空比的传递函数；$G_{ii}(s)$ 为输入电流到输出电流的传递函数；$Z_o(s)$ 为变换器开环输出阻抗。当模型中 $\Delta u_n(s)$ 为零时，下垂控制变换器输出阻抗 $Z_D(s)$ 如式（4-45）所示

$$Z_D(s) = \frac{\Delta u_{bus}(s)}{\Delta i_d(s)} = -\{[Z_o(s) - k_d G_u(s) G_H(s) G_{ud}(s) \atop - G_{ii}(s) G_H(s)]/[1+G_u(s) G_H(s) G_{ud}(s)]\} \tag{4-45}$$

同理，可建立定功率控制变换器、恒功率负载变换器小信号模型，如图 4-43 和图 4-44 所示，进而得到定功率控制变换器输出阻抗 Z_P 和输入阻抗 Z_{CPL}。

图 4-43 中，$\Delta i_p(s)$、$\Delta u_{bus}(s)$、$\Delta i_{ref}(s)$ 分别为定功率变换器直流母线输出电流、电压及参考电流的变化量。

图 4-44 中，$\Delta u_{bus}(s)$、$\Delta i_{CPL}(s)$、$\Delta u_{ref}(s)$、$\Delta u_{load}(s)$ 分别为恒功率负载变换器直流母线电压变化量、输入电流变化量、负载输出电压参考值及输出电压变化量，$Z_i(s)$ 为变换器的开环输入阻抗。令 $\Delta u_{ref}(s)$、$\Delta i_{ref}(s)$ 分别为零时，定功率控制变换器输出阻抗 $Z_P(s)$ 以及恒功率负载变换器输入阻抗 $Z_{CPL}(s)$ 的计算公式为

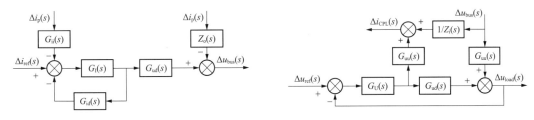

图 4-43 定功率控制变换器小信号模型   图 4-44 恒功率负载变换器小信号模型

$$Z_P(s) = \frac{\Delta u_{bus}(s)}{\Delta i_p(s)} = \{[Z_o(s)(1+G_I(s)G_{id}(s)) - G_I(s)G_{ud}(s)G_{ii}(s)] / [1+G_I(s)G_{id}(s)]\} \tag{4-46}$$

$$Z_{CPL}(s) = \frac{\Delta u_{bus}(s)}{\Delta i_{CPL}(s)} = \{[1+G_U(s)G_{ud}(s) - Z_i(s)G_{uu}(s)G_U(s)G_{id}(s)] / [Z_i(s)(1+G_U(s)G_{ud}(s))]\}$$

$$\tag{4-47}$$

因此，当储能作为主控单元进行下垂控制时，以运行模式 S50 为例，系统阻抗模型如图 4-45 所示。图中，$Z_S(s)=Z_D(s)+Z_{line}(s)$、$Z_{LV}=[Z_P(s)+Z_{line1}(s)]/[Z_{CPL}(s)+Z_{line2}(s)]$。基于阻抗比模型 $Z_S(s)/$

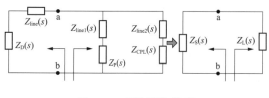

图 4-45　系统阻抗模型

$Z_L(s)$，采用频域分析法中的奈奎斯特稳定判据分析系统小信号稳定性，即系统中输出和输入阻抗比的奈奎斯特曲线不包围（－1，j0）点。有大量文献对阻抗比或改进阻抗比判据进行了介绍和推导，这里不再赘述。因此，下垂系数选择应当同时满足式（4-43）、式（4-44）与

阻抗比 $Z_S(s)/Z_L(s)$ 判据。

综上所述，直流配电系统运行控制与功率分散管理框架如图 4-46 所示，分为运行层、协调控制层和实时控制层。以 S10 模式为例，在运行层当系统采集到换流站及开关信息时生成触发条件，系统运行在 S10 模式下。在 S10 模式下，协调控制层根据源、荷两端功率变化引起的母线电压变化，通过设定电压区间并编码来制定功率管理及各换流器间协同策略。在实时控制层，各个换流器响应上层协调策略，通过自身控制策略以及内外环参数来实施实时控制。

在 PSACD 搭建系统，其控制架构如图 4-46 所示。

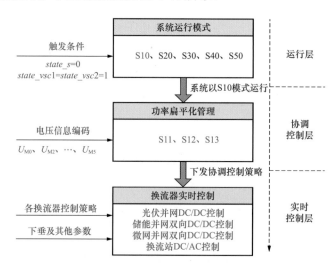

图 4-46　系统控制架构示意图

系统分为左、右两端，左端系统包含 PV1、MG1、ESS1、LOAD1 和 VSC1，右端系统包含 PV2、MG2、ESS2、LOAD2 和 VSC2。系统中低压直流微电网仿真系统拓扑结构如图 4-48 所示。

系统关键控制参数如表 4-7 所示。首先基于阻抗比 $Z_S(s)/Z_L(s)$ 模型计算系统稳定运行的下垂系数边界，在边界以内通过式（4-3）和式（4-4）确定系数 K_{ESS1}、K_{ESS2} 的取值。以 K_{ESS1} 为例，频域分析结果如图 4-49 所示。

图 4-49 中，当 K_{ESS1} 从 0.08 向 0.10、0.12 变化时，奈奎斯特曲线如图 4-49 所示；当 K_{ESS1}=0.12 时，奈奎斯特曲线包围（－1，j0），系统不稳定。在该边界条件下，再由式（4-43）、式（4-44）可确定 K_{ESS1} 选值为 0.08，同理 K_{ESS2} 选值为 0.1。在不同下垂系数下进行时域对比，分别令 K_{ESS1}=0.08 和 K_{ESS1}=0.12，给直流母线加入（12.5V，30kHZ）的电压扰动信号，母线电压的

时域仿真如图 4-50 所示。

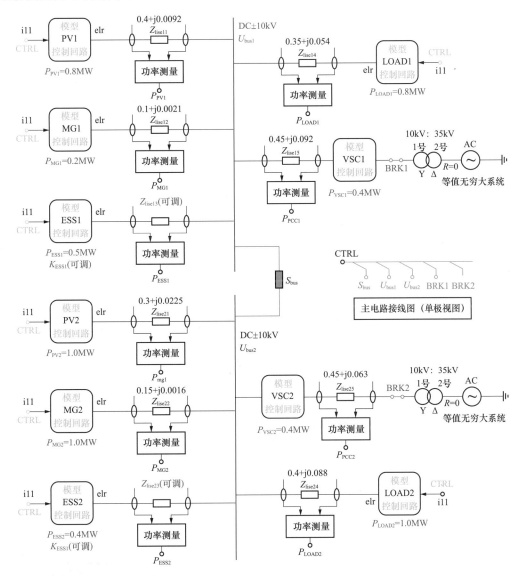

图 4-47　系统主线路接线图

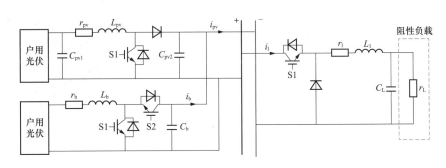

图 4-48　直流微电网拓扑结构

表 4-7   系 统 控 制 参 数

参数	数值
光伏控制内环 k_p、k_i	0.05、75
光伏功率修正环 k_p、k_i	1.2、100
VSC 功率控制外环 k_p、k_i	1.5、150
VSC 功率控制内环 k_p、k_i	0.25、5
VSC 电压控制外环 k_p、k_i	0.75、75
VSC 电压控制内环 k_p、k_i	0.02、12.5
储能功率控制外环 k_p、k_i	0.5、50
储能功率控制内环 k_p、k_i	5.5、15
储能下垂控制外环 k_p、k_i	0.5、50
储能下垂控制内环 k_p、k_i	1.0、50

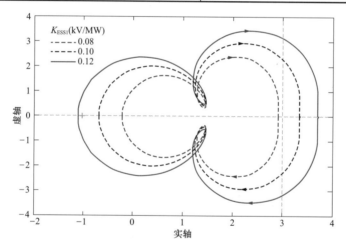

图 4-49　$Z_S(s)/Z_L(s)$ 奈奎斯特曲线

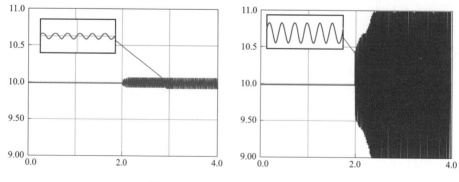

图 4-50　小信号稳定性时域仿真

图 4-50 中，对比仿真同时在 t=2s 时加入扰动，若仅采用式（4-3）和式（4-4）来确定下

164

垂系数，如 K_{ESS1}=0.12，并不能保证电流扰动下母线电压的稳定性，而结合频域分析确定的下垂系数如 K_{ESS1}=0.08 时，扰动下母线电压虽有不同程度振荡，但系统是稳定的。

下面进行系统不同运行模式下的运行控制时域仿真分析。基于图 4-47 和图 4-48 所示的拓扑结构和系统配置，设置两组案例进行仿真。第一组为系统运行模式从 S11、S12、S13、S21、S22、S23、S50、S40 依次切换，第二组为系统运行模式从 S33、S32、S31、S13、S12、S11 到减光伏发电模式依次切换。图 4-37 和图 4-38 中 3 个电压区间依次编码为 [10.5，10.7] kV、[9.5，10.5] kV、[9.3，9.5] kV。第一组切换中控制仿真结果分别如图 4-51 和图 4-52 所示，第二组切换中控制仿真结果分别如图 4-53 和图 4-54 所示。

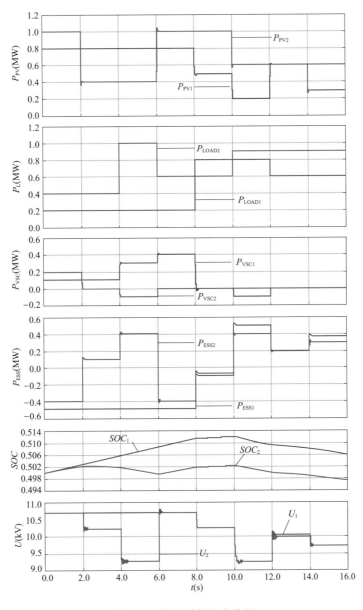

图 4-51 中压系统仿真结果

165

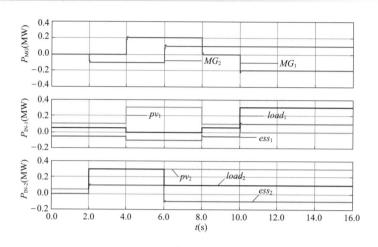

图 4-52　低压系统仿真结果

如图 4-51 所示，系统首先运行在并网分列状态 S10，即中压母联断路器分开。$t=0$s 时，两端系统各自光伏发电充足，各自换流站工作在逆变模式确定直流母线低压，两端母线电压均为 10.7V 并运行在 S11 下。$t=2$s 时，P_{PV2} 骤降，此时右端系统光伏发电不足切换到 S12 状态下，电压 U_2 下降，由储能输出功率 P_{ESS2} 来控制电压，右端母线电压由储能下垂控制的系数决定，由仿真可以看到虽电压 U_2 在切换暂态中略有振荡，但正因为加入了滞环控制，使得运行模式没有在电压振荡中来回切换，保证了系统稳定性；左端系统维持 S11 运行状态不变。$t=4$s 时，右端负荷 P_{L2} 增加，此时储能不足以维持功率平衡，电压进一步下降，将由 VSC2 工作在整流模式以维持功率平衡并切换到 S13 状态，右端母线电压维持在 9.3kV；左端系统维持 S11 运行状态不变。$t=6$s 时，换流站 VSC2 因故障闭锁，母联断路器闭合，系统切换到联合右端并网运行模式 S20 下，同时右端系统 P_{PV2} 骤升、P_{L2} 骤减，联合运行系统中光伏发电过剩运行在模式 S21 下，由 VSC1 运行在逆变模式以维持功率平衡，同时定电压控制，两端母线电压 U_1 和 U_2 统一控制在 10.7kV。

$t=8$s 时，P_{PV1} 骤减、P_{L1} 骤升，光伏发电不足以平衡负荷功率，将由两个储能依据各自下垂系数进行并联下垂控制来定母线电压和动态分配功率，母线电压维持在 10.28kV，系统切换到 S22。$t=10$s 时，光伏进一步减少，储能不足以平衡系统功率，电压进一步下降，由 VSC1 工作在整流模式作为主控单元，母线电压维持在 9.3kV，系统切换到 S23。$t=12$s 时，VSC1 因故障也闭锁，此时整个直流系统进入孤岛，按照模式设定此时母联断路器断开，两端系统独立孤岛，系统切换到 S50 由各自储能作为主控单元，两端母线电压分别为 10.1kV 和 10kV。$t=14$s 时，左端系统光伏发电减小导致备用容量不足，按照模式设定此时母联断路器闭合，系统切换到联合孤岛运行在 S40，不平衡功率基于两端各自储能的下垂系数进行动态分配，母线电压控制在 9.72kV。

系统中两个低压微电网系统功率曲线如图 4-52 所示，图中 MG_1、MG_2 分别为两个微电网与外电网的交换功率，为正代表向外传送过来，为负代表外电网向微电网内馈送功率。pv_1、pv_2、$load_1$、$load_2$、ess_1、ess_2 分别为微电网 1 和微电网 2 内光伏、负荷、储能曲线，不同时刻仿真结果不再赘述。

如图 4-53 所示，t=0s 时，系统初始运行在联合左端并网状态 S33，即 VSC1 闭锁、母联断路器闭合，母线电压控制在 9.3kV。t=2s 时，光伏骤升，母线电压升高，系统切换到 S32 状态，由两个储能作为主控单元进行并联下垂控制，母线电压控制在 10.17kV。t=4s 时，负荷骤减导致光伏发电过剩，母线电压升高，系统切换到状态 S31 由 VSC2 进行定电压控制，母线电压控制在 10.7kV。t=6s 时，VSC1 重新投入运行、母联断路器断开，系统重新回到并网分列状态 S13，随着光伏、负荷功率的变换，系统运行状态又依次切回到 S12 和 S11。t=12s 时，设定此时左端系统 ESS1 的 SOC 达到设定的上限值，执行减充电功率控制策略，通过不断修正储能充电功率使光伏电压逐渐偏离最大跟踪电压值 U_{MPPT}，最终达到平滑减小光伏输出、减缓储能充电的目标。系统中两个低压微电网系统功率曲线如图 4-54 所示，不同时刻仿真结果不再赘述。

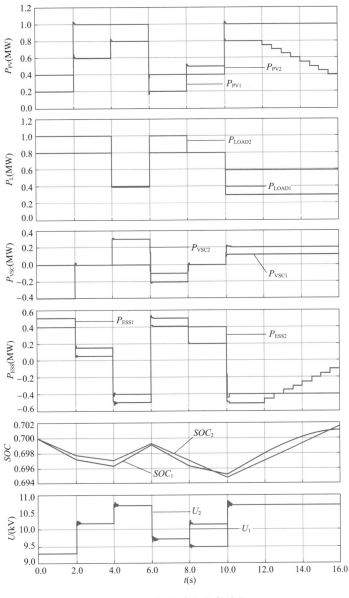

图 4-53　中压系统仿真结果

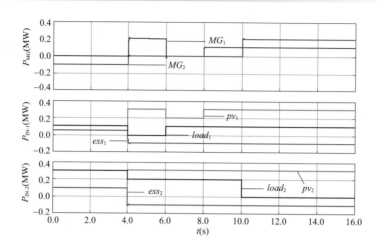

图 4-54　低压系统仿真结果

4.2.2　基于虚拟惯量环节的低压自律协同控制

对于并网运行的直流微电网，有研究提出基于惯性环节的分散式低压区域子网母线电压稳定控制方法。该方法可使并联多换流器为协同运行的直流微电网提供电压支撑，从而确保直流微电网在并网模式下正常运行。该方法考虑到恒功率负载对电网的影响，提出了 $P_{dc}-u_{dc}^2$ 下垂控制策略，其中 P_{dc} 与 u_{dc}^2 的稳态与暂态关系均是线性的，因此与传统的 $i_{dc}-u_{dc}$ 控制方法相比，$P_{dc}-u_{dc}^2$ 下垂控制策略可以实现直流功率线性化控制并提升系统稳定性，即改善直流功率调控的动态性能。通过这一改进的下垂控制策略，换流器之间可以实现协同运行。为了确保直流电压质量，基于惯性环节的分散式电压快速恢复算法用以减小下垂控制引入的电压偏差，该电压恢复策略集成在换流器就地控制器中，相较于集中式或分布式控制方法，电压恢复速率有所提升，并降低了通信设备费用。该策略简单且易于应用，对微电网系统拓扑变化不敏感，当有设备接入或退出微电网系统时体现出良好的适应性。

通过对多换流器的控制可实现低压区域子网电压的稳定控制，该控制方法分为内环控制与外环控制。其中，内环对换流器直流侧直流电压进行控制，典型的 DC/DC 换流器内部拓扑如图 4-55 所示，其中 u_s 为输入直流电压，输出直流电压 u_{dc} 经电容值为 C 的电容滤波器滤波，输出直流电流值为 i_{dc}。换流器与直流母线间的线路阻抗为 R_{line}。

对于双向 DC/DC 换流器连接的低压直流子网，对其子网特性进行等效，其低压直流母线可认为是连接着由恒功率负荷和耗散负荷形成的混合负荷，如图 4-56 所示。

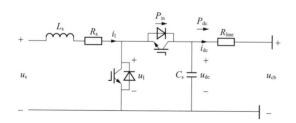

图 4-55　典型 DC/DC 换流器拓扑

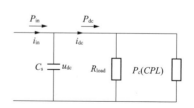

图 4-56　低压子网简化电路拓扑

当中压直流母线为这些负荷提供电压支撑时，从功率平衡的角度来看，其输出电压 u_{dc} 与输出电流 i_{dc} 间的关系为：

$$\begin{cases} \dfrac{1}{2}C_s\dfrac{du_{dc}^2}{dt} = P_{in} - P_{dc} \\ P_{dc} = \dfrac{u_{dc}^2}{R_{load}} + P_c \end{cases} \tag{4-48}$$

式中：P_{dc} 为换流器低压直流侧输出直流功率。

由式（4-48）可以看出，u_{dc} 与 i_{dc} 之间呈非线性关系，因此采用传统的 i_{dc}-u_{dc} 下垂，通过控制电流来间接调节功率和电压，使得最终的调节速度等性能受到较大影响，式（4-48）表明，P_{dc} 与 u_{dc}^2 之间的关系是线性的，通过直接采集功率进行反馈，恒功率负荷保持不变，电压输出将稳定，大大缩短调整时间。此外，采用 P_{dc} 与 u_{dc}^2 进行反馈控制，可以增强储能系统对恒功率负荷变化的鲁棒性。基于此，基于 $P_{dc}-u_{dc}^2$ 的改进直流电压下垂控制策略可有效提升系统应对含高比例恒功率负荷系统的稳定性。

基于 $P_{dc}-u_{dc}^2$ 的改进直流电压下垂控制策略主要由内环控制与外环控制组成，其中内环控制策略包括两条控制环路，即电压环路与电流环路，电流环路的响应快于电压环路。电压环路主要通过对 u_{dc}^2 的控制，实现输出直流电压 u_{dc} 对参考直流电压 u_{dc}^{ref} 的精确追踪。电压控制器 $G_{IV}(s) = K_{IVP} + K_{IVI}/s$ 为 PI 控制器，用于消除控制过程中产生的静态误差。电流环路采用比例控制器以增加系统阻尼，提升系统稳定性。

外环控制主要用来实现直流功率控制并保证直流母线电压质量，并为内环控制生成参考电压。针对传统 $i_{dc}-u_{dc}$ 下垂控制应用于含有恒功率负荷的系统中时存在稳定性、控制精度差等问题，本书提出基于 $P_{dc}-u_{dc}^2$ 的改进型直流电压下垂控制策略，如图 4-57 所示。

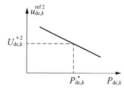

图 4-57　改进下垂控制策略

该下垂控制表达式为

$$u_{dc,k}^{ref\,2} = U_{dc}^{*\,2} - r_k(P_{dc,k} - P_{dc,k}^*) \tag{4-49}$$

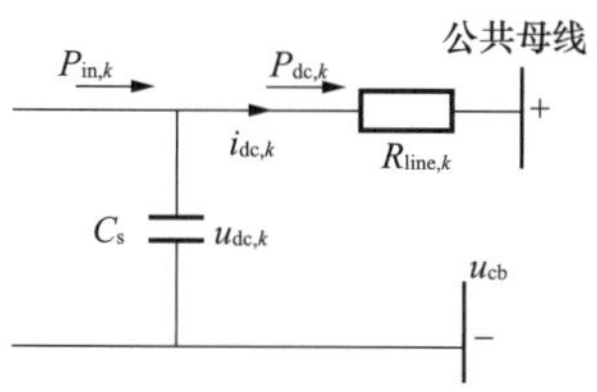

图 4-58　简化换流器内部电路

式中：k 代表第 k 个换流器；r_k、$P_{dc,k}$、$P_{dc,k}^*$ 和 $u_{dc,k}^{ref}$ 分别为第 k 个换流器下垂系数、输出直流功率、额定输出直流功率、内环控制输出直流电压参考值；U_{dc}^* 为额定直流母线电压。为简化分析，将内环增益视为 1，即 $u_{dc,k} = u_{dc,k}^{ref}$，简化换流器电路如图 4-58 所示。

结合图 4-58 与式（4-49），化简可得

$$P_{dc,k} = u_{dc,k}i_{dc,k} = \frac{(U_{dc}^{*\,2} + r_k P_{dc,k}^*) - r_k P_{dc,k} - u_{dc,k}u_b}{R_{line,k}} \tag{4-50}$$

即：

$$P_{dc,k} = \frac{(U_{dc}^{*\,2} + r_k P_{dc,k}^*) - u_{dc,k}u_b}{R_{line,k} + r_k} \tag{4-51}$$

式中：u_b 为直流母线电压；$R_{\mathrm{line},k}$ 为第 k 个换流器与直流母线间的线路阻抗。若 $r_k \gg R_{\mathrm{line},k}$ 并令 $M = (U_\mathrm{dc}^{*2} + r_k P_{\mathrm{dc},k}^*)$，则式（4-51）可改写为

$$\frac{r_k}{u_\mathrm{b}} P_{\mathrm{dc},k} - \frac{M}{u_\mathrm{b}} = -u_{\mathrm{dc},k} \tag{4-52}$$

式（4-51）与式（4-52）合并可得

$$\left(\frac{r_k}{u_\mathrm{b}}\right)^2 P_{\mathrm{dc},k}^2 - \left(2\frac{Mr_k}{u_\mathrm{b}^2} - r_k\right) P_{\mathrm{dc},k} + \left(\frac{M}{u_\mathrm{b}}\right)^2 - M = 0 \tag{4-53}$$

解得

$$P_{\mathrm{dc},k} = \frac{M - u_\mathrm{b}^2}{r_k} \tag{4-54}$$

通常 $P_{\mathrm{dc},k}^*$ 与 r_k 依据换流器容量设定并相互匹配，所以对于所有换流器 M 相同。由式（4-51）可得，当 $r_k \gg R_{\mathrm{line},k}$ 时，输出直流功率 $P_{\mathrm{dc},k}$ 近似于下垂系数 r_k 成反比例关系。但若下垂系数 r_k 设置过大，系统将会失稳，故 r_k 的设定存在上限。

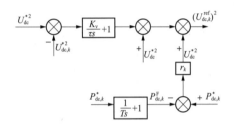

图 4-59　加入惯性环节的外环控制框图

另一方面，当输出直流功率增加时，直流电压下降，因此直流母线电压质量无法得到保证。为了解决这一问题，本书提出分散式快速母线电压恢复策略。如图 4-59 所示，第 k 个换流器输出的直流电压平方 $u_{\mathrm{dc},k}^2$ 经反馈与参考值 $u_{\mathrm{dc},k}^{\mathrm{ref}\,2}$ 进行比较，偏差部分由一个惯性环节进行补偿，进而增大系统阻尼，提升系统稳定性。所有换流器电压恢复控制器的设计均相同。

以上电压恢复控制策略集成至换流器本地控制器中，减少了中央控制环节，因此电压恢复速率得到提升。进一步分析可发现，由于该控制策略是完全分散的，反馈信号来源于换流器自身，并不需要直流微电网的其他参数，故其对于微电网系统拓扑改变并不敏感，具有良好的可拓展性，在设备频繁切入切除的微电网系统中具有一定的应用价值，即实现即插即用功能。类似地，视内环控制增益为 1，即 $u_{\mathrm{dc},k} = u_{\mathrm{dc},k}^{\mathrm{ref}}$，由图 4-59 可得

$$u_{\mathrm{dc},k}^2 = U_{\mathrm{dc},k}^{*\,2} + \delta_k - r_k(P_{\mathrm{dc},k} - P_{\mathrm{dc},k}^*) = M + \delta_k - r_k P_{\mathrm{dc},k} \tag{4-55}$$

系统处于稳态时，可得

$$\delta_k = k_\mathrm{v}(U_\mathrm{dc}^{*\,2} - u_{\mathrm{dc},k}^2) \tag{4-56}$$

进一步推导可得

$$u_{\mathrm{dc},k}^2 = \frac{k_\mathrm{v} U_\mathrm{dc}^{*\,2} + M}{1 + k_\mathrm{v}} - \frac{r_k P_{\mathrm{dc},k}}{1 + k_\mathrm{v}} \tag{4-57}$$

由式（4-50）与式（4-57）得

$$P_{\mathrm{dc},k} = \left(\frac{k_\mathrm{v} U_\mathrm{dc}^{*\,2} + M}{1 + k_\mathrm{v}} - \frac{r_k P_{\mathrm{dc},k}}{1 + k_\mathrm{v}} - u_{\mathrm{dc},k} u_\mathrm{b}\right) / R_{\mathrm{line},k} \tag{4-58}$$

即

$$P_{\mathrm{dc},k} = \dfrac{\dfrac{k_{\mathrm{v}} U_{\mathrm{dc}}^{*\,2} + M}{1 + k_{\mathrm{v}}} - u_{\mathrm{dc},k} u_{\mathrm{b}}}{R_{\mathrm{line},k} + \dfrac{r_k}{1 + k_{\mathrm{v}}}} \tag{4-59}$$

经对比可发现，在 $r_k \gg R_{\mathrm{line},k}$ 的情况下，输出直流功率 $P_{\mathrm{dc},k}$ 近似与下垂系数 r_k 成反比例关系，控制参数 k_{v} 影响电压恢复等级，即：k_{v} 愈大，$u_{\mathrm{dc},k}^2$ 愈接近额定参考值 $U_{\mathrm{dc}}^{*\,2}$，反之亦然。另一方面，k_{v} 对系统稳定性会造成一定影响，故 k_{v} 的设置有所折中。

从控制框图可以看出，所有反馈信号均为本地电气参数，单一换流器控制并不需要其他换流器的有关信息，因此整个外环控制策略是分散式的，对于系统拓扑的改变并不敏感，可以提升系统的可靠性并减少通信设备成本。

下面对比说明采用 $P_{\mathrm{dc}} - u_{\mathrm{dc}}^2$ 下垂控制策略相较于传统 $i_{\mathrm{dc}} - u_{\mathrm{dc}}$ 下垂控制在系统稳定性方面的提升。由图 4-60 可以看出，在恒功率负荷大范围突变的情况下，$P_{\mathrm{dc}} - u_{\mathrm{dc}}^2$ 下垂控制策略仍能保持母线电压稳定，且电压波动在允许范围内，图 4-61 为采用传统下垂控制时母线电压动态波形，当恒功率负载功率增加后，母线电压出现了振荡，系统失稳；图 4-62 为采用分散式直流电压恢复控制策略后的直流母线电压偏差变化波形，图 4-63 为未采用时的波形。令 $\Delta u_{\mathrm{dc}} = u_{\mathrm{b}} - U_{\mathrm{dc}}^*$，由图 4-62 可以看出，$\Delta u_{\mathrm{dc}}$ 基本维持在 $-20 \sim 10\mathrm{V}$ 之间，图 4-63 中 Δu_{dc} 变化较为剧烈，在 $-40 \sim 50\mathrm{V}$ 之间浮动。

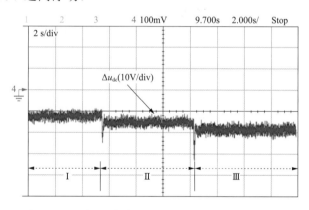

图 4-60 采用所提控制策略后母线电压动态波形

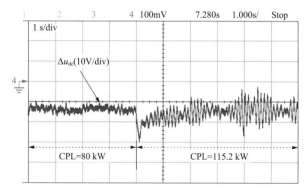

图 4-61 采用传统下垂控制策略的母线电压动态波形

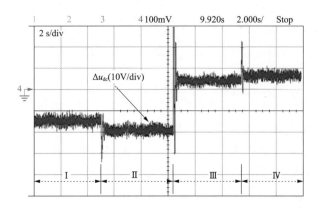

图 4-62　采用分散式直流电压恢复策略策略后 Δu_{dc} 波形

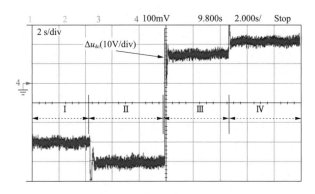

图 4-63　未采用分散式直流电压恢复策略策略时 Δu_{dc} 波形

通过这一对比可以看出，分散式直流电压恢复策略能够有效减少电压损耗，保证直流母线电压质量。

中低压直流配用电系统故障快速恢复及自愈技术

5.1 中低压直流配用电系统故障机理与故障特性分析

5.1.1 故障后换流阀闭锁情况下的故障机理研究

故障后流过换流阀桥臂的电流迅速上升，IGBT 通常由于自保护作用而闭锁。针对换流阀闭锁后的直流配电系统故障机理，以图 5-1 所示的典型双端柔性中压直流配电系统为例进行分析。

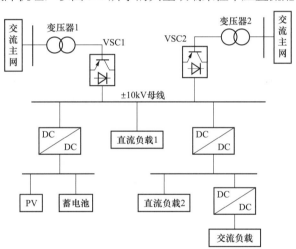

图 5-1 柔性双端直流配电系统结构图

极间短路故障是最严重的一类线路故障，其等效电路如图 5-2 所示。

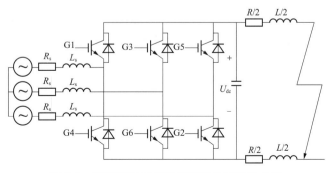

图 5-2 直流配电系统极间短路故障等效电路

当换流阀检测到故障电流快速上升启动闭锁，根据换流阀闭锁后直流线路两极短路故障电路响应特性，可以将故障过程大体分为四个阶段：滤波电容放电阶段、二极管交替导通的电容放电阶段、二极管同时导通续流阶段和不可控整流稳态阶段。

（1）滤波电容放电阶段

当发生极间短路故障时，IGBT 检测到故障电流快速上升而瞬间闭锁，交流侧通过续流二极管与直流侧连接。此时直流侧电压大于交流侧线电压，因此，直流线路故障电流即为直流电容向故障点放电的电流。直流侧可等效为一个 RLC 二阶放电电路，时域、频域等效电路图如图 5-3 所示。L、R 分别为母线到故障点的等效电感和电阻，C 为直流侧放电电容。

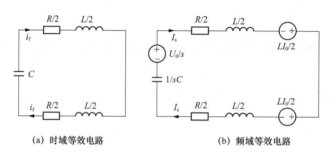

（a）时域等效电路　　　　　　　（b）频域等效电路

图 5-3　电容放电阶段等效电路图

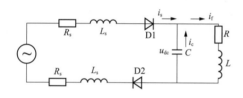

图 5-4　D1、D2 导通电容放电阶段的等效电路图

（2）二极管交替导通的电容放电阶段

直流侧电容电压下降到交流侧线电压时，二极管承受正向电压，不可控整流电路导通，交流侧电源通过交替导通的续流二极管向故障点馈入电流，故障点能量由放电电容和交流侧同时提供，以 D1、D2 导通为例，其等效电路如图 5-4 所示。

（3）二极管同时导通电感续流阶段

当故障电路工作在过阻尼状态，即 $R > 2\sqrt{L/C}$ 时，电容电压无振荡衰减，直流侧电压不会过零点，因此不存在电感放电的过程，故障由电容放电阶段直接进入不可控整流阶段。

当故障电路工作在欠阻尼状态，即 $R < 2\sqrt{L/C}$ 时，直流侧电压振荡衰减过零点，稳压电容被续流二极管短路，电容电压保持为零。此时，换流阀中反向并联的二极管全部导通，交流侧变为三相对称短路故障；同时电感释放吸收的电能以维持电流的连续性，直流侧放电回路变为由电感 L 和电阻 R 构成的一阶电路，等效电路如图 5-5 所示。假设 t_0 时刻进入此过程，此时电流值为 I_0'，则电感放电阶段直流线路上的电流可表示为

$$i_f = I_0' e^{-\frac{R}{L}(t-t_0)} \tag{5-1}$$

可知，此过程通过续流二极管的电流为直流线路故障电流的 1/3，即 $i_D = i_L / 3$。其值是正常运行时二极管电流的几十倍甚至上百倍，必须采取限流措施以限制二极管的故障电流。

（4）不可控整流稳态阶段

电感放电阶段完成后系统进入稳定状态，系统换流阀相当于一个三相不可控整流桥，其

等效电路图如图 5-6 所示。这时交流电源将持续提供故障电流。

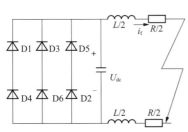

图 5-5 电感放电阶段等效电路图

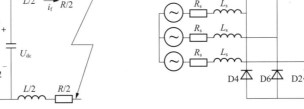

图 5-6 不可控整流稳态阶段等效电路

5.1.1.1 直流配电系统不同控制方式下的故障特性研究

当故障后换流阀不闭锁时，由于定电压控制、定功率控制等控制方式的控制原理不同，对故障特征的影响也有所区别。本节假定 IGBT 具有充足的过电流能力，分析了定电压控制、定功率控制和下垂控制方式下极间短路故障的故障机理和故障特征。

极间短路故障后的等效电路如图 5-7 所示。假设换流阀中的 IGBT 能承受过电流而不闭锁，极间短路故障可以分为以下三个阶段。

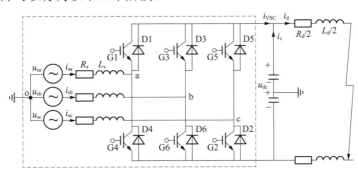

图 5-7 极间短路故障等效电路

（1）电容放电-PWM 正常控制阶段

极间短路故障发生后，电容器放电，直流电压下降。由于直流侧电压仍高于交流侧线电压，直流短路故障并未对交流侧呈现故障特性，PWM 控制作用正常，其回路方程为

$$
\begin{bmatrix} L_s \dot{i}_{sa} \\ L_s \dot{i}_{sb} \\ L_s \dot{i}_{sc} \\ L_d \dot{i}_{sd} \\ C \dot{u}_{dc} \end{bmatrix} = \begin{bmatrix} -R_s & 0 & 0 & 0 & \dfrac{S_b - S_c - 2S_a}{3} \\ 0 & -R_s & 0 & 0 & \dfrac{S_a - S_c - 2S_b}{3} \\ 0 & 0 & -R_s & 0 & \dfrac{S_a - S_b - 2S_c}{3} \\ 0 & 0 & 0 & -R_d & -1 \\ -S_a & -S_b & -S_c & 1 & 0 \end{bmatrix} \begin{bmatrix} i_{sa} \\ i_{sb} \\ i_{sc} \\ i_d \\ i_{dc} \end{bmatrix} \begin{bmatrix} u_{sa} \\ u_{sb} \\ u_{sc} \\ 0 \\ 0 \end{bmatrix} \tag{5-2}
$$

式中：$\dot{i}$ 和 $\dot{u}$ 分别代表 i 和 u 的微分；S_a、S_b 和 S_c 分别为 A 相、B 相和 C 相的上桥臂开关函

数，桥臂导通时为 1，关断时为 0；i_{sa}、i_{sb} 和 i_{sc} 分别为 A 相、B 相和 C 相电流；u_{sa}、u_{sb} 和 u_{sc} 分别为 A 相、B 相和 C 相电压；L_s 和 R_s 分别为交流侧电抗和电阻；L_d 和 R_d 分别为直流侧故障回路的电抗和电阻；C 为直流电容值；u_{dc} 和 i_d 分别为直流侧电压和电流。

以 A 相为例分析故障后 IGBT 和二极管的导通情况，假设此时 B 相上桥臂导通，A 相和 C 相上桥臂关断，忽略 VSC 网侧 A 相等效阻抗，则第 k 个开关周期的 A 相电流表示为

$$i_{sa} = \frac{1}{L_s}\int u_{Ls}dt = \frac{1}{L_s}\int (u_{sa} - u_{ao})dt \tag{5-3}$$

当开关频率远高于电网基波频率时，u_{sa} 可近似为一常值，假设第 k 个开关周期内直流电压保持不变，则有

$$i_{sa} = \frac{1}{L_s}\int \left(U_m \sin\omega kT_s + \frac{u_{dc}}{3} \right)dt(0 \leqslant t \leqslant t_{on}) \tag{5-4}$$

式中：ω 为交流频率；t_{on} 为 IGBT 的导通时间；E_m 为交流电压最大值；T_s 为 PWM 周期。

在第 k 个开关周期，VSC 网侧电流脉动峰峰值 Δi_{km} 为

$$\Delta i_{km} = i(t = t_{on}) - i(t = 0) = \frac{1}{L_s}\left(E_m \sin\omega kT_s + \frac{u_{dc}}{3} \right)t_{on} \tag{5-5}$$

可知，网侧电流脉动峰的峰值即一个周期内流过 IGBT 的电流与 IGBT 的导通时间有关。对基于定电压控制的换流阀，采用直流电压与额定电压之差来控制换流阀的传输功率。当故障发生后，由于直流侧电压下降，换流阀会增加向直流系统注入的功率以抑制直流电压的降低。此时，PWM 占空比增大，IGBT 导通时间增长，流过 IGBT 和二极管的电流增加。

对基于下垂控制和定功率控制的换流阀，利用换流阀交流侧母线有功功率来控换流阀的传输功率。由于该阶段直流侧电压仍高于交流侧电压时，直流侧故障对交流系统并未呈现短路特性，换流阀交流侧母线有功功率并未改变，因此控制器并不会改变 IGBT 的导通时间，流过 IGBT 和二极管的电流不会增加。

（2）电容放电—交流侧驱动二极管导通阶段

在故障后换流阀闭锁的情形中，当直流电压下降到交流侧线电压时，交流系统通过二极管构成不控整流向故障点放电，该阶段包括两桥臂馈流导通状态和三角臂馈流导通状态。而当换流阀不闭锁时，在不控整流的初始时刻各相电流不为 0，由于交流侧电感作用电流无法突变，因此各相的上、下桥臂至少有 1 个导通，从而无法出现两桥臂馈流导通状态，IGBT 和二极管的导通情况与闭锁条件下有所不同。

随着电容电压减小，当电网相电压瞬时值最高相的上桥臂和相电压瞬时值最低相的下桥臂的电压差高于直流侧电压时，换流阀进入电容放电—交流侧驱动二极管导通阶段。假设此时 C 相电压瞬时值最高、B 相电压瞬时值最低，则 C 相和 B 相可通过 D5 和 D6 构成回路。此时，对 G3、G5、G2 和 G6，由于交流侧电感续流作用，交流电流无法突变，导通方向与相电流方向相反的 IGBT 即使收到导通信号也无法导通。

若直流电压不过零，则故障将稳定在该阶段。当直流电压过零，则故障将进入下一阶段。

（3）二极管同时导通阶段

当直流电压降为 0，线路电抗会驱动二极管导通，此时 IGBT 闭锁。该阶段故障原理与

故障后换流阀闭锁情形下二极管同时导通的故障原理相同，其等效模型如图 5-8 所示。

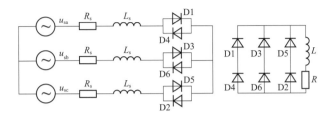

图 5-8 二极管全导通阶段故障等效模型

随着电感续流电流的衰减和三相短路电流中衰减分量的衰减，二极管中流过的电流会出现过零点。当任意一个二极管电流过零后，该阶段结束，故障重新进入交流侧驱动二极管导通阶段，换流阀中二极管和 IGBT 的导通将按照阶段 2 中描述的方式进行。与阶段 2 不同的是，此时电容放电已经完成，因此只有交流电源向故障点放电，故障进入稳定阶段。

5.1.1.2 极间短路故障仿真分析

基于 PSCAD/EMTDC 平台进行仿真分析。直流侧额定电压为 ±10kV，换流阀电容为 20000μF，换流阀电感为 0.02H，直流线路电阻与电感分别为 0.13Ω/km 和 0.00716H/km，线路长度为 10km。在距离换流阀 1km 处设置短路故障，故障于 2s 时刻发生，持续时间 0.1s。

图 5-9 为不同控制方式下极间短路故障后的直流侧电压、直流线路电流及交流侧注入直流系统的电流波形。可知，各种控制方式下在故障持续时间内均经历了电容放电—PWM 正常控制阶段、电容放电—交流侧驱动二极管导通阶段和二极管全导通阶段。

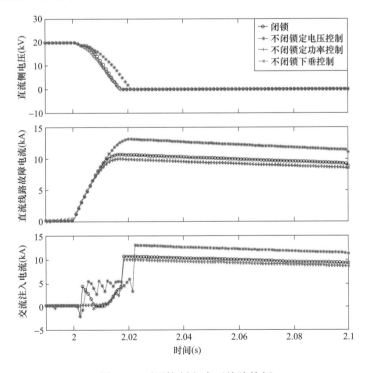

图 5-9 不同控制方式下故障特征

对定功率控制和下垂控制的换流阀，故障后闭锁与不闭锁情况下直流电压和直流线路电流变化情况基本相同；对定电压控制的换流阀，故障后直流电压下降速度小于不闭锁情况，电容放电时间延长，且故障后直流线路故障电流大于不闭锁情况。

对定功率控制和下垂控制的换流阀，故障后闭锁与不闭锁情况下交流侧注入电流没有较大差别；对定电压控制的换流阀，不闭锁情形下交流侧馈入电流大于闭锁情形，考虑到故障发生时电容器储存的电量相同，因此不闭锁情形下直流侧故障电流更高，电容放电时间也更长。

仿真结果表明发生极间短路故障后，故障电流上升迅速，对直流保护的快速性和故障电流开断能力具有较高的要求。

5.1.2 直流配用电系统在不同拓扑结构下故障特征

5.1.2.1 单端辐射状直流配电系统

对于单端辐射状直流配电系统，当换流阀出口发生极间短路故障时（见图 5-10），无论换流阀是否闭锁，故障电流经过电容放电阶段及交流侧电流馈入阶段后达到稳态，系统电压也会逐渐变为零，直至故障切除。由于整个系统只有一个供电点，在故障切除后、系统恢复供电之前，整个系统处于断电状态，系统供电可靠性比较低。另外，由于是单电源供电，因此只需考虑故障电流峰值、电流上升速率等故障特征量，无需考虑断路器得误动作，保护方案的设计也相对简单。

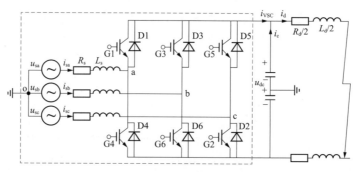

图 5-10　极间短路故障等效电路

基于 PSCAD/EMTDC 平台对双端柔性直流配电系统进行仿真分析。直流侧额定电压为 $\pm 10 \text{kV}$，换流阀电容为 $20000 \mu \text{F}$，换流阀电感为 0.02H，直流线路电阻与电感分别为 $0.13 \Omega / \text{km}$ 和 $0.00716 \text{H} / \text{km}$，线路长度为 10km。在距离换流阀 1km 处设置短路故障，故障在 2.0s 时刻发生，持续时间 0.1s。线路 1A 处的故障特征波形如图 5-11 和图 5-12 所示。

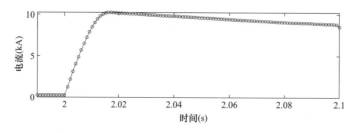

图 5-11　直流线路电流波形

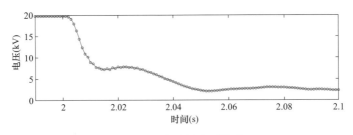

图 5-12　直流侧电压波形

5.1.2.2　双端"手拉手"直流配电系统

双端"手拉手"直流配电系统有两个换流站、两条出线，一般采用一端定直流电压控制、一端定有功功率控制。为维持系统电压的稳定，当定直流电压控制换流站发生故障，尤其是发生直流侧极间短路故障时，为了保证整个系统的电压稳定，需将定有功功率控制的换流站切换成定直流电压控制方式，因此系统必须具备故障的快速检测与定位能力，同时要保证故障信息能快速传递。

基于 PSCAD/EMTDC 平台搭建双端"手拉手"直流配电系统仿真模型，采用主从控制的运行控制方式，即两端换流器分别定直流电压控制和定有功功率控制，其故障回路如图 5-13 所示。

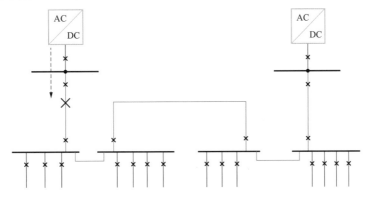

图 5-13　"手拉手"直流配电网故障回路

对双端柔性直流配电系统进行仿真分析。直流侧额定电压为 ±10kV，换流阀电容为 20000μF，换流阀电感为 0.02H，直流线路电阻与电感分别为 0.13Ω/km 和 0.00716H/km，线路长度为 10km。

设置系统在 2s 时刻发生极间短路故障，持续 0.1s，分别研究故障侧和非故障侧的直流线路电流、直流线路电流的微分以及交流侧线路电流等故障暂态量的波形，如图 5-14～图 5-16 所示。

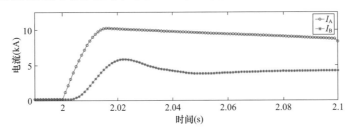

图 5-14　直流线路电流波形

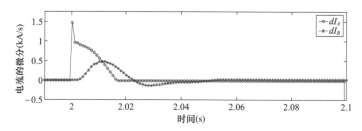

图 5-15　直流线路电流微分波形

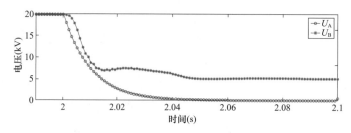

图 5-16　直流线路电压波形

由于故障点到非故障侧线路阻抗较大，因此非故障侧电流的幅值与上升速率均小于故障侧电流，这也与仿真结果相一致。

5.1.2.3　双端环状直流配电系统

相比于双端"手拉手"直流配电系统，由于其多了两条出线，组成了环状结构，其供电可靠性提高。然而，线路所安装的断路器等保护装置及保护难度增加了，对于故障识别、定位与切除的要求也提高了。当一侧换流站发生故障时，会影响整个环网的故障暂态量。

利用 PSCAD 仿真软件搭建双端环状直流配电系统模型，采用主从控制方式，其故障回路如图 5-17 所示。

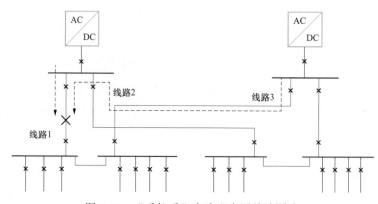

图 5-17　"手拉手"直流配电网故障回路

基于 PSCAD/EMTDC 平台对双端柔性直流配电系统进行仿真分析。直流侧额定电压为 ±10kV，换流阀电容为 20000μF，换流阀电感为 0.02H，直流线路电阻与电感分别为 0.13Ω/km 和 0.00716H/km，线路长度为 10km。

设置系统在 2s 时刻发生极间短路故障，持续 0.1s。直流线路电流、直流线路电流的微分等故障暂态量波形如图所示。图 5-18 中，I_1，I_2，I_3 分别表示图中换流站 1 直流侧出口处

线路 1、线路 2 和线路 3 的电流，I_4，I_5，I_6 分别表示图 5-18 中换流站 2 直流侧出口处线路 4、线路 5 和线路 6 的电流；图 5-19 中 dI_1，dI_2，dI_3 分别表示换流站 1 直流侧出口处线路 1、线路 2 和线路 3 的电流的一次微分，dI_4，dI_5，dI_6 分别表示换流站 2 直流侧出口处线路 4、线路 5 和线路 6 的电流的一次微分；U_1，U_2 分别表示换流站 1 和换流站 2 直流侧出口处电压。

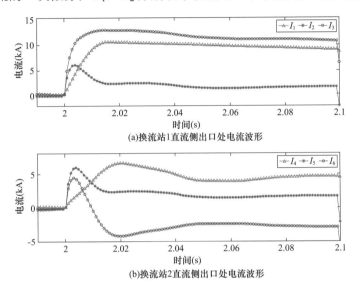

(a)换流站1直流侧出口处电流波形

(b)换流站2直流侧出口处电流波形

图 5-18　换流站直流侧出口处电流波形

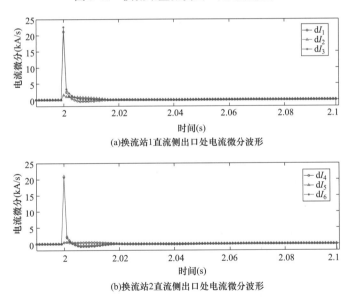

(a)换流站1直流侧出口处电流微分波形

(b)换流站2直流侧出口处电流微分波形

图 5-19　换流站直流侧出口处电流波形

　　其中，换流站 1 直流侧出口处电流满足 $I_3=I_1+I_2$，换流站 2 直流侧出口处电流满足 $I_5=I_4+I_6$，与仿真结果相一致。由于换流站 2 直流侧出口处距故障点间线路阻抗较大，因此电压下降幅值与电压下降速率较换流站 1 直流侧出口处更小，与仿真结果一致。

　　通过对直流配电系统不同拓扑结构下的故障机理和故障特征分析可知，单端辐射状直流

配电系统发生极间短路故障时的故障特征跟双端"手拉手"直流配电系统故障时的故障特征差别不大；双端环状直流配电系统发生极间短路故障时，故障处的故障电流明显高于单端辐射状直流配电系统和双端"手拉手"直流配电系统的故障电流。

5.1.3 直流配用电系统在不同接地方式下故障特征

5.1.3.1 交流侧经星形电抗接地

该种接地方式下发生交流侧单相接地故障时，交流侧电位参考点由 a 点变为 b 点，电位参考点的变化并不影响直流电压控制器的输出，因此直流正负极电压保持不变，但正负极电压会出现正弦波动。同时，由于电位参考的变化，交流侧电流会出现偏置，故障相电压降为零，非故障相的相电压上升至 1.732p.u.，即对故障相的线电压。当直流系统存在其他接地点时，会形成两条故障回路，与电抗接地点的故障回路①以及与直流系统接地点的故障零序回路②，从而产生零序电流与零序电压，因此正负极电压出现正弦波动，如图 5-20 所示。

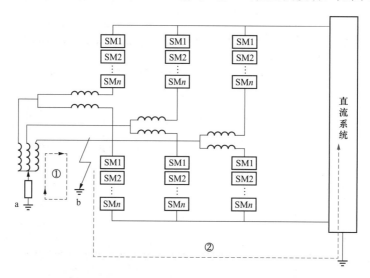

图 5-20　交流侧经星形电抗接地下单相接地故障示意图

图 5-21 为交流侧 c 相发生单相接地故障时交流侧电压及直流侧电压波形，故障发生时刻为 0.2s，持续 0.2s。可以看出，接地故障时，故障相的电压 E_{sc} 降为零，非故障相的电压 E_{sa}、E_{sb} 上升至原来的 1.732 倍，由于电位参考点的变化及零序回路的存在，正负极电压 U_{dc_p}、U_{dc_n} 出现正弦波动，但正负极间的直流电压 U_{dc} 保持不变。交流侧经星形电抗接地下的单相接地故障并不对系统的功率传输和直流电压造成影响。因此，该种接地故障可与重合闸配合，故障发生时断路器动作跳开，并保持换流器功率传输。此时进行重合闸操作，若为瞬时性故障，则重合闸成功；若为永久性故障，则重合闸失败，应闭锁换流器。由于变压器为 Yn/△ 接线方式，起到了故障隔离的作用。

5.1.3.2 交流侧经变压器中性点接地

交流侧经变压器中性点交流侧故障时的故障特性与交流侧通过星形电抗接地相似。如图 5-22 所示，交流侧发生单相接地故障发生时，直流系统电位参考点为故障接地点。交流侧故障相电压降为零，直流侧正负极的线电压 U_{dc_p}、U_{dc_n} 出现正弦波动，但极间电压 U_{dc} 保持不

变。因此，该种接地方式下变压器阀侧发生单相接地故障并不影响功率传输。若为瞬时性故障，在线路绝缘允许的情况下可保持功率正常传输。其故障仿真波形如图 5-23 所示，其仿真结果与电抗器接地方式相似，故不再分析。

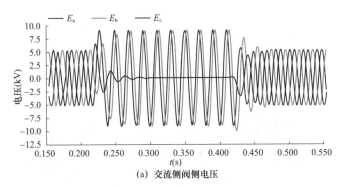

(a) 交流侧阀侧电压

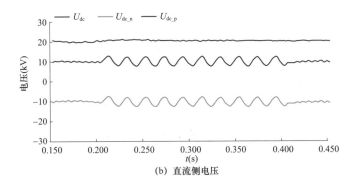

(b) 直流侧电压

图 5-21 单相接地故障波形图

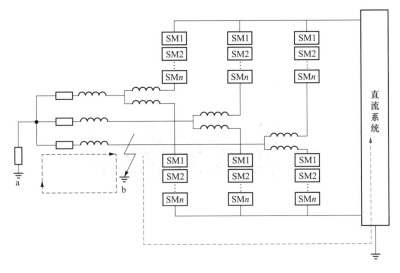

图 5-22 交流侧变压器经高阻接地下单相接地故障示意图

交流侧经电抗器接地方式下阀侧发生单相接地故障时，由于电抗器的限流作用，其故障点电流要小于交流侧经电阻接地方式，其故障仿真波形如图 5-24 所示。其中，第一种接地方

式为交流侧经 3 个 0.1H 单相电抗器及 100Ω接地电阻，第二种接地方式为交流侧变压器中性点经 1000Ω高阻接地。由仿真结果可以看出，第一种接地方式经电抗器与电阻接地，故障点电流得到了一定的限制，峰值电流要低于变压器中性点高阻接地。第一种接地电流峰值约为 200A，第二种接地电流峰值约为 150A，但两种接地方式下故障点电流总体来说差距不大。若继续增大电抗器组值，有可能造成设备成本的增加，同时电感值的增加可能造成 LR 回路过振荡过程，引起故障点电流的升高。

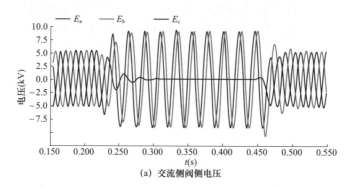

(a) 交流侧阀侧电压

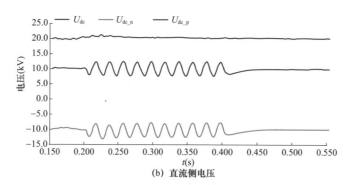

(b) 直流侧电压

图 5-23　单相接地故障波形图

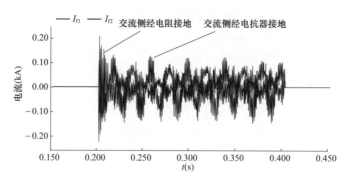

图 5-24　故障点接地电流

图 5-25 为阀侧故障时变压器中性点电流的变化，可以看出，交流侧故障只会在变压器中性点上产生很小的接地电流，因此，该种接地方式下交流侧故障无需考虑铁芯饱和造成直流偏磁的影响。

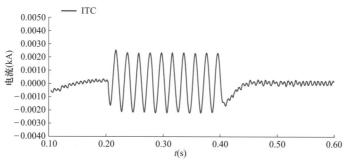

图 5-25 变压器中性点电流

5.1.3.3 直流侧钳位电阻接地

直流侧钳位电阻接地下交流侧发生单相接地故障的示意图如图 5-26 所示。当交流侧阀侧发生接地故障时，由于直流侧钳位电阻中点接地点的存在，交流侧与直流侧会构成零序电流通道。假设子模块开关频率无穷大，在电容电压理想均压效果下，任一时刻单个桥臂所有子模块电容电压均相同，并定义上、下桥臂的平均开关函数分别为

$$
\left.\begin{array}{l}
S_{\mathrm{pa}} = \dfrac{1 - M\sin(\omega t)}{2} \\[2mm]
S_{\mathrm{pb}} = \dfrac{1 - M\sin(\omega t - 2\pi/3)}{2} \\[2mm]
S_{\mathrm{pc}} = \dfrac{1 - M\sin(\omega t + 2\pi/3)}{2}
\end{array}\right\}
\tag{5-6}
$$

$$
\left.\begin{array}{l}
S_{\mathrm{na}} = \dfrac{1 + M\sin(\omega t)}{2} \\[2mm]
S_{\mathrm{nb}} = \dfrac{1 + M\sin(\omega t - 2\pi/3)}{2} \\[2mm]
S_{\mathrm{nc}} = \dfrac{1 + M\sin(\omega t + 2\pi/3)}{2}
\end{array}\right\}
\tag{5-7}
$$

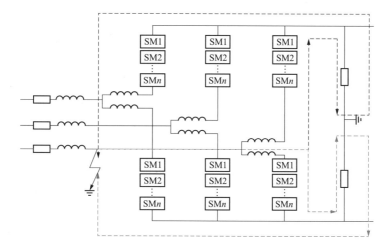

图 5-26 直流侧钳位电阻接地下交流侧单相接地故障示意图

式中：S_{pa}、S_{na}、S_{pb}、S_{nb}、S_{pc}、S_{nc} 分别为 a、b、c 三相下桥臂平均开关函数；M 为调制比。

根据 KVL，零序回路方程为

$$\left.\begin{array}{l} \dfrac{1}{2}RI_0 = NS_{pc}u_{pc} + L\dfrac{\mathrm{d}i_{pc}}{\mathrm{d}t} + u_{dcp} \\[3mm] \dfrac{1}{2}RI_0 = NS_{nc}u_{nc} + L\dfrac{\mathrm{d}i_{nc}}{\mathrm{d}t} + u_{dcn} \end{array}\right\} \tag{5-8}$$

各变量满足以下关系式：

$$\left.\begin{array}{l} N(S_{pc}u_{pc} + S_{nc}u_{nc}) = u_{dc} \\[2mm] u_{dcp} = +u_{dcn} = \dfrac{1}{2}u_{dc} \\[2mm] I_0 = i_{pc} + i_{nc} \end{array}\right\} \tag{5-9}$$

式中：R 为故障电阻；I_0 为故障电流；N 为子模块个数；u_{pc}、u_{nc}、i_{pc}、i_{nc} 分别为上、下桥臂电容电压、电流平均值；u_{dcp}、u_{dcn} 分别为正、负极直流母线对地电压。

联立方程组即可得到故障电流 I_0 表达式。由于存在零序回路与零序电压，在不平衡故障情况下零序故障电流在零序回路中流通，增加了系统损耗，同时降低了系统暂态稳定性。

该种接地方式下电压能否稳定则取决于钳位电阻的大小，故障下的工频零序电压由正、负极钳位电阻进行分压。当钳位电阻足够大时，工频零序电压的绝大部分加在钳位电阻两端，正、负极电容上的电压从而保持稳定，正、负极对地电压在故障消除后恢复平衡对称，系统快速恢复。图 5-27（a）是钳位电阻为 100Ω 时的故障仿真波形，钳位电阻较小时，直流侧电压不能保持稳定，出现下降，正负极对地电压下降并出现正弦波动，当钳位电阻增大至 1000Ω 时，直流侧电压能够保持稳定。

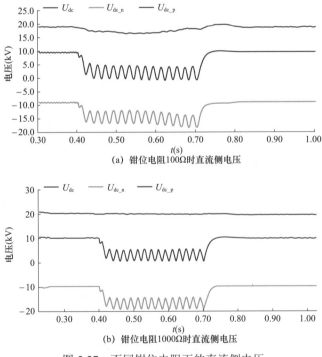

(a) 钳位电阻 100Ω 时直流侧电压

(b) 钳位电阻 1000Ω 时直流侧电压

图 5-27 不同钳位电阻下的直流侧电压

通过对直流配电系统不同接地方式下的故障机理和故障特征分析可知，直流配电系统按交直流侧接地点可分为交流侧联结变压器 Yn 型接地+星型电抗接地、交流侧联结变压器 Yn 接地+中性点接地电阻接地、交流侧不接地+直流钳位电阻接地。交流侧变压器阀侧处发生单相接地故障时，交流侧故障接地相电压降为零，非故障相上升，直流侧极间电压保持不变，对地电压出现正弦波动；第二种接地方式的故障电流略高于第一种接地方式，但受直流偏磁影响较小。对于直流钳位电阻接地，故障恢复受钳位电阻阻值影响，故障电流也均高于前两种接地方式。

5.2　中低压直流配用电系统故障限流方法

5.2.1　自适应直流限流器拓扑结构

直流故障限流器能够有效降低直流断路器的成本，也能够在一定程度上保证系统的稳定性。由于被动式限流电抗器对于直流系统影响较大，所需成本较高。在对电能质量要求越来越高的背景下，对于主动式的限流装置的需求越来越迫切。

在直流配电系统中，在发生故障后可能会引起换流器的闭锁，但换流器的闭锁判据是子模块中 IGBT 器件承受短路电流的能力，而对于直流故障限流器，其不同于换流器闭锁，主要用于直流线路故障时对故障电流进行限制。一般情况下，直流限流器与直流断路器共同作用于直流线路的保护。使用直流限流器既要考虑线路保护，还要考虑直流断路器的关断能力，以便能更快地隔离故障。

直流限流器动作需要满足保护设备的启动信号、区内故障信号以及超出断路器遮蔽容量的判断信号。当故障等级不超出断路器的遮蔽容量时，限流器不需要动作，以减少对系统的影响。

根据上述情况，设计改良后的直流限流器拓扑结构如图 5-28 所示。图中，U_{dc} 为直流电源；L_0 为线路电抗；R_0 为线路阻抗；L1 为限流电抗器；C1、C2 在故障限流时发挥关断晶闸管作用，因此称之为关断电容；T11、T12、T21、T22、T4～T7 为限流晶闸管；TC、TC1、TC2 为充电晶闸管；R_L 为负载。

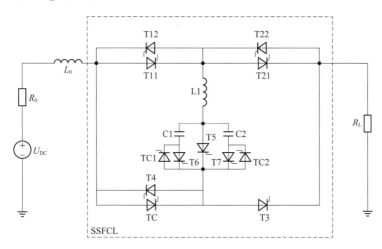

图 5-28　改进后限流器的拓扑结构

改进后直流限流器的工作原理如下：在正常工作之前，通过 TC、TC1、TC2 给 C1、C2 预充电，电容初始电压极性为上负下正。正常工作时，以正向电流流向为例，T11、T21 导通，线路正常工作。当发生短路故障后，给 T3、T6 施加导通信号，并同时持续触发 T5，流过 T21 的电流在 C1 的反向电压下逐渐减小。当减小至 0 时，即 T21 完全关断时，电容 C1 与 L1 串入故障回路，电容 C1 仍有剩余电压，C1 继续放电。当电容电压为 0 时，失去对 T5 的钳位作用，T_5 导通，限流电抗器串入故障回路中，限流器投入使用。

为了实现反向限流功能，增加了 T12、T22 和 T4，在电流反向时，使用 T12、T22 和 T4 作为功率器件，重复上述过程就可以在电流反向时实现限流功能。

为了更加清晰地说明自动退出功能的原理，下面以电流正向为例进行说明。

退出阶段可以分为四个阶段，具体退出过程如下：

第一阶段（$t_4 \sim t_5$）：当故障消除后，给 T7、T21 施加导通信号，并保证 T21 的导导通脉冲时间足够长，T5 在 C5 的反向电压下关断，这一阶段限流器电流路径如图 5-29（a）所示，电流流经限流器的途径为 T11→L1→C2→T7→T4，在 T5 支路中仍有逐渐减小的电流。这一阶段 $i_L=i_{C2}+i_5=i_3=i=i_1$，电容 C2 开始放电。

第二阶段（t_5-t_6）：T5 关断后，电容 C2 继续放电，这一阶段限流器电流路径如图 5-29（b）所示，电流流经限流器的途径为 T11→L1→C2→T7-T4。这一阶段 $i_L=i_{C2}=i_3=i=i_1$，电容 C2 在上一阶段未完全放电，T21 仍无法导通。

第三阶段（$t_6 \sim t_7$）：电容 C2 放电至零后继续充电，使其具有上正下负的电压，T3 逐渐关断，T21 导通。这一阶段限流器电流路径如图 5-29（c）所示，电流流经限流器的途径为 T11→T21，T11→L1→C2→T7→T4 支路中仍有逐渐减小的电流。这一阶段 $i_L=i_{C2}=i_3=i=i_1-i_2$，电容

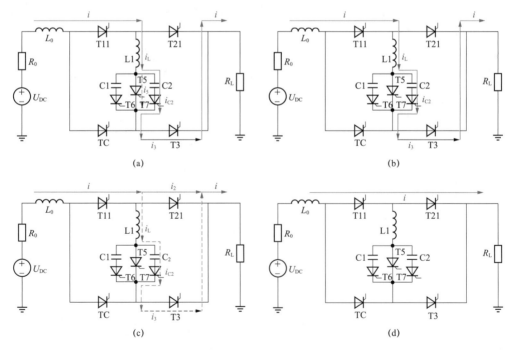

图 5-29　限流器自动退出过程

C2 反向充电,使其两端电压为上正下负,此阶段 T21 承受正向电压导通。而 T3 则承受反向电压逐渐关断。

第四阶段(t_7之后):T3 完全关断,T21 导通,限流器退出使用。这一阶段限流器电流路径如图 5-29(d)所示,电流流经限流器的途径为 T11→T21。改进后的限流器通过增加退出电容 C2 使得限流器具备在故障消失后的自动恢复功能。

由于在故障消失后才使用退出电容 C2,因此对其要求较低,可以采用溶质较低的电容。为了自充电方便,和关断电容 C1 同时充电。根据对退出功能的说明,各功率器件的触发脉冲顺序如图 5-30 所示。

根据上述分析,可以得到改进后的限流器的限流过程和退出过程波形图,如图 5-31 所示。

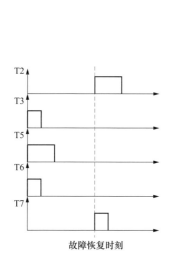

图 5-30　故障限流器触发脉冲

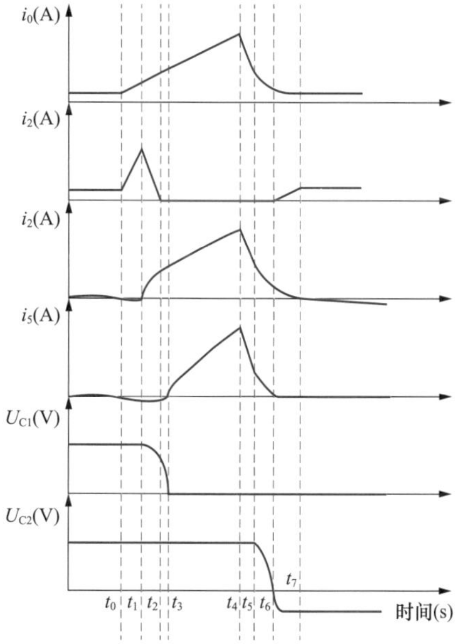

图 5-31　限流器限流过程和退出过程波形图

对限流器进行仿真验证,仿真参数为:直流电源电压 U_{dc}=10kV,线路阻抗 R_0=1Ω、感抗 L_0=10mH,负载 R_L=100Ω,限流电抗 L_1=3.5mH,电容 C_1=15μF,C_2=4μF,第二级中电容 C_3=35μF、C_4=4μF,限流电抗 L_2=8mH,0.3s 时刻发生故障。

改进后的限流器的单级限流仿真结果如图 5-32 所示,在短路故障发生 3ms 后测量短路电流大小,可以看到,使用限流器时故障电流从未使用限流器的 2665.28A 下降

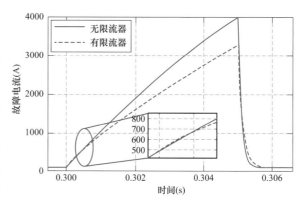

图 5-32　单级限流器的限流效果图

至 2191.15A,下降幅度为 17.8%,限流效果达到设计要求。

其中关键器件的限流波形如图 5-33 所示。由图 5-33 可以看出,在直流系统短路故障发

生后，T6 导通，T21 在关断电容电压的作用下关断。电流 i_6 增大，i_2 逐渐减小，当 i_2 下降至 0 时，$i=i_6$。此时关断电容并未放电结束，当电容放电结束后，T5 导通，限流器过渡过程结束，限流电抗器完全投入故障回路。当故障清除后限流器准备退出时，T7 导通，T5 在 C2 的反向电压作用下关断；电容开始放电，并开始反向充电，使电压变为上正下负，T3 在其反向电压下逐渐关断；当流经限流回路的电流下降至 0 后，T21 重新导通，限流器退出使用。

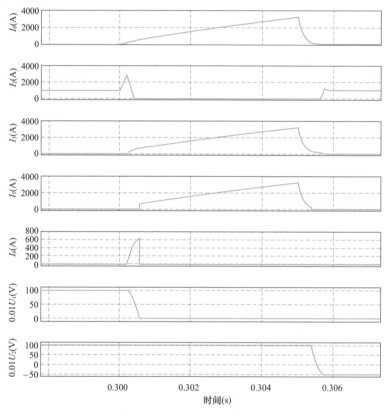

图 5-33　关键器件波形图

扩展级联后的双级限流器的限流仿真结果如图 5-34 所示。可以看出，限流器可在故障电

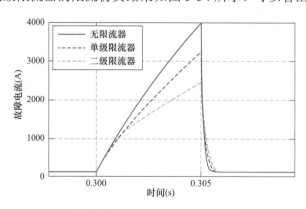

图 5-34　多级限流器的限流效果

流为 300A 时启动第一级限流，在故障电流为 600A 时启动第二级限流。以 3ms 为评判标准，系统的故障电流在二级限流的情况下下降至 1775.54A，相较于无限流器时下降幅度为 33.4%，较单级限流器下降了 19.0%。

5.2.2 自适应限流方法

改进后的限流器具备自适应限流的功能，即可通过多级扩展实现自适应限流能力，从而根据故障电流的大小投入使用不同数量的限流电抗器。主要通过反并联限流器的单级结构实现，具体的自适应限流方案如图 5-35 所示。

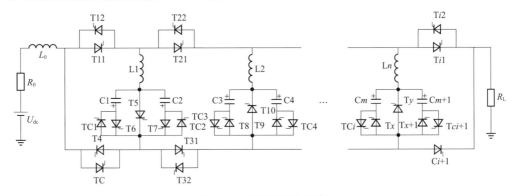

图 5-35　自适应限流方案

使用自适应限流可以更快地将更多的限流电抗器投入使用。将 10mH 的限流电抗器分为 6mH 和 4mH 电抗器，将 4mH 的电抗器放入主动式限流器中，对其限流效果和投入时间进行研究。图 5-36 所示为主动式限流电抗器在可靠使用的同时关断电容放电的过程，可见 4mH 的限流电抗器投入使用的时间为 535μs。

这是仅使用单级限流器的投入使用的过程，为了使限流器可以更迅速地投入使用，可以通过自适应限流方法。可以使用两

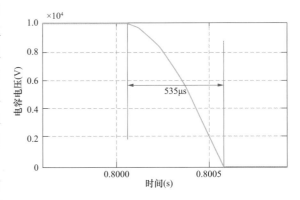

图 5-36　4mH 主动限流器关断电容放电过程

级限流器，即将限流器拆分为 6mH 的限流电抗器和两个 2mH 的在主动限流器中的电抗器，图 5-37 所示分别为两级限流器投入使用过程中，两级关断电容的关断过程。

图 5-37（a）为第一级关断电容放电时间，即第一级限流器投入时间为 100μs，图 5-37（b）为第二级关断电容放电时间，即第二级限流器投入时间为 121μs，相比于单级的限流器二级的自适应限流器可以更加迅速地将限流电抗器投入故障回路中，并且可以根据故障等级的大小，决定投入限流器数量。这样，既减少了限流器投入的时间，也降低了对系统的影响。

若将限流器分为 6mH 的限流器电抗器和 4 个 1mH 的主动式四级限流器，则限流器投入时间将会进一步降低。图 5-38（a）为第一级限流器中关断电容放电过程，即第一级限流器电抗器投入时间为 34μs；图 5-38（b）、（c）、（d）分别为第二、三、四级关断电容放电过程，

可以看出第 2、3、4 级限流器投入使用的时间分别为 49μs、61μs、58μs。

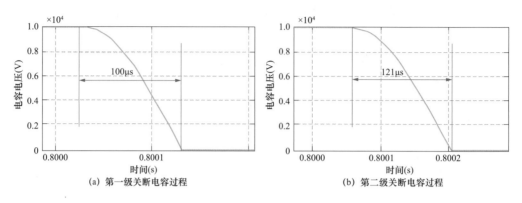

图 5-37　2mH 两级限流器关断电容放电过程

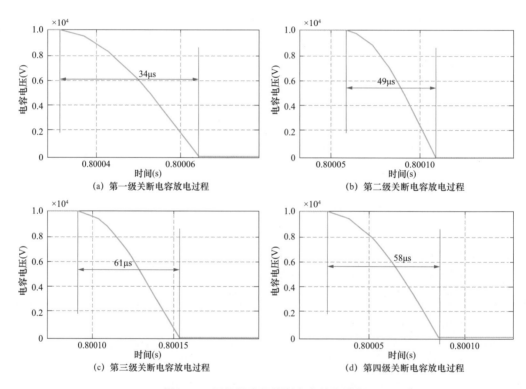

图 5-38　四级限流器关断电容放电过程

图 5-39 为不同级数限流器的限流效果。可以看出单级限流器可以在线路中电抗器相同的情况下，故障电流在 2ms 后从 3483.33A 下降至 2435.34A；使用二级限流器时，故障电流在 2ms 后从 3483.33A 下降至 2244.96A；而四级限流器使故障电流在发生故障 2ms 后从 3483.33A 下降至 2218.63A。因此随着使用级数的增加，限流效果更好。

综上所述，限流器在加入自适应限流方法后，在减小线路中电抗器对系统的影响的同时，可以使在主动式限流器中的限流电抗器更加迅速地投入使用；并且在电抗器对系统影响一致的前提下，增加自适应限流的级数，增加主动式的自适应限流器可以达到更好地限流效果。

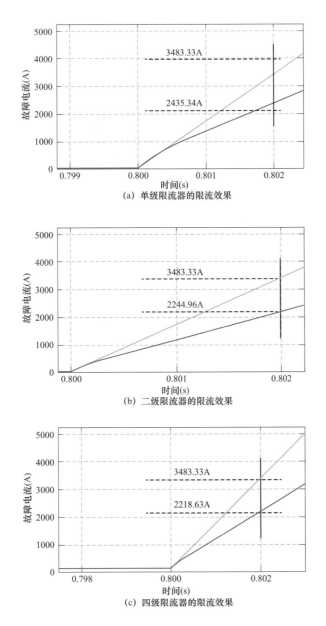

图 5-39 不同级数限流器的限流效果

5.2.3 直流配电系统限流电抗器的优化配置

为限制直流线路故障电流，必须在直流侧出口处安装限流电抗器，为限制续流二极管的电流，可在交流侧出口处加限流电抗器。限流电抗器的电抗值越大，对故障电流的抑制效果越好，但是电抗过大会造成系统启动时间过长，引起系统电压振荡，控制响应速度变慢，建设成本增加。另外，限流电抗器自身存在电阻，会引起系统功率损耗，因此必须在保证限流能力的前提下，对限流电抗器的参数进行优化配置。本节基于成本和限流能力建立了数学优化模型，并对限流电抗器的参数进行优化配置。

5.2.3.1 数学优化模型

（1）目标函数

为减小系统的投资成本和运行成本，将限流电抗器的投资成本和运行时所产生的功率损耗成本之和作为优化的目标函数，表达式为

$$\min f = g_1 + g_2 \tag{5-10}$$

$$g_1 = N_A k_1 L_A + N_B k_1 L_B \tag{5-11}$$

$$g_2 = k_{c,ele} T k_R (N_A L_A I_{dc}^2 + N_B L_B I_a^2) \tag{5-12}$$

式中：g_1、g_2 分别为电抗器投资成本及电抗器自身电阻所产生的功率损耗成本；L_A、L_B 分别为 A、B 处电抗器的设计容量，可以为 0，mH；N_A、N_B 分别为在 A、B 处电抗器的个数，取值分别为 3、2；k_1 为电抗器的投资成本，元/mH；i_a、i_{dc} 分别为交流侧相电流和直流侧线电流，A；T 为运行周期，h；$k_{c,ele}$ 为单位网损电量的成本；k_r 为单位电感的电阻值，Ω/mH。

（2）约束条件

为保证系统在故障后仍能正常运行，限流电抗器需满足交流线路、直流线路、直流断路器、续流二极管、系统电压五个方面的约束。

为保证直流线路不被烧毁，需满足直流线路电流约束为：

$$I_{dc} \leqslant I_{dc,max} \tag{5-13}$$

式中：I_{dc} 为直流线路电流，$I_{dc,max}$ 为直流线路的最大允许电流。

为保证直流断路器能正常工作，需满足直流断路器开断电流容量及故障电流上升速率约束：

$$\left. \begin{array}{l} I_{dc} \leqslant I_{bk,max} \\ \dfrac{dI_{dc}}{dt} \leqslant I'_{bk,max} \end{array} \right\} \tag{5-14}$$

式中：$I_{bk,max}$ 为直流断路器开断电流上限；$I'_{bk,max}$ 为直流断路器承受的最大电流变化率。

为保证交流线路不被烧毁，需满足交流线路电流约束：

$$I_{ac} \leqslant I_{ac,max} \tag{5-15}$$

式中：I_{ac} 为交流侧线路电流；$I_{ac,max}$ 为交流线路的最大允许电流。

为保证续流二极管正常工作，需满足二极管电流约束：

$$|I_{dv}| \leqslant |I_{dv,max}| \tag{5-16}$$

式中：I_{dv} 为通过续流二极管的电流；$I_{dv,max}$ 为续流二极管通过电流上限。

为保证安装电容器后系统正常运行时电压的稳定性，需满足直流侧电压波动约束：

$$0.9 U_{dcN} \leqslant U_{dc} \leqslant 1.1 U_{dcN} \tag{5-17}$$

式中：U_{dc} 为直流线路电压；U_{dcN} 为系统额定电压。

综上，约束条件为：

$$\text{s.t.}\begin{cases} I_{\text{dc}} \leqslant I_{\text{dc,max}} \\ I_{\text{dc}} \leqslant I_{\text{bk,max}} \\ \dfrac{\text{d}I_{\text{dc}}}{\text{d}t} \leqslant I'_{\text{bk,max}} \\ I_{\text{ac}} \leqslant I_{\text{ac,max}} \\ |I_{\text{dv}}| \leqslant |I_{\text{dv,max}}| \\ 0.9U_{\text{dcN}} \leqslant U_{\text{dc}} \leqslant 1.1U_{\text{dcN}} \end{cases} \tag{5-18}$$

5.2.3.2　优化方法

本书依据所建立的数学优化模型，利用 PSCAD/EMTDC 仿真软件的逻辑元件，建立对应的优化模型，并利用 Optimum Run 模块自带的遗传算法进行优化，选择操作采用精英保留策略，同时采用单点交叉和基本位变异方法。

5.2.3.3　仿真分析

采用电压等级为±10kV、开断容量为 6kA、开断时间为 2ms、承受最大电流变化率为 3.5kA/ms 的直流断路器，考虑断路器开断的电流值，预留一定裕度，设置断路器最大短路电流为 5kA，即 $I_{\text{bk,max}}=5\text{kA}$，为保证断路器能正常开断直流侧故障电流，取 $I_{\text{bk,max}}=I_{\text{ac,max}}$；为提高优化结果的可靠性，对于二极管电流峰值及交流侧电流峰值保留 10%的裕度，取 $I_{\text{dv,max}}=3\text{kA}$、$I_{\text{ac,max}}=3\text{kA}$；对于 2mH 的电感，其电阻 18.9mΩ，因此 $k_R=0.00945\Omega/\text{mH}$；根据限流电抗器的市场价格，设置 $k_l=1560$；电价取 $k_{\text{c,ele}}=0.725$ 元/kwh；设定电抗器的运行周期为 5 年，即 $T=43800\text{h}$；遗传算法中设置种群数量为 100，精英数量为 10，变异率为 5%，迭代 1000 次。由于故障电流的切除时间会影响限流电抗器参数的选取，因此设定系统在 1s 时刻发生故障，故障持续时间分别为 10、20、50ms，电抗器参数优化结果如表 5-1 所示。

表 5-1　　　　　　　　　　　电抗器参数优化结果

故障持续时间（ms）		10	20	50
A 处电抗器参数	容量（mH）	7.8	21.4	32.3
	网损（kW）	5.90	16.36	27.43
B 处电抗器参数	容量（mH）	5.1	5.8	8.1
	网损（kW）	1.29	1.55	2.31
成本（万元）		27.626	68.573	105.667

由表 5-1 可知，故障持续时间会影响限流电抗器参数的配置，故障持续时间越小，所需限流电抗器的电抗值越小，系统网损越小。如果能在故障电流达到峰值前切除故障，可大幅度减小电抗器的配置成本和系统运行成本。根据优化结果进行限流电抗器配置，配置限流电抗器的直流侧电流、续流二极管电流及交流侧电流波形如图 5-40 所示。

由图 5-40 可知，直流侧故障电流峰值已从 10.5kA 降低到 5kA，电流上升速率为 0.25kA/ms，续流二极管的故障电流峰值从近 8.6kA 降低到 3kA 以下，交流侧故障电流峰值从 8kA 降低到 3kA 以下，因此该方案满足优化模型约束条件。

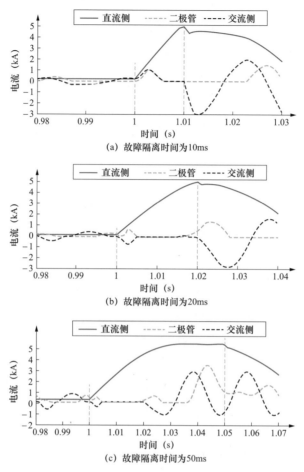

(a) 故障隔离时间为10ms

(b) 故障隔离时间为20ms

(c) 故障隔离时间为50ms

图 5-40　优化配置电抗器后的故障电流波形

5.3　中低压直流配用电系统故障自愈技术

5.3.1　系统保护架构

5.3.1.1　保护配置原则

考虑到电力电子设备的脆弱特性及直流配用电工程拓扑结构的复杂性，交流线路、直流线路等被保护设备的运行状态和故障特性不尽相同，对保护的快速性和选择性都有较高的要求，具体如下：

（1）继电保护应满足可靠性、选择性、灵敏性和速动性的要求，中压直流保护支持 GOOSE 通信功能。

（2）继电保护应能反应被保护设备或线路的各种故障及异常状态，并能动作于跳闸或给出信号。

（3）直流线路配置的保护应能反映单极接地故障、极间短路故障、过流故障。

（4）中压侧故障发生后，通过通信组网方式，能实现故障区的快速隔离与非故障区域的快速恢复供电。

（5）采用分列运行方式，一个换流站故障或者检修时，另外一个换流站带负荷运行。

（6）AC/CD 换流阀、DC/DC 直流变压器保护应考虑设备本体的承受能力，必须保证在任何运行工况下其所保护的每一设备或区域都能得到正确保护，任一单元故障都不应造成保护误动作。

（7）直流保护装置的性能要求：线路差动保护在 5ms 内识别故障；母差保护在 2ms 内识别故障。

5.3.1.2 保护配置分区

以苏州吴江中低压直流配用电系统示范工程为例，将直流配用电系统分为交流保护区、直流保护区、负荷保护区和装置级保护区。四个保护区均由主保护和后备保护构成，各区之间逻辑时间互相配合且实现主后备保护装置一体化。同时，直流母线发生故障时，保护装置与控制能协调配合以实现供电的快速恢复。示范工程保护分区如图 5-41 所示。

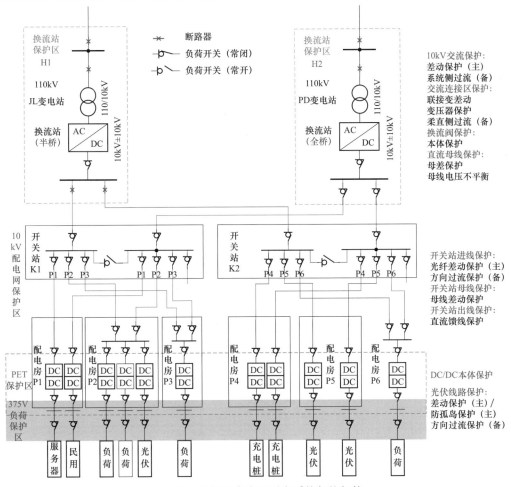

图 5-41　中低压直流配用电系统保护架构

对交流保护区，将差动保护作为交流线路主保护、过流保护作为后备保护，配备连接变压器保护和换流阀保护。对 10kV 直流保护区，将光纤差动保护作为直流母线主保护、方向过流保护作为后备保护，开关站出线配备直流馈线保护。对直流变压器保护区，配备直流变压器本体保护；

对负荷保护区，将差动保护作为线路主保护、过流保护作为后备保护，光伏配备防孤岛保护。

除此之外，对低压侧用电保护区，根据低压电网辐射状拓扑特点，基于简单可靠的故障保护思路，利用电力电子变压器的低电压穿越（简称低穿）能力和开关过流脱扣特性构造低压直流配电网的故障保护方案。

5.3.1.3　通信网络

（1）直流线路差动保护之间用专用光纤通信，参见图 5-42 中的黄色线路。

（2）全桥换流器、半桥换流器、DC/DC、母线保护、线路差动保护、故障恢复系统之间构建双 GOOSE 网用以相互之间的通信，参见图 5-42 中的绿色网络。

（3）全桥换流器、半桥换流器、DC/DC、母线保护、线路差动保护、故障恢复系统之间构建单 MMS 网用以和远动装置之间的通信。

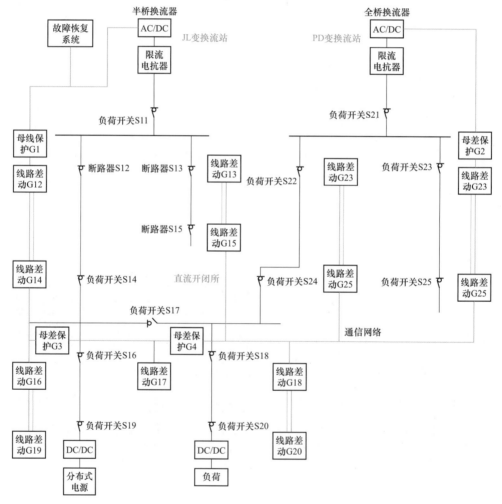

图 5-42　中压直流配电网保护及通信配置示意图

5.3.1.4　保护原理

（1）双极短路

双极短路时，半桥端出口断路器过流保护跳开断路器以切除故障，然后再由差动保护隔

离故障；全桥端先由换流器限流或闭锁，然后再由差动保护隔离故障。

（2）单极短路

系统中压侧选用伪双极运行方式时，单机故障电流相对较小，可采用中电阻接地方式进行故障定位与隔离，具体方法如下：

单极接地时，另外一级电压上升，直流侧故障电流从故障点流入接地电阻，再通过交流系统流入直流侧，并通过差动保护进行故障隔离。接地电流不超过连接变压器的耐受电流，并需保证差动保护的灵敏度。

差动保护跳负荷开关时，负荷开关采用短延时+非过流方式跳闸，可以实现负荷开关在截断电流能力范围内断开故障。

5.3.2　多设备协同定位、阻断、恢复一体化故障自愈策略

中压直流配电网中直流设备故障后会逐级软启动，从而导致供电恢复时间长。采用"前加速"保护控制策略，可实现全网单极故障不停电，双极故障百毫秒自愈，重要负荷不间断供电。

5.3.2.1　双极短路故障

发生中压电网双极短路故障后，换流阀闭锁并采用故障穿越控制策略，差动保护实现故障定位后，开关实现故障隔离，换流阀收到故障成功隔离信号后采用故障恢复控制策略重新建立直流侧电压，总体原则如下：

a．半桥端：换流器短时闭锁，先由直流断路器过流切除故障，再由差动保护跳开负荷开关隔离故障。

b．全桥端：先由全桥换流器限流（或者闭锁）再由差动保护隔离故障。

c．DC/DC：故障发生时，DC/DC需要闭锁（双极短路发生时，DC/DC内部模块电容将经短路点放电，DC/DC设备必须尽快闭锁，切断放电回路，保持模块电压。等故障点清除后，DCDC设备根据系统命令解锁重启）。

以苏州吴江中低压直流配用电系统示范工程系统合环运行情况为例，阐述双极短路故障下多设备协同定位、阻断、恢复时序及动作逻辑配置，如图5-43所示。各设备保护动作逻辑配置如下：

（1）第一步切除故障

1）半桥端换流器：线路出口处的直流断路器通过过流保护直接跳开直流断路器，切除故障；

2）全桥端换流器：全桥侧不配置出口断路器，发生故障3ms后快速将电压限制为零或闭锁；

3）DC/DC：在发生双极短路故障时DC/DC闭锁，并将闭锁信息发给故障恢复系统。

（2）第二步故障隔离

1）半桥换流器出口至母线出线直流断路器线路故障由交流断路器动作进行隔离；

2）环网电缆故障由线路差动保护动作跳开负荷开关，隔离故障；

3）K1、K2间隔母线故障，由直流母差保护动作隔离故障；

4）P1、P2、P3、P4、P5、P6馈线故障，由线路差动保护动作隔离故障；

5）故障隔离后，执行故障隔离的直流保护将故障隔离成功的信息发送给故障恢复系统。

（3）第三步故障恢复

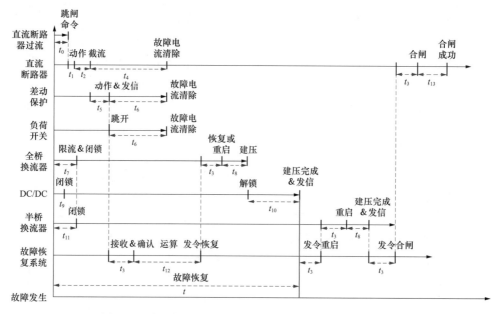

图 5-43　中压侧合环运行时双极短路故障隔离及恢复时序

1）故障恢复系统向全桥换流器发令恢复极间电压；

2）中压电网极间电压恢复后，DC/DC 重启，建立低压侧极间电压；

3）DC/DC 正常向负荷端供电；（此时供电恢复，先开环运行，由全桥换流器供电）；

4）故障恢复系统发令给半桥端换流器重启；

5）半桥换流器建立正常极间电压后，故障恢复系统发令给直流断路器合上开关，半桥端恢复供电，合环运行模式正常运行。

5.3.2.2　单极短路故障

发生中压电网单极短路故障后，通过差动保护实现故障快速定位，利用负荷开关实现故障隔离，换流阀、DC/DC 变换设备不闭锁运行，实现全网单极故障不停电，总体原则如下：

a. 充分利用负荷开关的开断能力，直接隔离故障；

b. 半桥换流器不闭锁；

c. 全桥换流器不限流；

d. DC/DC 不闭锁（单极短路发生时，非故障极电位抬升为 2 倍的额定电压，但是几乎无故障电流应力，所以 DC/DC 设备可以不闭锁运行，需要 DC/DC 设备对地能够耐受短时的 2 倍额定过电压）。

以苏州吴江中低压直流配用电系统示范工程系统工况为例，阐述单极短路故障下多设备协同定位、阻断、恢复时序以及动作逻辑配置，如图 5-44 所示。保护动作逻辑配置如下：

a. 故障发生后，由于接地电流较小，整个系统还能正常运行一段时间；

b. 发生单极接地故障时，差动保护直接跳负荷开关隔离故障，负荷开关采用短延时+非过流方式跳闸；

c. 故障隔离后，整个系统还在正常运行，供电恢复。

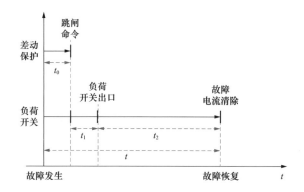

图 5-44 中压侧合环运行时双极短路故障隔离及恢复时序

5.3.3 基于横向不平衡电流的单极接地故障检测方法

伪双极直流配电网的接地方式通常采用经高阻接地，使得伪双极直流配电网单极接地故障电流极小，故障区域的判断和定位十分困难。针对上述问题，本节提出了基于横向不平衡电流的单极接地故障检测方法，利用单极接地故障时正负极之间产生的横向不平衡电流，对故障的区域进行定位和识别，进而完成故障区段的隔离，为系统的快速恢复提供条件。

5.3.3.1 横向不平衡电流保护原理

当母线发生单极接地故障时，电源进线上的保护装置会检测到较大的横向不平衡电流，同母线上的其他保护装置则不会检测到横向不平衡电流，保护装置上的横向不平衡电流保护装置判断故障为母线故障，跳开本间隔及同母线上所有间隔开关以实现故障的快速隔离；若同母线上任一间隔保护检测到横向不平衡电流，电源进线上的保护装置则判断该故障为区外故障。

当线路发生单极接地故障时，馈出线上的保护装置会检测到较大的横向不平衡电流，同线路对侧保护装置则不会检测到横向不平衡电流，保护装置上的横向不平衡电流保护装置判断故障为线路故障，跳开本间隔及对侧间隔开关实现故障的快速隔离；若线路对侧保护装置检测到横向不平衡电流，馈出线上的保护装置则判断该故障为区外故障。

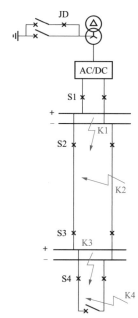

5.3.3.2 横向不平衡电流保护动作分析

横向不平衡电流保护示意图如图 5-45 所示。

（1）母线发生单极接地故障 K1

断路器 S1 横向不平衡电流保护动作，跳开 S1，同时联跳断路器 S2。该点故障时，S1 检测到横向不平衡电流，S2 未检测到横向不平衡电流；S1 保护装置判断所在母线为故障母线；S1 保护装置的横向不平衡保护动作。

（2）联络线发生单极接地故障 K2

断路器 S2 横向不平衡电流保护动作，跳开 S2，同时联跳断路器 S3。该点故障时，S2 检测到横向不平衡电流，S3 未检测到横向不平衡电流；S2 保护装置判断所在线路为故障线路；S2 保护装置到横向不平衡保护

图 5-45 横向不平衡电流保护示意图

动作。该点故障时，S1、S2 均检测到横向不平衡电流，S1 保护装置的横向不平衡保护被 S2 闭锁。

（3）母线发生单极接地故障 K3

断路器 S3 横向不平衡电流保护动作，跳开 S3，同时联跳断路器 S4。该点故障时，S3 检测到横向不平衡电流，S4 未检测到横向不平衡电流；S3 保护装置判断所在母线为故障母线；S3 保护装置到横向不平衡保护动作。该点故障时，S1、S2、S3 均检测到横向不平衡电流；S1 保护装置的横向不平衡保护被 S2 闭锁；S2 保护装置的横向不平衡保护被 S3 闭锁。

（4）馈线发生单极接地故障 K4

断路器 S4 横向不平衡电流保护动作，跳开 S4。该点故障时，S4 检测到横向不平衡电流；S4 保护装置判断所在馈线为故障馈线；S4 保护装置到横向不平衡保护动作。该点故障时，S1、S2、S3、S4 均检测到横向不平衡电流；S1 保护装置的横向不平衡保护被 S2 闭锁；S2 保护装置的横向不平衡保护被 S3 闭锁；S3 保护装置的横向不平衡保护被 S4 闭锁。

5.3.4 基于故障限流与低压开关级差配合的故障恢复及自愈技术

5.3.4.1 故障隔离与故障恢复方式

基于简单可靠的故障保护思路，根据低压电网辐射状拓扑特点，可利用电力电子变压器的低穿能力和开关过流脱扣特性来构造低压直流配电网故障保护方案，具体配置如图 5-46 所示。

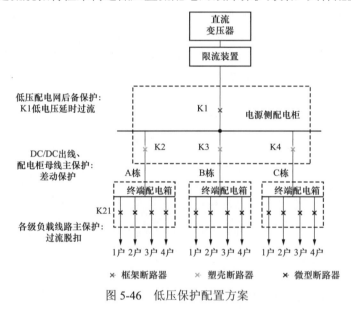

图 5-46　低压保护配置方案

图 5-47 中，低压侧在直流变压器出口配置限流装置以限制故障电流略高于额定电流。对于终端用户故障，利用辐射状低压直流配电网正常运行时负荷支路的分流特性，以及故障时故障支路流过同一故障电流的特性，在各级配电箱出线处配置带定值和时延级差的过流保护以实现上下级保护的选择性。对于直流变压器出线侧故障，采用差动保护作为主保护。全网的后备保护为直流变压器出线侧的低电压过流保护。故障清除后，通过检测限流装置，电流恢复至额定值附近，切换回正常运行模式可实现故障恢复。具体保护动作时序如下：

a. DC/DC：故障发生后，DC/DC 能够持续不小于 40ms 提供 1.2p.u.短路电流；

b. 馈线开关具有 3～5p.u.过流 20ms 跳开的能力；

c. 低穿结束，DC/DC 重启。

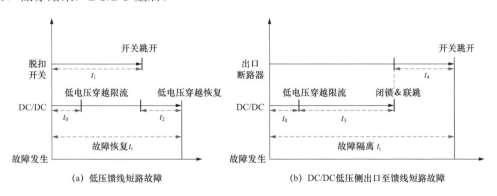

(a) 低压馈线短路故障　　　　　(b) DC/DC低压侧出口至馈线短路故障

图 5-47　低压侧短路故障隔离及恢复时序

5.3.4.2　直流变压器限流配置

直流变压器正常工作模式下为电压源，稳定输出额定 750V 或 375V 电压。

直流变压器在发生低压侧短路故障后，为保持不闭锁运行，同时提供故障特征，可通过限流器限制故障电流为额定电流的 1.15～1.35p.u.。综合考虑分级保护动作特性及限流器耐受能力，直流变压器的限流时间选定为 150ms。2MW 直流变压器故障限流波形如图 5-48 所示。

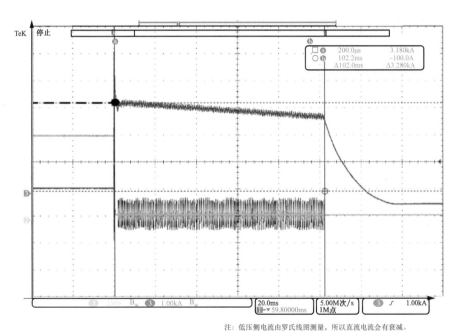

注：低压侧电流由罗氏线圈测量，所以直流电流会有衰减。

图 5-48　2MW 直流变压器故障限流波形

5.3.4.3　低压馈线开关配置

直流配电房低压馈线开关配置塑壳断路器，馈线开关采用热磁脱扣，如图 5-49 所示。通

过极差配合实现分级跳闸，其特性为：在小于 1.05p.u.电流时，开关不动作；在 1.05～1.3p.u.电流时，开关为反时限特性，动作时间较长；在大于 1.3p.u.电流时，开关在 2h 内动作；在 3p.u.电流、5p.u.电流时，开关动作时间为 25～30ms。

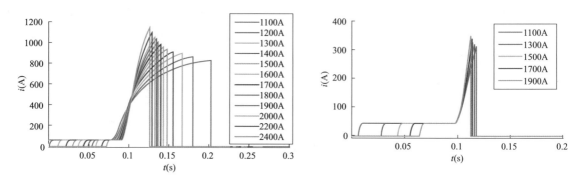

图 5-49　低压直流开关之间通过级差配合实现分级跳闸

塑壳断路器（额定电流 100、125、200、250、400、630A）和微型断路器（额定电流 10、16、25、40、63A）的选择性配合电流值如表 5-2 和表 5-3 所示。

表 5-2　　　　　　　　　　　　1MW 直流变压器下级差配合表

选择性限制电流（A）			上级断路器电流（A）							
			微型断路器		塑壳断路器					
			40	63	100	125	200	250	400	630
下级断路器电流（A）	微型断路器	10	280	420	2500	2500	10000	10000	10000	10000
		16	280	420	2000	2000	8000	8000	10000	10000
		25			2000	2000	6000	6000	10000	10000
		40				1600	5000	5000	8000	10000
		63					5000	5000	8000	10000
	塑壳断路器	100						1600	1600	3000
		125						1600	1600	3000
		200							1600	3000
		250							1600	3000
		400								3000

注　当短路电流在上述灰色方格预期短路电流值以内时，能够满足对应上下级选择性保护配合的要求，根据断路器的安秒特性曲线分析，上述试验要求表格中灰色部分选择性限制电流，1600A 以内都能够实现选择性。

说明：

1MW 系统中,微型断路器与微型断路器因脱扣机构类似,动作时间接近,一般小于 10ms,经选择性配合验证，微型断路器之间，在上级断路器短路保护整定值之下都具有选择性，超出上级断路器短路保护整定值上限电流的情况下，不再具有选择性（如表 5-2 中的 40/63A 微型断路器与 10/16A 微型断路器）。

表 5-3   2MW 直流变下级差配合表

选择性限制电流（A）			上级断路器电流（A）							
			微型断路器		塑壳断路器					
			40	63	100	125	200	250	400	630
下级断路器电流（A）	微型断路器	10	280	420	2500	2500	10000	10000	10000	10000
		16	280	420	2000	2000	8000	8000	10000	10000
		25			2000	2000	6000	6000	10000	10000
		40				1600	5000	5000	8000	10000
		63					5000	5000	8000	10000
	塑壳断路器	100						1600	3200	4000
		125						1600	3200	4000
		200							3200	4000
		250							3200	4000
		400								4000

注 当短路电流在上述灰色方格预期短路电流值以内时，能够满足对应上下级选择性保护配合的要求，根据断路器的安秒特性曲线分析，上述试验要求表格中灰色部分选择性限制电流，3200A 以内都能够实现选择性。

说明：

（1）2MW 系统中，微型断路器与微型断路器因脱扣机构类似，动作时间接近，一般小于 10ms，在上级断路器短路保护整定值之下都具有选择性，超出上级断路器短路保护整定值上限电流的情况下，不再具有选择性（如表 5-3 中的 40/63A 微型断路器与 10/16A 微型断路器）。

（2）因塑壳断路器的动作灵敏性要求较高（100A、125A 满足 5p.u.短路电流 80ms 内可靠跳开），上级塑壳断路器的动作保护倍数整定值较低，100A、125A 塑壳断路器原理上不能全部满足与微型断路器断（16A/15A/40A）在 3200A 以下配合具有选择性。

（3）因塑壳断路器的动作灵敏性要求较高（250A 满足 5p.u.短路电流 80ms 内可靠跳开），上级塑壳断路器的动作保护倍数整定值较低，而下级断路器配合选择性电流限值较小，250A 塑壳断路器与 100/125A 塑壳断路器原理上不能在 3200A 以下配合具有选择性。

5.3.5 直流快切技术

5.3.5.1 原理说明

快切装置中每路切换支路由 1 个晶闸管和数个二极管并联而成，其系统拓扑结构如图 5-50 所示。各支路的二极管由公共二极管簇和差分二极管组成：公共二极管簇用于承受大部分压降；差分二极管用于区分各切换支路，并确定各支路的切换优先级。正常工作时，第 1 路切换支路的晶闸管导通，其他支路的晶闸管关断。当第 1 路切换支路输入电源出现长时短路故障时，其晶闸管断开，并切换到第 2 路切换支路，从而实现在一路电源出现故障快速切换到另一路电源，可有效提高供电可靠性。

5.3.5.2 保护配置

低压直流侧故障示意图如图 5-51 所示。故障类型包括：负载侧短路故障（F1）、快切开

关低压侧输出短路故障（F2 和 F3）以及快切开关高压侧短路故障（F4）。

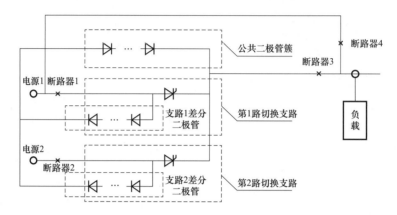

图 5-50　快切开关系统拓扑结构图

当故障发生时，直流变压器低压侧通过故障限流将短路电流限制到直流变压器额定电流的 1.3 倍，断路器 1～4 及开关 B1 中的电流如表 5-4 所示。

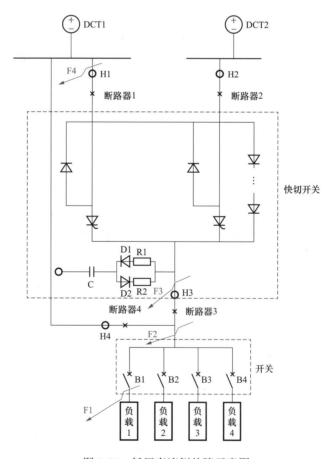

图 5-51　低压直流侧故障示意图

表 5-4　　　　　　　故障发生时，断路器 1～4 及开关 B1 中的电流

故障类型		断路器 1	断路器 2	断路器 3	断路器 4	B1
F1	故障前状态	闭合	闭合	闭合	断开	闭合
	故障处理后状态	闭合	闭合	闭合	断开	断开
F2	故障前状态	闭合	闭合	闭合	断开	闭合
	故障处理后状态	断开	断开	断开	断开	闭合
F3	故障前状态	闭合	闭合	闭合	断开	闭合
	故障处理后状态	断开	断开	断开	闭合	闭合
F4	故障前状态	闭合	闭合	闭合	断开	闭合
	故障处理后状态	断开	闭合	闭合	断开	闭合

直流断路器其本体保护有过载保护、瞬时短路保护及欠压保护，对应的定值及动作时间如表 5-5 所示。

表 5-5　　　　　　　　　　直流断路器本体保护

本体保护	定值	断路器动作时间
过载保护	（1.05～1.3）I_N（出厂前整定）	100ms
瞬时短路保护	$10I_n$（出厂前整定，最小为 $7I_N$）	20ms
欠压保护	（35%～70%）U_N（出厂前整定）	<200ms

注　I_N 为断路器额定电流，U_N 为断路器额定电压。

由于故障限流，靠断路器瞬时短路本体保护无法实现脱扣，需要借助分励脱扣器来实现断路器快速断开。在额定控制电压的 70%～110% 之间时，分励脱扣器可在所有的操作条件下使断路器可靠脱扣。

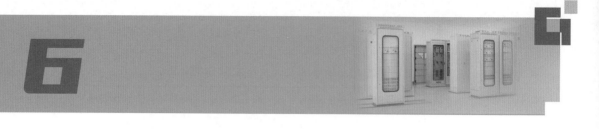

6

中低压直流配用电系统工程实例

本章以吴江中低压直流配用电系统为例，介绍实际工程中直流配用电系统的规划设计、装备选型、控制保护设计、工程调试等内容。

6.1 系 统 概 述

示范工程由柔性直流换流站、分布式光伏、储能、电动汽车充电站、工商民用直流负荷组成，其地理图如图 6-1 所示，直流源荷情况如表 6-1 所示。

图 6-1　某直流配用电示范工程地理图

表 6-1　　　　　　　　　某中低压直流系统源荷情况表

源荷	性质	名称	建设容量	
直流负荷	数据中心负荷	JL 数据中心	840kW	负荷容量 10.51MW
	商业负荷	HJ 商业中心	0.44MW	

续表

源荷	性质	名称		建设容量
直流负荷	工业负荷	HS 塑胶工业负荷	3.3MW	负荷容量 10.51MW
	市政负荷	中心站停车场充电桩	4.08MW	
		路灯照明	0.1MW	
		HJ 停车场充电桩	0.96MW	
	住宅小区负荷	某居民小区	0.64MW	
电源	交流电源	JL 变电站	10MW	—
		PD 变电站	10MW	
	光伏电源	HY 光伏	1.4MW	光伏容量 6.21MW
		BT 光伏	2.8MW	
		MZ 光伏	2MW	
	储能	分布式储能	1MWh	储能容量 2MWh
		小区储能	1MWh	

根据负荷情况分析结果，在区域内建设中心站 2 座，作为区域内的电源支撑负荷中心。根据负荷位置均衡分布 2 个换流站、2 个开关站、6 个配电房、3 个光伏升压站，并由直流开关站引出馈线至各分布式电源点及负荷点直流配电室，构建中低压直流配用电系统，如图 6-2 所示。

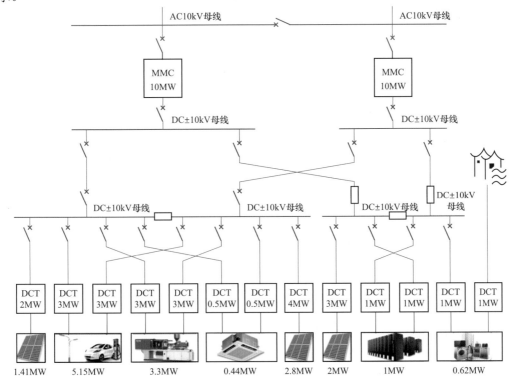

图 6-2　直流配用电示范工程主接线图

工程整体包括网侧、配电侧、用户侧三部分。在网侧工程部分，建设两座中心站，应用两台 10MW 中压 AC/DC 换流器，实现功率由 10kV 交流到 ±10kV 直流的转换；在中压网架上，共配置 82 台直流开关、19 台直流变压器；在配电侧，建设 9 座配电房，通过毫瓦级中压直流变压器将 ±10kV 中压直流降压成 ±375V 低压直流，为市政、工商、民用、数据中心、新能源接入等不同场景提供直流接入环境；在用户侧，通过对不同场景进行直流接入适配，实现各类负荷高效可靠运行。

6.2 系统规划设计

6.2.1 电压等级

示范工程的直流电压等级序列涵盖中压直流变压、低压直流用电多电压等级，覆盖了工商民用多个应用场景。

（1）中压配电电压等级

有关导则建议参考值为 ±20、±10、±6、±3kV。考虑到示范工程交流侧接入电压等级为 10kV，直流侧电压等级需在 ±10kV 以下，且示范工程系统容量为 10MW，±6、±3kV 无法满足供电容量要求，故示范工程中压侧采用 ±10kV 电压。

（2）低压配电电压等级

低压配电电压等级涵盖 ±1500、±750、±375V 等，由于示范工程所接入设备最高电压等级为 750V，故 ±1500、±750V 不适用。考虑到供电半径与供电容量需求，48V 无法满足系统使用需求。故示范工程当前采用 ±375V 及 750V 作为低压配电标准电压。这样也便于光伏、充电桩及储能接入（额定电压 DC750V）。虽然光伏、充电桩、储能有进一步将电压提升至 1000、1500V 的趋势，但业界尚未统一，所以目前仍按 750V 接入设计。

（3）低压用电电压等级

低压用电主要涉及家电相关设备。考虑功率及用户行为特性，海尔、格力等主流家电厂商通常将家电分为两类：一类是功率 500W 以下的小家电，一般分布在卧室、客厅、餐厅人员密切接触的区域，需考虑安全性，故采用 48V 电压；另一类是功率 500W 以上的大家电，如空调、部分厨电等，一般分布在厨房、洗浴等人员非密切接触区域，考虑到设备运行效率，采用 375V 或 400V 电压，并做了一系列保护及安全防护措施。

1）用户侧大功率电器设备（额定电压 DC375V，波动范围 280～400V）。

对于电压波动下限，主要考虑：

a. 交流系统允许电压波动下限为 −10%，经过整流后，对应直流电压为 220V×0.9×1.414= 280V，采用 DC280V 的下限可以保证与交流系统供应链的适配性；

b. DC280V 约为额定电压 DC375V 的 75%，对于设备控制、电源板启动等均较易于实现，同时也具备一定的抗电网扰动的能力。

对于电压波动上限，主要考虑：

a. 在产业链层面，现有部分交流设备内部的直流母线电压为 DC400V，如空调经 PFC 升压后直流母线电压为 DC400V，具有一定产业链基础。国内已有光伏空调等 400V 系统设

备的应用。

b．在器件层面，600V 及以上的功率器件可以覆盖到 DC400V 系统，电压降低则效率下降，电压上升则需要选择更高一档的器件（尤其是直流侧电容），设备成本及体积将显著提升。

c．在与交流系统设备互换性层面，考虑当电压增高时，爬电距离不足容易引起沿面放电，当超出一定的电压时，爬电距离将增加一级（例如超过 AC250V 电压后，爬电距离提升一级，针对交直流互换关系，经过整流后 AC250V 对应于 DC350V 电压。因此，为实现与原交流系统设备的互换性，海尔推荐采用 DC350V 为上限电压），对于设备供应商而言投资及成本增加，并需要进行重新开模。家电厂商研发直流设备时，为减小投资，通常希望尽量多采用原交流器件的模具。

2）用户侧小功率电器设备（额定电压 DC48V，波动范围 DC30～DC55V）。

对于电压波动下限，主要考虑：

a．该电压等级主要面向小家电，需要满足 500W 以内的户用设备供电。上述设备通常采用截面积为 $2.5mm^2$ 的线传输电流，其负载能力约为 20A，考虑到温度及环境影响，取 15%左右的裕度，即为 17A。此时 500W 电器的供电电压不能低于 30V。

b．DC30V 的供电电压为 DC48V 供电电压的 62.5%，对于设备控制、电源板启动等均较易于实现，同时也具备一定的抗扰动能力。

对于电压波动上限，主要考虑：

a．DC48V 兼容现有 48V 低压通信设备的直流电源，其电压波动允许范围为+20%，即DC55V 左右；

b．DC55V 处于 IEC/TS 61201-1 Use of Conventional Touch Voltage Limits-Application Guide 规定的安全电压（DC60V）范围以内，并具有 5V 的裕度。

6.2.2 网架结构

按照示范工程的建设要求，网架需要满足 N–1 要求，建设两座柔性直流换流站。当两个换流站中的一个失电后，需要另一个换流站供给所有负荷。结合示范工程系统光伏容量为 6.21MW、负荷总计约 10.51MW、负荷同时率为 0.8 等数据，计算系统负荷共计 8.107MW。为满足直流线路供电容量、同时率与供电可靠性要求，确定柔性变电站容量为 10MVA。

配电网网架结构主要有三个方案：两端型网架结构、两端环型网架结构、三端环型网架结构，下面对三种配电网网架结构的比选及运行方式进行详细说明。

（1）两端型网架结构及运行方式

网架结构方案一采用两端型结构，其网架示意图如图 6-3 所示，拓扑结构如图 6-4 所示，建设两座换流站、两座开关站，开关站采用单母线分段接线方式。开关站 K1 一段母线与换流站 H1 相连，另一段母线与开关站 K2 相连，开关站 K2 接线方式与开关站 K1类似。

该网架主要存在两种正常运行方式：①开关站 K1、K2 间联络线开关闭合，构成两端型结构，两座换流站合环运行，如图 6-5 所示；②开关站 K1、K2 间联络线开关断开，两换流站分列运行，如图 6-6 所示。

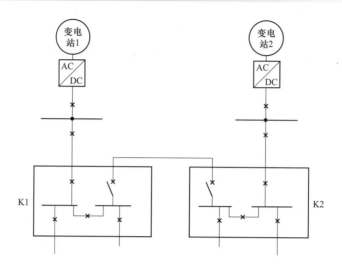

图 6-3 两端型网架示意图

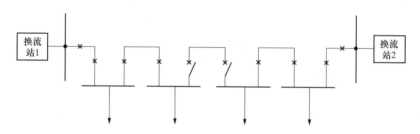

图 6-4 两端型网架拓扑结构

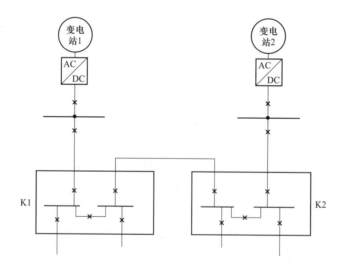

图 6-5 两端型网架运行方式一示意图

故障运行方式只讨论电源故障、电源至开关站间线路故障。

当该网架采用运行方式一，即两电源合环运行方式时，如果两座换流站均正常运行，则所有负荷均可从两座换流站取电；如果出现电源或线路故障，则两座换流站均闭锁，所有负荷失电，等待故障排除后恢复供电。

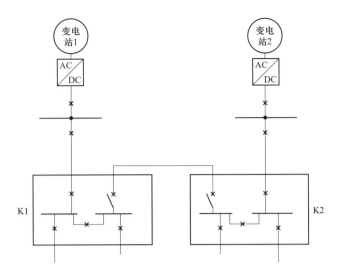

图 6-6　两端型网架运行方式二示意图

当该网架采用运行方式二，即两座换流站分别独立运行时，如果换流站 1 所在单端网出现电源或线路故障，则换流站 1 闭锁，开关站 K1、K2 间联络线开关闭合，所有负荷由换流站 2 供电；如果换流站 2 所在单端网出现电源或线路故障，则换流站 2 闭锁，开关站 K1、K2 间联络线开关闭合，所有负荷由换流站 1 供电。

根据上述分析，该网架供电可靠性满足 $N-1$ 要求，开闭所采用单电源进线，系统控制与运方切换简单。

（2）两端环型网架结构及运行方式

网架结构方案二采用两端环型结构，其示意图如图 6-7 所示，拓扑结构如图 6-8 所示，建设两座换流站、两座开关站，开关站采用单母线分段接线方式，每一段母线分别与一座换流站相连。

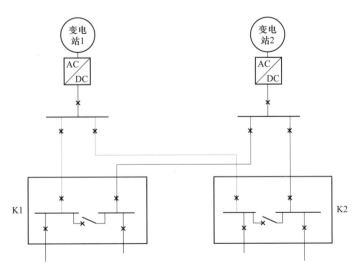

图 6-7　两端环型网架示意图

该网架主要存在两种正常运行方式：①开关站 K1、K2 内母联断路器闭合，构成两端环型结构，两座换流站合环运行如图 6-9 所示；②开关站 K1、K2 内两母联断路器断开，两换流站分列运行，如图 6-10 所示。

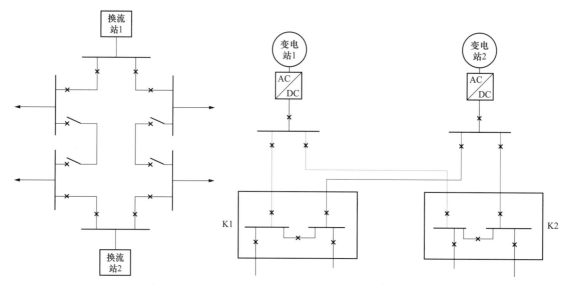

图 6-8　两端环型网架拓扑结构　　　　　图 6-9　两端环型网架运行方式一示意图

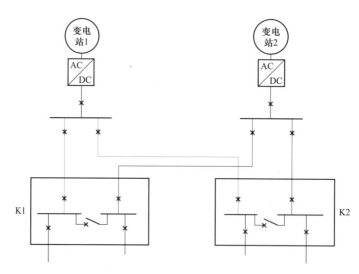

图 6-10　两端环型网架运行方式二示意图

以下故障运行方式只讨论电源故障、电源至开关站间线路故障。

当该网架采用运行方式一，即两电源合环运行方式时，如果两座换流站均正常运行，则所有负荷均可从两座换流站取电；如果出现电源或线路故障，则两座换流站均闭锁，所有负荷失电，等待故障排除后恢复供电。

当该网架采用运行方式二，即两座换流站分别独立运行时，如果换流站 1 所在单端网出现电源或线路故障，则换流站 1 闭锁，开关站 K1、K2 内母联断路器闭合，所有负荷由换流

站 2 供电；如果换流站 2 所在单端网出现电源或线路故障，则换流站 2 闭锁，开关站 K1、K2 内母联断路器闭合，所有负荷由换流站 1 供电。

根据上述分析，该网架供电可靠性满足 *N*–1 要求，各开关站均采用双电源进线，系统控制与运方切换简单。

（3）三端环型网架结构及运行方式

网架结构方案三采用三端环型网结构，其网架示意图如图 6-11 所示，拓扑结构如图 6-12 所示，建设 3 座换流站、两座开关站，开关站采用单母线三分段接线方式连。

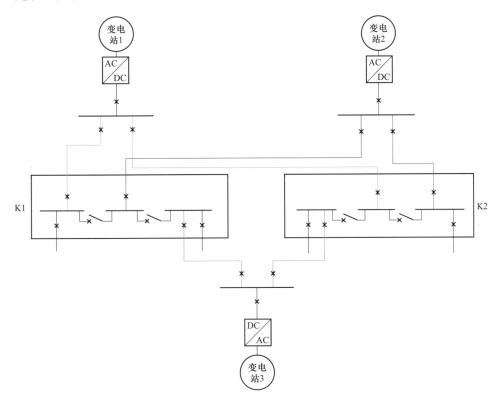

图 6-11　三端环型网架示意图

该网架主要存在三种运行方式：①开关站 K1、K2 内母联断路器闭合，构成三端环型网架结构合环运行，如图 6-13 所示；②K1 闭合Ⅰ段、Ⅱ段母线间母联断路器，同时 K2 闭合Ⅱ段、Ⅲ段母线间母联开关，换流站 1 和 2 构成两端环网合环运行，换流站 3 单独运行，如图 6-14 所示；③开关站 K1、K2 内母联断路器都打开，3 座换流站分别独立运行，如图 6-15 所示。

以下故障运行方式只讨论电源故障、电源至开关站间线路故障。

1）运行方式一（三电源合环运行）。三电源合环运行方式时，如果 3 座换流站均正常运行，则所有负荷均可从 3 座换流站取电；当该网架采用运行方式一，即三端环型网架结构运行方式时，如果出现电源或线路故障，则 3 座换流站均闭锁，所有负荷失电，等待故障排除后恢复供电。

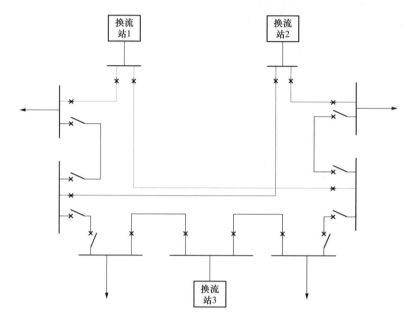

图 6-12　三端环型网架拓扑结构

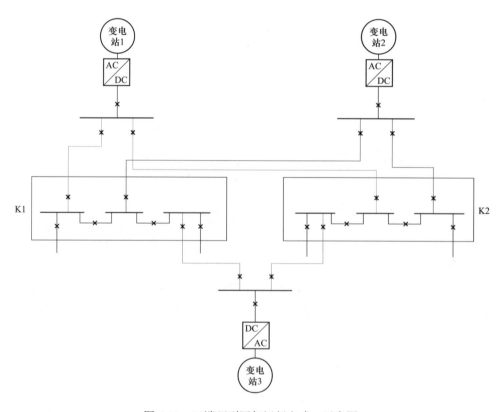

图 6-13　三端环型网架运行方式一示意图

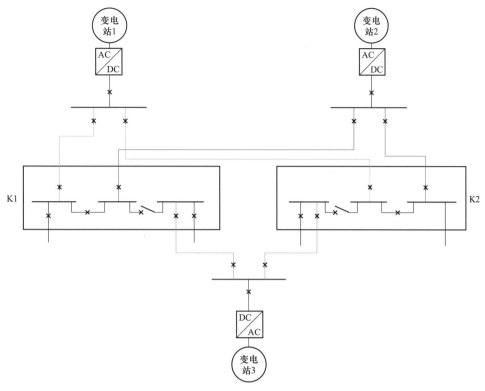

图 6-14　三端环型网架运行方式二示意图

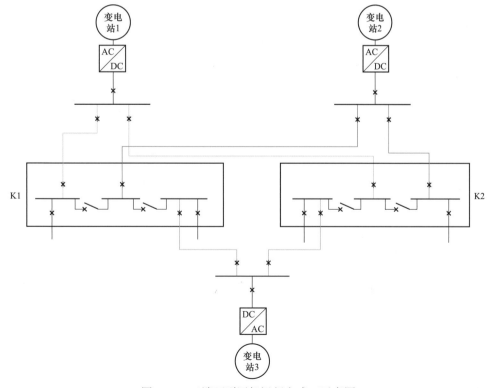

图 6-15　三端环型网架运行方式三示意图

2）运行方式二（两电源合环运行）。当换流站 1 和 2 构成两端环网合环运行、换流站 3 单独运行时，如果 3 座换流站均正常运行，则开关站 K1 Ⅰ 段母线负荷以及开关站 K2 Ⅲ 段母线负荷由换流站 1 和 2 供电，开关站 K1 Ⅲ 段母线负荷、开关站 K2 Ⅰ 段母线负荷由换流站 3 单独供电；如果两端环网内出现电源或线路故障，则换流站 1、2 闭锁，开关站 K1、K2 内母联断路器都闭合，所有负荷均由换流站 3 供电；如果单端网内出现电源或线路故障，则换流站 3 闭锁，开关站 K1、K2 内母联断路器都闭合，开关站 K1 Ⅲ 段母线负荷、开关站 K2 Ⅰ 段母线负荷由换流站 1 和 2 供电。

3）运行方式三（三电源独立运行）。当该网架采用运行方式三，即 3 座换流站分别独立运行时，如果换流站 1 所在单端网出现电源或线路故障，则换流站 1 闭锁，开关站 K1 内 Ⅰ 段母线、Ⅱ 段母线间的母联断路器闭合，开关站 K1 内 Ⅰ 段母线负荷由换流站 2 供电；如果换流站 2 所在单端网出现电源或线路故障，则换流站 2 闭锁，开关站 K2 内 Ⅱ 段母线、Ⅲ 段母线间母联断路器闭合，开关站 K2 内 Ⅲ 段母线负荷由换流站 1 供电；如果换流站 3 所在单端网出现电源或线路故障，则换流站 3 闭锁，开关站 K1 内 Ⅱ 段母线、Ⅲ 段母线间母联断路器闭合，开关站 K2 内 Ⅰ 段母线、Ⅱ 段母线间的母联断路器闭合，开关站 K1 内 Ⅲ 段母线负荷由换流站 2 供电，开关站 K2 内 Ⅰ 段母线负荷由换流站 1 供电。如果任意两个单环网出现电源或线路故障，则其中的两座换流站闭锁，开关站 K1、K2 内母联断路器都闭合，所有负荷均由第三座换流站供电。

根据上述分析，该网架供电可靠性满足 $N–2$ 要求，各开闭所均采用三电源进线，供电可靠性较高，系统控制与运方切换复杂。

（4）网架结构比选结论

网架结构比选如表 6-2 所示：两端型网架的投资规模小，满足示范工程 $N–1$ 要求，且运行方式简单，扩展性强；两端环型网架基于多端环网的典型设计进行了一定程度的优化，在每座开关站内设置两段母线，实现站内双电源转供功能，提高可靠性的同时还可以节省线路工程量，同时设备利用率高、投资规模小、扩展性强，运行方式简单；三端环型结构满足 $N–2$ 要求，可以实现站内三电源转供，可靠性最高，但是设备利用率低、投资规模大，运行方式也比较复杂。故示范工程采用两端环型网架结构作为直流中压骨干网架接线方式。

表 6-2　　　　　　　　　　　　　网 架 结 构 比 选

网架结构	$N–a$	供电可靠性	设备利用率	投资规模	扩展性	运行方式
两端型	$N–1$	较低	高	小	强	运方简单、开关站外双电源供电
两端环型	$N–1$	较高	高	小	强	运方简单、开关站内双电源供电
三端环型	$N–2$	高	低	大	强	运方较复杂、开关站内三电源供电

6.2.3 接线方式

在已有的柔性直流输电工程中，直流系统存在真双极与伪双极两种接线方式，如图 6-16 所示。例如，纳米比亚—赞比亚联网工程、厦门柔性直流示范工程采用真双极接线方式，珠海唐家湾、张北小二台等配电网柔性直流工程采用伪双极接线方式。与伪双极方式相比，一方面真双极方式具有网侧设备绝缘要求低、可单极运行、输出两个直流电压的优点；另一方面，具有系统控制复杂、故障冲击大、源侧设备投资高的劣势。伪双极接线方式与之相反，对于网侧设备的绝缘要求较高，对于源侧设备的控制及运行条件要求较低。

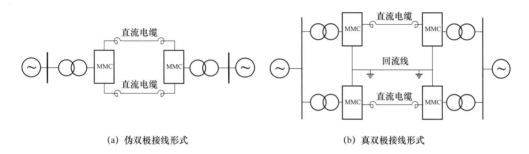

(a) 伪双极接线形式　　　　　　　　　　　(b) 真双极接线形式

图 6-16　AC/DC 换流阀主要接线形式

对于 10kV 配电系统，两种接线方式的主要性能及优缺点对比如表 6-3 所示。

表 6-3　　　　　　　　　　　　真双极与伪双极主要性能及优缺点对比

主电源接线形式	伪双极	真双极
换流/隔离变压器	常规变压器	需具备长期耐受 5kV 直流偏置电压能力
直流线路	2 条，20kV 直流系统耐压	3 条，其中 1 条为金属中线，10kV 直流系统耐压
接地方式	换流变压器中性点接地	直流侧金属回线接地
源侧设备及控制保护数目	1 套	2 套
换流阀子模块数	N	$2N$
电能质量（24 模块下）	$THD<3\%$	$THD>5\%$（相同模块数下）
过电压及绝缘配置	网侧设备按 20kV 直流系统绝缘等级要求	网侧设备按 10kV 直流系统绝缘等级要求
冗余运行能力	不具备	可单极运行
经济性	源侧设备造价便宜	源侧设备造价贵、数量多、控制保护复杂
故障影响	较轻微	多数常见故障均等效于直流侧双极故障，故障冲击严重

以下详细分析采用不同接线形式对于绝缘设计、故障定位的特点。

6.2.3.1 伪双极接线的特点

（1）绝缘性能要求

当伪双极发生直流侧单极接地或阀侧单相接地故障时，其健全极对地电压上升，其中单极接地电压上升幅度最大，为原电压的两倍，即 20kV。为保障示范工程可靠性，系统要在单极接地下继续保持运行，因此网侧设备选型需按短时（秒级）能承受 20kV 直流系统过电压水平考虑，同时考虑正负极开关动作的不一致性，直流开关断口绝缘能力也应按照 20kV 耐压水平要求。

（2）单极接地故障定位

直流配用电系统单极接地故障特征与接地方式关系密切，若接地电阻过大，则发生直流侧单极故障时，由于故障电流较小难以定位。若接地电阻过小，则发生直流侧单极接地时，故障电流过大，危害连接变压器、桥臂电抗器及功率器件的安全稳定运行。综合考虑保护灵敏度及设备性能，可选取接地电阻阻值为 150Ω 进行单极接地故障定位，详细分析参见 6.2.4 节接地方式内容。

6.2.3.2 真双极接线的特点

（1）交流场设备长期承受直流偏置电压

对于 ±10kV 真双极直流系统，由于中性点电位为两极电位的平均值，因此两台换流变压器中性点对地电位分别为 ±5kV，即交流场设备长期承受 ±5kV 直流偏置电压。为确保交流场设备性能，均采用交流 20kV 设备。

（2）需要两套控制保护设备且电能质量较差

与伪双极相比，真双极需采用两套控制保护系统及软启电路，控制相对复杂。同时，若不改变模块数目，则由于单个模块电压不变，交流侧电压由 20kV 变为 10kV，导致参与调压的模块数量减少一半，交流侧电能质量降低。若要维持相同的电能质量，则需要提升模块数量至原来的 2 倍，加上控制保护系统变为原来 2 倍，则投资基本相当于原来 2 倍。

（3）单极、单相故障定位准确，但无法继续运行

对于直流侧单极接地故障，由于真双极中性线接地，为大电流接地系统；直流侧单极接地后相当于故障线路与中性线双极短路，故障电流大，对设备危害较大，需要立即切除。对于阀侧单相故障，由于在直流侧直接接地，故有较大的故障电流流过桥臂；造成阀闭锁后，每个桥臂等效于一支二极管，阀侧单相故障等效为交流两相故障或三相故障，对设备危害较大，需要立即切除。

（4）合解环运行接地点切换控制复杂

真双极接线方式的零电位参考点在直流侧。对于多电源分列运行，每个电源点均需设置直流侧接地点；对于多电源合环运行，由于系统在直流侧互联，多点接地由于大地会分流部分直流电流，造成金属管道腐蚀。因此，若系统只能存在一个接地点，则当系统在合解环运行方式间切换时，不仅需要切换电源的控制方式（定电压模式或定功率模式），还涉及接地点的切换，控制逻辑复杂。

综上所述，采用伪双极接线形式，对于网侧设备需要更高的绝缘裕度且无法冗余运行，而对于源侧设备及系统控制保护要求相对较低，单极或阀侧单相接地可继续运行，

但定位相对困难；采用真双极接线形式，可一定程度提升网侧设备的经济性和可靠性，但对于源侧设备及系统控制保护具有较高要求，单极或阀侧单相接地定位准确，但无法继续运行。

6.2.3.3　两种接线方式的影响

以下从可靠性、安全性及经济性角度分别比较伪双极、真双极两种接线方式对于 AC/DC 换流器、直流变压器及直流断路器的影响。

（1）对 AC/DC 换流器的影响

两种接线形式对 AC/DC 换流器占地、费用及可靠性的影响如表 6-4 所示。

表 6-4　　　　　　　不同接线形式对 AC/DC 换流器可靠性、经济性的影响

换流阀接线形式	伪双极	真双极
费用/万元（不含隔离变压器）	半桥：1350	2×1000
	全桥：1700	2×1260
占地	16m×3.6m×3.6m	16m×7.2m×3.6m
可靠性	不可单极运行，单极接地可继续运行	可单极运行，单极接地不可继续运行

表 6-4 表明，伪双极接线在 AC/DC 换流器的经济性及占地面积方面有优势，真双极接线形式的可靠性相对更高。

（2）对于直流变压器的影响

两种接线形式对直流变压器占地、费用及可靠性的影响如表 6-5 所示。

表 6-5　　　　　　　不同接线形式对直流变压器可靠性、经济性的影响

系统中压侧接线形式	伪双极	真双极
费用/万元	低压伪双极：368	800
	低压真双极：680	800
占地	低压伪双极：6.0m×2.4m×1.4m	6.0m×2.4m×2.8m
	低压真双极：6.0m×2.4m×2.8m	6.0m×2.4m×2.8m
可靠性	不可单极运行	可单极运行

表 6-5 表明，两种接线形式下，中压侧采用真双极方案时，直流变压器的成本及占地约为伪双极方案的 2 倍；采用真双极方案时，直流变压器可单极独立运行。

（3）对于直流开关的影响

对于直流断路器/直流负荷开关，伪双极接线形式需要考虑 20kV 主绝缘电压，其雷电冲击电压为 145kV。为提升绝缘强度，使得设备体积较大。而真双极接线形式只需考虑 10kV 主绝缘电压，其雷电冲击电压为 75kV，设备体积略小。两种接线形式对直流断路器占地、费用及可靠性的影响如表 6-6 所示。

表 6-6 不同接线形式对直流开关可靠性、经济性的影响

系统中压侧接线形式	伪双极	真双极
费用/万元	断路器：150	135
	负荷开关：80	70
占地	1.7m×2m×2.8m	1.5m×1.8m×2.6m
可靠性	在上述尺寸下可靠性相当	

表 6-6 表明，在真双极接线形式下，直流开关的成本及占地比伪双极接线形式略有下降。

（4）其他影响

与伪双极接线形式相比，真双极接线形式需多引出一回接地线，增加一套控制保护系统和一套软启电路。而且，其源侧接地极需进行专门设计。

综上所述，对于直流 10kV/20kV 电压等级，设备绝缘差别不大，且一般标准均留有足够的裕度，因此真双极在网侧设备经济性及占地面积方面提升有限。对于阀侧单相接地和网侧单极接地等常见故障，真双极接线形式等效于直流双极故障或交流三相故障，无法继续运行，降低了系统可靠性。真双极接线形式在合解环操作时，接地方式变化控制逻辑复杂；特别的，当合环运行时发生故障，系统难以在限定时间内完成相应控制，容易产生失稳的情况。因此，选取伪双极作为示范工程的主电源接线形式。

6.2.4 接地方式

综合考虑建设成本、占地面积、运行效率等因素，示范工程中压侧采用连接变压器中性点接地的接地方式。

6.2.4.1 中性点接地电阻选择

换流器中压侧经电阻接地时，其阻值的选取需综合考虑设备制造水平及保护灵敏度，以下分析中性点接地电阻的选取原则。

（1）换流变压器、桥臂电抗器、电力电子器件耐受能力

如图 6-17 所示，发生直流侧单极故障时，连接变压器的中性点电压会上升至单极电压。此时，交流系统与故障点通过连接变压器三相漏抗、三相下桥臂各桥臂电抗器、子模块电容及中性点接地电阻连通，流过故障电流，且电流性质为直流偏置电流，并且该电流与正常运行的电流叠加。因此，故障回路上所有设备对故障总电流及直流偏置电流的耐受能力将限制中性点电阻的取值，主要包括连接变压器阀侧绕组、桥臂电抗器及电力电子器件。

考虑到桥臂电流的耐受能力，接地电阻 R 的阻值应满足

$$R_\text{t} \geq \left| -\frac{U_\text{dc.min}}{2I_\text{g.max}} + \frac{R_\text{s}}{3} \right| \tag{6-1}$$

式中：$I_\text{g.max}$ 为换流器桥臂允许流过的最大零序电流，A；R_s 为交流系统等效阻抗，Ω；$U_\text{dc.min}$ 为直流系统允许的极—极电压的最小值，V。

结合 6.3.1.2 节的参数选型，通过热仿真分析，桥臂允许流过的最大零序电流不超过 200A，

因此需满足：$R \geq 75\Omega$。

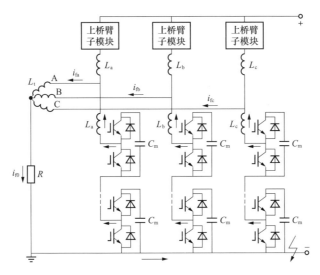

图 6-17　换流器原理图

（2）保护装置灵敏度

发生单极接地故障时，故障点与接地点回路中两极间将流过差流，故障点之后的回路中两极间无差流。利用这一特性，可通过横差保护定位故障位置。考虑到传感器精度、过渡电阻耐受等情况，为保障保护装置的灵敏度，要求发生单极金属性故障时，故障电流至少不低于 30A。根据上述原则，则有

$$U_{dc} / 2R \geq 30(A) \tag{6-2}$$

解得 $R \leq 333\Omega$。

（3）谐波电流、正常运行时的损耗及电阻热容

根据 6.2.4 节多换流器系统接地方式的分析，正常运行时中性点电阻将流过高频谐波电流，阻值越小时谐波电流越大，造成额外损耗，并引起电阻发热。假设正常运行时，中性点电阻的谐波损耗不超过额定容量的 0.1%，根据 6.2.4 节的分析，则有

$$\frac{2U_{sm}^{2}}{2R} \leq 0.1\% \cdot S_{N} \tag{6-3}$$

解得 $R \geq 81\Omega$。

综合上述分析，为兼顾设备性能及保护灵敏度，示范工程选取中性点接地电阻阻值为 150Ω。

6.2.4.2　多换流器系统接地方式

本小节分析在多换流器系统中，采用阀侧连接变压器均接地及某个阀侧连接变压器单点接地两种方式的优缺点，并以此选取多换流器系统的接地方式。

首先分析两台换流器均采用阀侧连接变压器中性点经 300Ω 电阻接地的方式，如图 6-18 所示，图中 U_A 为阀侧 A 相交流电压，U_{pA} 为换流阀 A 相上桥臂电压。

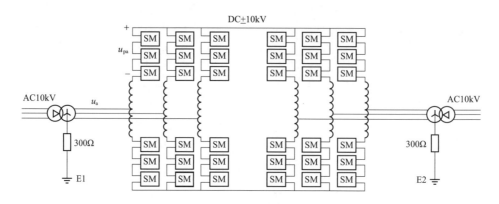

图 6-18 示范工程接地方式示意图

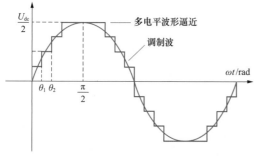

图 6-19 最近电平逼近调制方式示意图

MMC 采用如图 6-19 所示的最近电平逼近调制方式，通过阶梯波逼近理想正弦波。由于阶梯波和理想正弦波存在一定偏差，造成实际桥臂电压 U_{pa} 与理想桥臂电压 $\bar{U}_{pa}$ 存在一定偏差 ε_{a1}。根据最近电平逼近调制策略，该偏差为高频交流特性，且最大不超过半个模块电压，满足如下条件

$$|\varepsilon_{a1}| = \left|U_{pa} - \bar{U}_{pa}\right| \frac{1}{2}U_{sm} \qquad (6\text{-}4)$$

理想桥臂电压 $\bar{U}_{pa}$ 的大小为单极直流电压与阀侧交流电压的差值，即

$$\bar{U}_{pa} = \frac{1}{2}U_{dc} - U_a \qquad (6\text{-}5)$$

由式（6-4）和式（6-5）可得实际桥臂电压与相电压的和，即单极直流电压与阀侧连接变压器中性点电压的差值为

$$U = U_{pa} + U_a = \bar{U}_{pa} + U_a + (U_{pa} - \bar{U}_{pa}) = \frac{1}{2}U_{dc} + \varepsilon_{a1} \qquad (6\text{-}6)$$

式（6-6）表明，实际桥臂电压与相电压的和为单极直流电压加上一个高频交流偏差电压，且由式（6-4）可知，该高频偏差电压最大值不超过模块电压的一半。

综上所述，可得合环后系统的等效电路如图 6-20 所示。应当指出，由于下桥臂模块与上桥臂互补，产生的高频偏差电压也为互补状态。

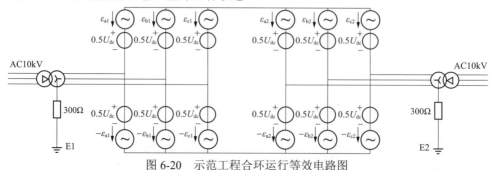

图 6-20 示范工程合环运行等效电路图

　　为简化分析，假设各相高频偏差电压相同，即 $\varepsilon_{a1}=\varepsilon_{b1}=\varepsilon_{c1}$，可将图 6-20 进一步简化为图 6-21。图 6-21 表明，$\varepsilon=\varepsilon_{a1}-\varepsilon_{a2}$ 为合环运行时两个阀之间形成的总的高频偏差电压，且满足如下关系

$$|\varepsilon_{a1}|=|\varepsilon_{a1}-\varepsilon_{a2}|\leqslant|\varepsilon_{a1}|+|\varepsilon_{a2}|\leqslant U_{sm} \tag{6-7}$$

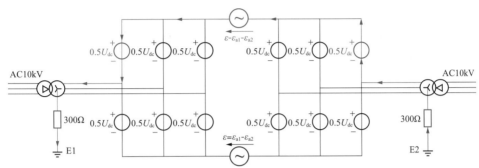

图 6-21　示范工程合环运行简化电路图

　　式（6-7）表明，由于单阀形成的高频偏差电压幅值不超过单模块电压的一半，两个阀合环运行时产生的总的高频偏差电压将不超过一个模块电压。

　　如图 6-21 所示，总的高频偏差电压 ε 通过两个阀的桥臂、阀侧交流线路、连接变压器、连接变压器中性点的接地电阻及大地形成回路，造成稳态运行时连接变压器中性点及大地上流过高频交流电流 I_{ε}。应当指出，由于上下桥臂形成的总偏差电压 ε 方向及大小均相同，因此上桥臂偏差电压 ε 的作用可等效代替两个阀整体偏差电压的作用。

　　高频交流电流 I_{ε} 满足如下关系

$$|I_{\varepsilon}|=\frac{|\varepsilon|}{R_1+R_2}\leqslant\frac{U_{sm}}{R_1+R_2} \tag{6-8}$$

式中：R_1、R_2 分别为两个阀连接变压器中性点的接地电阻阻值。根据示范工程换流阀的配置情况，换流阀单桥臂为 22 个子模块，即子模块电压 $U_{sm}=20/22\text{kV}\approx909\text{V}$，$R_1=R_2=300\Omega$。理想情况下，由式（6-8）计算可得

$$|I_{\varepsilon}|\leqslant\frac{U_{sm}}{R_1+R_2}=\frac{909}{600}\approx1.5(\text{A}) \tag{6-9}$$

　　即正常运行时，连接变压器中性点及大地上将流过幅值不超过 1.5A 的高频交流电流。

　　通过 RTDS 模型仿真分析稳态合环运行情况下连接变压器中性点的电流波形，如图 6-22 所示。

　　图 6-22 表明，在目前的配置方案下，稳态合环运行时连接变压器中性点的电流性质为高频交流，且幅值基本不超过 1.5A，与理论分析结果吻合。

　　结合上述分析，阀侧连接变压器两点接地与单点接地方式相比，具有以下特点：

　　（1）中性点长期流过高频电流，该高频电流对邻近金属管道无腐蚀性。

　　（2）采用阀侧连接变压器单点接地时，为保障合环及分裂方式下，系统均有电压参考点，

应在中性点接地装置上配置可投退开关，对系统可靠性、运维有所影响。

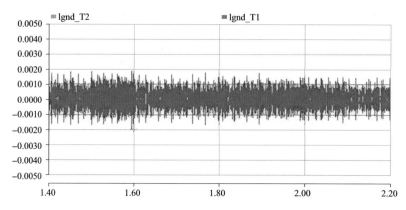

图 6-22　稳态合环运行时连接变压器中性点的电流波形

（3）采用阀侧连接变压器单点接地时，在其恢复正常运行前应投入中性点接地电阻以恢复电压参考点，将使合解环操作、故障恢复过程逻辑复杂化。

（4）系统发生单极接地时，连接变压器两点接地方式与单点接地方式相比，故障差流增加 1 倍，即保护灵敏度提升 1 倍。

综上所述，对于配电网应用，综合考虑配置、运维、可靠性、故障灵敏度等因素，在合环运行时推荐采用阀侧连接变压器均接地的方式。

6.2.4.3　低压侧接地方式

出于安全性考虑，示范工程低压侧采用浮地方式。采用浮地运行方式时故障选线及定位相对困难，为保障供电可靠性及用电安全性，示范工程采用绝缘监测装置及漏电保护装置协同配合的故障定位策略，详述如下。

如图 6-23 所示，在母线处配置有电压传感器及绝缘监测装置，各馈线处配置有不平衡电流传感器，以馈线 2 配电回路发生故障为例进行说明。图中 R_1、R_2 为馈线 2 对地的等效电阻，当系统正常运行时，R_1、R_2 阻值很大，理想状态下接近无穷。而当馈线出现单极接地故障时，系统对地电阻将迅速减小，造成故障级母线电压 U 减小，同时检测到不平衡电流值 I_{m2} 发生变化。以下分析如何通过绝缘监测装置计算 R_1、R_2 阻值，进而定位故障位置。

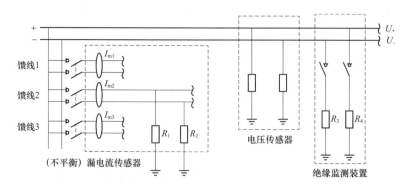

图 6-23　保护装置原理图

通过检测 R_1、R_2 阻值应当骤然减小，小于给定的下限值 R_{th}，继电保护装置告警，命令相应断路器动作切断馈线 2 回路的供电，并通过判断 R_1、R_2 值的大小得出故障点与测量装置的大致距离，从而确定故障点位置。

系统通过定期检测或由于母线电压突然减小，小于阈值 U_{th} 时启动对绝缘电阻的检测计算。通过分别投切 R_3、R_4，造成系统的负荷阻抗值的变化，从而在母线处分别测量得到两种工况下的电压值（$U_+^{(1)}$、$U_-^{(1)}$）、（$U_+^{(2)}$、$U_-^{(2)}$），同时漏电流传感器分别测得不同的电流值 $I_{m2}^{(1)}$、$I_{m2}^{(2)}$。R_3 投入时有工况（1）。此时，系统电压、电流的关系如式（6-10）所示。R_4 投入时对应工况（2），此时系统应满足式（6-11）。

$$\frac{U_+^{(1)}}{R_1} - \frac{U_-^{(1)}}{R_2} = I_{m2}^{(1)} \tag{6-10}$$

$$\frac{U_+^{(2)}}{R_1} - \frac{U_-^{(2)}}{R_2} = I_{m2}^{(2)} \tag{6-11}$$

由式（6-10）和式（6-11）计算得出此时的 R_1、R_2

$$R_1 = \frac{U_+^{(1)}}{I_{m2}^{(1)}} - \frac{U_-^{(1)}}{I_{m2}^{(1)}}(I_{m2}^{(2)}U_+^{(1)} - I_{m2}^{(1)}U_+^{(2)}) \tag{6-12}$$

$$R_2 = \frac{U_+^{(1)}}{I_{m2}^{(1)}} \frac{I_{m2}^{(2)}U_-^{(1)} - I_{m2}^{(1)}U_-^{(2)}}{I_{m2}^{(2)}U_+^{(1)} - I_{m2}^{(1)}U_+^{(2)}} - \frac{U_-^{(1)}}{I_{m2}^{(1)}}(I_{m2}^{(2)}U_-^{(1)} - I_{m2}^{(1)}U_-^{(2)}) \tag{6-13}$$

比较 R_1、R_2 与 R_{th} 的大小关系即能判断此时馈线 2 系统中是否出现短路故障，当 R_1、R_2 中任一值小于 R_{th}，则说明此时系统中出现接地短路；当 $\min\{R_1、R_2\} > R_{th}$ 时，即说明此时系统正常运行。

其他馈线支路保护原理与馈线 2 相同，即快速投切 R_3、R_4 营造两种工况，从而计算此时的馈线回路对地阻抗值 R_n，通过比较 R_n 与 R_{th} 的大小关系来判断是否出现接地短路。具体故障定位系统控制流程如图 6-24 所示。

6.2.5　电气计算

示范工程的电气计算主要包括潮流计算、短路计算及无功补偿计算。通过潮流计算，分析各类运行条件下的系统母线电压、功率分布及系统运行状态。通过短路电流计算，判断直流侧故障时的系统短路电流，确定直流断路器的有关参数。

6.2.5.1　潮流计算

示范工程建设的 JL 换流站与 PD 换流站具备直流电压控制和功率控制两种运行模式，常态下在直流网络互连。采用合环运行时，将其中一个换流站设为主站，采用直流电压控制模式；另一换流站设为从站，设置为功率控制模式。在直流网络采用分列运行时，两换流站均设置为电压源，维持系统直流侧电压。示范工程换流站采用分列运行方式，正常工况下 JL 换流站、PD 换流站分列运行。

选取正常运行状态、PD 换流站失电、JL 换流站失电、PD 换流站与 JL 换流站均失电四种运行方式，分析系统潮流分布和运行参数变化。

a. 正常态潮流分布。正常运行状态下，直流配电网络分列运行，PD 变电站、JL 变电站

通过换流站为负荷供电，分析光伏出力发生改变时，系统各处的潮流分布变化情况。

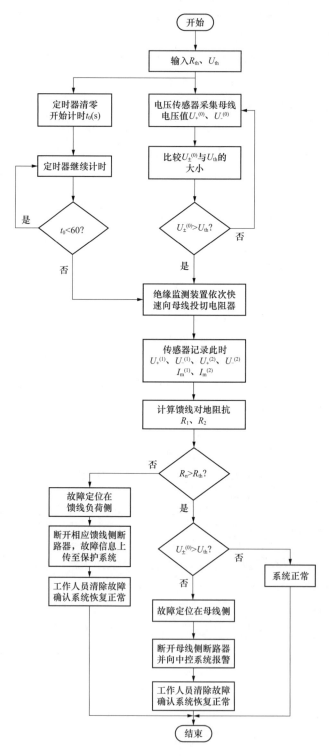

图 6-24　故障定位系统控制流程图

b．PD 变电站失电（故障或检修）。在 PD 变电站失电情况下，JL 换流站为区域内负荷供电，通过改变区域内光伏出力，分析系统潮流分布变化。

c．JL 换流站失电（故障或检修）。在 JL 变电站失电情况下，PD 换流站为区域内负荷供电，通过改变区域内光伏出力，分析系统潮流分布变化。

各段中压环网直流线路输送功率最大情况下的工作电流如表 6-7 所示。

表 6-7　　　　　　　　　　中压直流线路最大工作电流

线路编号	线路名称	最大工作电流发生条件	最大工作电流
1	JL 换流站至 JL 开关站	PD 换流站停运，2 号线路停运，下游用户满负荷运行，此时 1 号线路输送 10.51MW	527A
2	JL 换流站至 PD 开关站	PD 换流站停运，1 号线路停运，下游用户满负荷运行，此时 2 号线路输送 10.51MW	527A
3	PD 换流站至 JL 开关站	JL 换流站停运，4 号线路停运，下游用户满负荷运行，此时 3 号线路输送 10.51MW	527A
4	PD 换流站至 PD 开关站	JL 换流站停运，3 号线路停运，下游用户满负荷运行，此时 4 号线路输送 10.51MW	527A

6.2.5.2　短路电流计算

在发生直流侧故障时，基于半桥子模块 MMC 的柔性直流系统无法采用闭锁换流器的方法限制直流侧短路电流。为确保故障前后的柔性直流输电网的稳定运行和电网关键设备的安全，需要在很短的时间内通过直流断路器切除故障线路来限制短路电流的大小。因此，有必要研究短路电流大小以及柔性直流输电网对直流断路器的性能要求。换流器双极短路故障情况如图 6-25 所示。

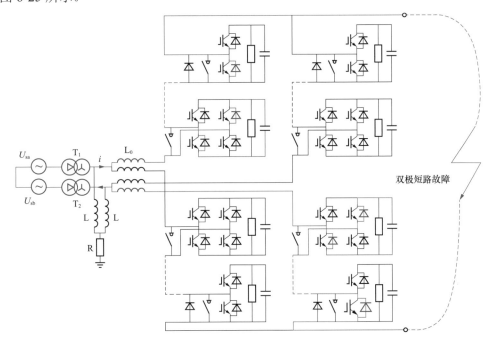

图 6-25　换流器双极短路故障示意图

示范工程中压侧双极短路故障的故障隔离与故障恢复策略原则如下：

1）半桥端：换流器短时闭锁，先由直流断路器过流切除故障，再由差动保护跳开负荷开关隔离故障，其中直流保护出口到断路器时间为 5ms，断路器截留时间 3ms；

2）全桥端：先由全桥换流器控零压或闭锁，再由差动保护隔离故障，其中全桥换流器需耐受 3ms 时长的短路电流以给差动保护提供足够的判定时间。

根据示范工程控制保护的要求，换流器限流电抗器的选择按照半桥型和全桥型可分为以下两类：

1）半桥换流器出口处：限流电抗器参数的选择可以考虑双极短路时换流器短时闭锁，需保证换流器闭锁前最大短路电流小于闭锁后最大短路电流；

2）全桥换流器出口处：限短时不过流（比如 3ms）。

1. 理论计算

MMC 发生直流侧接地故障后，故障电流主要分量有子模块电容放电电流和交流电源三相短路电流。电容放电电流上升极快，为了保护 IGBT 不受损坏，IGBT 的触发脉冲一般会在电流达到两倍额定电流时闭锁。触发脉冲闭锁后，子模块电容不再放电，来自交流电源的故障电流将占主导地位，即触发脉冲闭锁前后故障电流的变化规律完全不一样。因此，在以下的单换流器直流侧故障分析中，将分触发脉冲闭锁前和触发脉冲闭锁后两个时间段分别进行分析，系统参数如表 6-8 所示。

表 6-8 系 统 参 数

桥臂电抗	8mH	单相桥臂电抗	16mH
子模块电容	4mF	单相电容	400μF
二极管导通电阻	10mΩ	联结变漏抗	4mH

（1）闭锁前短路电流计算

闭锁前子模块电容放电回路如图 6-26 所示，主体是三个相单元的并联，对于每个相单元来说，投入的子模块数一直保持为 N 个，因此相单元中的电容电压之和就等于直流电压 U_{dc}，当故障发生于不同时刻时都一直保持不变。

为方便计算，将时域中的暂态电路求解问题转变为复频域中的稳态电路求解问题，则闭锁前子模块电容放电回路可等效为复频域电路，如图 6-27 所示。

求解图 6-27 所示的等效电路，可得

$$I_{dc}(s) = \frac{s\left(L_{dc} + \dfrac{2L_0}{3}\right)i_{dc}(0) + U_{dc}}{s^2\left(L_{dc} + \dfrac{2L_0}{3}\right) + s\left(R_{dc} + \dfrac{2R_0}{3}\right) + \dfrac{N}{6C_0}} \tag{6-14}$$

对式（6-14）进行拉普拉斯反变换，可得

$$I_{dc}(t) = -\frac{1}{\sin\theta_{dc}}i_{dc}(0)\mathrm{e}^{-\frac{t}{\tau_{dc}}}\sin(\omega_{dc}t - \theta_{dc}) + \frac{U_{dc}}{R_{dis}}\mathrm{e}^{-\frac{t}{\tau_{dc}}}\sin(\omega_{dc}t) \tag{6-15}$$

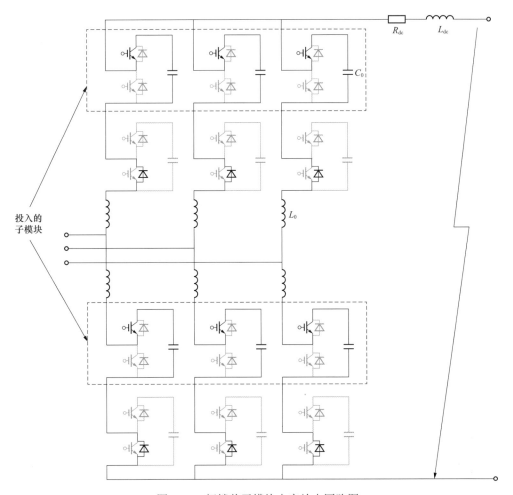

图 6-26 闭锁前子模块电容放电回路图

式中：

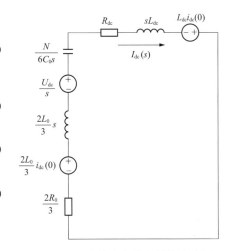

图 6-27 闭锁前电容放电等效电路图

$$\tau_{dc} = \frac{4L_0 + 6L_{dc}}{2R_0 + 3R_{dc}} \qquad (6\text{-}16)$$

$$\omega_{dc} = \sqrt{\frac{2N(2L_0 + 3L_{dc}) - C_0(2R_0 + 3R_{dc})^2}{4C_0(2L_0 + 3L_{dc})^2}} \qquad (6\text{-}17)$$

$$\theta_{dc} = \arctan(\tau_{dc}\omega_{dc}) \qquad (6\text{-}18)$$

$$R_{dis} = \sqrt{\frac{2N(2L_0 + 3L_{dc}) - C_0(2R_0 + 3R_{dc})^2}{36C_0}} \qquad (6\text{-}19)$$

（2）闭锁后短路电流计算

闭锁后三相不控整流放电回路如图 6-28 所示，交流电源通过二极管向故障点提供电流。

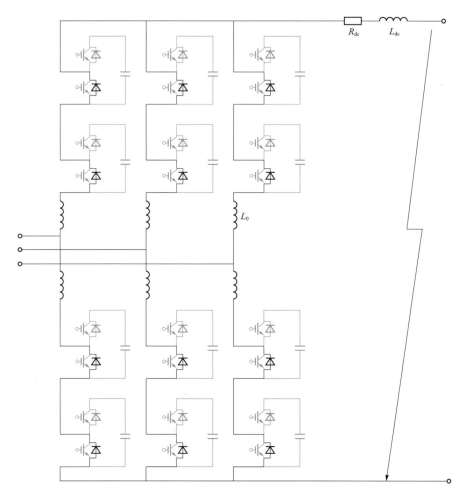

图 6-28 闭锁后三相不控整流放电回路图

三相不控整流电路到达稳态时的电流表达式为

$$I_{\mathrm{dc}\infty} = \frac{3}{2} \cdot I_{\mathrm{s3m}} = \frac{3}{2} \cdot \frac{U_{\mathrm{sm}}}{\omega(L_{\mathrm{ac}} + L_0/2)} \qquad (6\text{-}20)$$

则在 MMC 闭锁后的直流侧短路电流的表达式为

$$i_{\mathrm{dc}}(t) = I_{\mathrm{dc}\infty}\left(1 - \mathrm{e}^{-\frac{t}{\tau_{\mathrm{dc}}}}\right) + I_{\mathrm{dcB}} \cdot \mathrm{e}^{-\frac{t}{\tau_{\mathrm{dcB}}}} \qquad (6\text{-}21)$$

式中：I_{dcB} 为换流器闭锁时的直流侧电流。

（3）计算值与仿真值的比较

对换流器出口处加 10mH 限流电抗器时的故障电流进行理论计算，并与仿真值进行对比，如图 6-29 所示。图 6-29 中，短路电流计算值与仿真值差距不大，闭锁前短路电流误差约 300A，闭锁后的稳态短路电流误差约 100A，证明该仿真模型可以有效进行故障暂态分析。

2. 限流电抗器对短路电流的影响分析

选取 800A 作为 IGBT 的额定电流，在实际工程中，当桥臂电流超过 IGBT 额定电流 1.7～

1.8 倍时 IGBT 将闭锁，所以仿真中设置桥臂电流到达 1400A 时换流器闭锁。

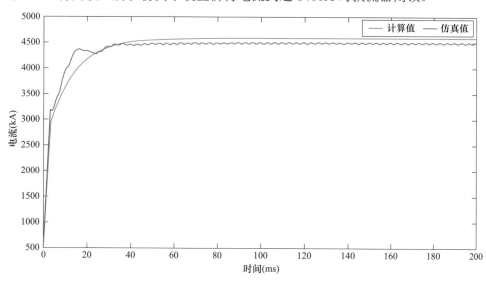

图 6-29 计算值与仿真值对比图

（1）直流断路器出口处短路电流仿真

如图 6-30 所示，示范工程模拟全桥换流器出口处短路。根据示范工程控制保护方案，在发生故障后半桥换流器出口处通过直流断路器来清除故障，其中直流保护出口到断路器的时间为 5ms，断路器截留时间 3ms，目前直流断路器设计要求为可开断最大电流 15kA，因此半桥换流器出口处的限流电抗器选择要求为在故障发生后 8ms 限制故障电流小于 15kA。

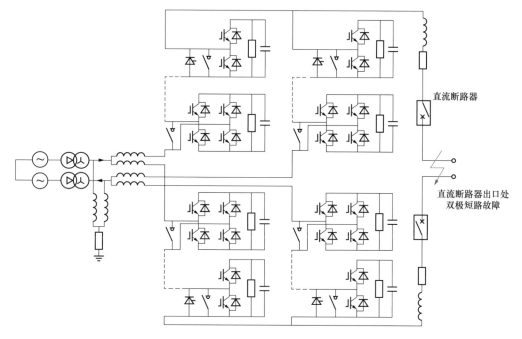

图 6-30 直流断路器出口处短路示意图

当双极短路故障发生在直流断路器出口处时，流经断路器的短路电流最大，该短路电流由全桥换流器和半桥换流器同时提供。考虑系统发生最严重故障的情况，在直流断路器出口处设置双极短路故障。全桥端换流器出口处设置 20mH 电抗器，半换流器出口处分别设置 0、5、10、15、20、30mH 限流电抗器，得到短路电流波形如图 6-31 所示。

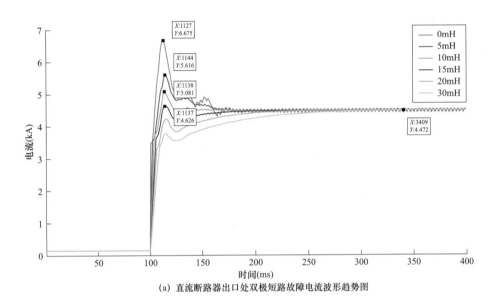

（a）直流断路器出口处双极短路故障电流波形趋势图

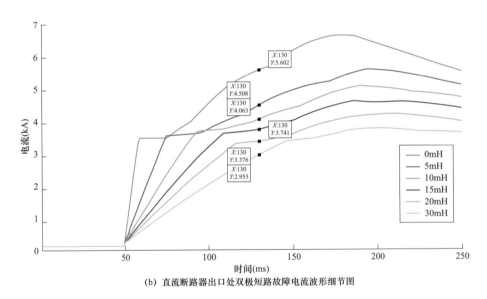

（b）直流断路器出口处双极短路故障电流波形细节图

图 6-31　直流断路器出口处双极短路故障电流波形

如图 6-31（a）所示，在不加限流电抗器的情况下，短路电流最大为 6.675kA；限流电抗器为 5mH 时，短路电流最大为 5.616kA；限流电抗器为 10mH 时，短路电流最大为 5.081kA；限流电抗器为 20mH 及以上时，短路电流最大为稳态短路电流 4.472kA。如图 6-31（b）所

示,在直流断路器开断 8ms 时刻,配置 0、5、10、15、20、30mH 限流电抗器时的短路电流分别为 5.602、4.508、4.063、3.741、3.375、2.955kA,均小于直流断路器最大可开断电流。

(2)限流电抗器在后续仿真中的选取原则

根据上述分析可得:考虑全桥换流器 3ms 不闭锁且保留一定的裕度,全桥换流器出口处限流电抗器选取 20mH;考虑直流断路器 8ms 时的开断能力,可以不配置半桥换流器出口处限流电抗器,但是限流电抗器还具有平波的作用,所以选取 10mH 限流电抗器。

3. 短路电流仿真结果及分析

按照全桥换流器出口配置 20mH 限流电抗器,半桥换流器出口配置 10mH 限流电抗器,进行短路电流仿真分析。

(1)直流断路器出口处双极短路电流

在直流断路器出口处设置双极短路故障如图 6-30 所示,研究该点发生故障后直流断路器耐受的最大电流以及全桥、半桥换流器的闭锁状况。

如图 6-32 所示,当直流断路器出口处发生双极短路故障时,由于合环运行,所以直流断路器出口处电流由两个换流器一起提供,而故障发生在半桥换流器近端和全桥换流器远端,所以半桥换流器提供主要的故障电流。在故障发生后 13.8ms 时刻,故障电流达到最大值 6.581kA,直流断路器需开断电流达到最大值 5.081kA,此时全桥换流器闭锁。

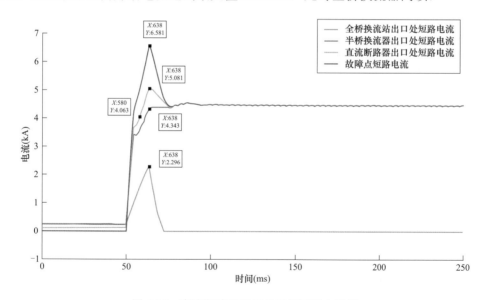

图 6-32　直流断路器出口处双极短路电流图

按照示范工程控制保护方案,若直流断路器在 8ms 时动作,则仅需开断 4.063kA 的电流,远低于 15kA 的额定开断电流。且直流断路器在成功动作后,故障电流开始下降,全桥换流器不会闭锁,继续为系统供电。

为验证上述想法,在仿真中加入理想断路器,故障发生 8ms 后进行故障清除,观察全桥换流器、半桥换流器以及各馈线下负荷的工作状况,如图 6-33 所示。

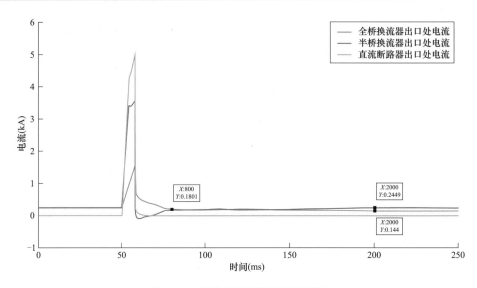

图 6-33　切除故障后的短路电流图

如图 6-32 及图 6-33 所示，在直流断路器动作前，半桥换流器发生闭锁，全桥换流器未发生闭锁。当故障切除后，半桥换流器开始重启，在 30ms 时电流启动至与全桥换流器相等的程度，经过 100ms 左右的振荡波动，两个换流器的电流逐渐稳定。由于切除了 2.5MW 的负荷，半桥换流器为定 5MW 功率运行，所以稳态时半桥换流器提供 245A 电流、全桥换流器提供 144A 电流。

（2）开关站出口处双极短路电流

在开关站出口处设置双极短路故障如图 6-34 所示，研究该点发生故障后负荷开关耐受的最大电流以及全桥、半桥换流器的闭锁状况。

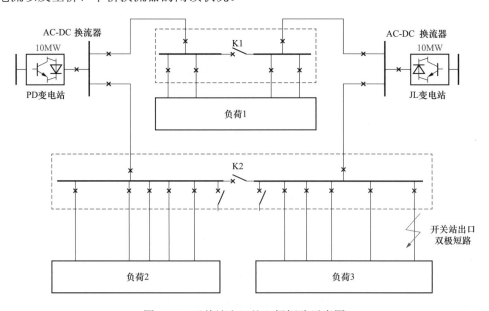

图 6-34　开关站出口处双极短路示意图

如图 6-35 所示，当开关站出口处发生双极短路故障时，故障电流由两个换流器一起提供。在故障发生后 11.5ms 时刻，故障电流达到最大值 4.842kA，此时为负荷开关的最大耐受电流；在故障发生后 9.8ms 时刻，半桥换流器发生闭锁；在故障发生后 11.4ms 时刻，全桥换流器发生闭锁。直流断路器需开断电流达到最大值 5.081kA，此时全桥换流器闭锁。

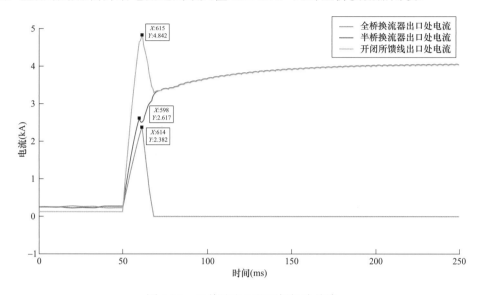

图 6-35　开关站出口处双极短路故障

如图 6-36 所示，在 8ms 时刻故障切除后，半桥换流器虽然没有闭锁，但是电流衰减严重，在 75ms 时刻电流启动至与全桥换流器相等的程度，经过 150ms 左右的振荡波动，两个换流器的电流逐渐稳定。

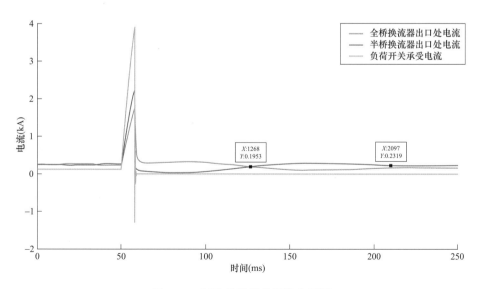

图 6-36　切除故障后的短路电流图

6.3 关键设备选型与成套设计

6.3.1 换流器选型

换流器作为直流配用电系统的电源，起到交直流电能转换的作用。本节首先对比不同换流器拓扑的技术特点，根据示范工程效率及可靠性需求，选取一端半桥、一端混合桥的技术路线；然后，结合示范工程外部参数，开展换流器子模块数、电力电子器件、子模块电容等器件的参数选型；最后，分析了换流器在示范工程遇到的启动顺控等工程化问题。

6.3.1.1 拓扑选型

（1）半桥型拓扑

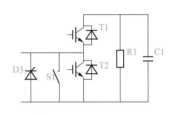

图 6-37 半桥子模块拓扑图

半桥型换流器采用的子模块为半桥型拓扑，如图 6-37 所示，由电容 C1、均压电阻 R1、晶闸管 D3、旁路开关 S1 以及两个 IGBT（T1、T2）构成。正常工作时，半桥子模块通过对 T1、T2 的控制输出 0 和 U_c 两种电平；均压电阻 R1 用于对子模块电容 C1 进行均压及放电；晶闸管 T3 在直流侧发生故障后触发导通，对流过 T2 二极管的大电流进行分流；在子模块发生故障后，旁路开关 S1 可将子模块切除。

半桥子模块具有损耗小、结构简单、可靠性高等优点。但当直流侧发生故障时，T1、T2 均关断，故障电流仍可通过二极管进行续流，因此半桥子模块对故障电流无抑制作用，不具备直流故障穿越能力。

（2）全桥型拓扑

全桥型换流器采用的子模块为全桥型拓扑，如图 6-38 所示，由电容 C1、均压电阻 R1、旁路开关 S1 以及 4 个 IGBT（T1、T2、T3、T4）构成。其中，均压电阻 R1、旁路开关 S1 与半桥型拓扑中作用相同。正常工作时，全桥子模块可通过对 T1~T4 的控制输出 0、U_c、$-U_c$ 三种电平，可通过闭锁或控制输出电流为零来阻断直流侧放电电流。

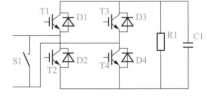

图 6-38 全桥子模块拓扑图

与半桥型拓扑相比，全桥型拓扑具有故障穿越能力，但正常工作时有两个 IGBT 导通，损耗较高。

（3）混合桥型拓扑

混合桥型拓扑由不同类型子模块混合而成，通常特指半桥子模块和全桥子模块的混合。混合桥型拓扑在全桥和半桥子模块配比满足一定条件的情况下，具有直流侧故障穿越的能力，同时损耗小于全桥型拓扑相比，兼具了半桥型拓扑和全桥型拓扑的特点，得到了越来越广泛的关注。但由于混合桥型拓扑内部含有多种不同类型模块，其启动、均压、故障穿越等控制策略较为复杂。

（4）故障自阻断能力拓扑

当换流器子模块采用双子嵌位、交叉嵌位等拓扑时，具有故障自阻断能力。当直流侧发生故障时，可通过闭锁所有模块来阻断故障电流。下面以钳位双子模块为例，分析其运

行原理。

如图 6-39 所示，钳位双子模块由两个等效半桥单元通过两个钳位二极管和一个引导 IGBT（T0）构成，正常工作时，T0 始终导通，可以输出 0、U_c、$2U_c$ 3 个电平，具有闭锁后故障自清除功能。上述拓扑的缺点在于正常运行时引导管需要长期导通，降低了效率及可靠性。此外，发生直流侧故障时，只能通过闭锁来清除故障。钳位双子模块 3 种模式下触发信号及输出电压如表 6-9 所示。

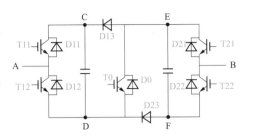

图 6-39　钳位双子模块拓扑图

表 6-9　　　　　　　　　　　　钳位双子模块触发信号及输出电压

控制模式	T11	T12	T21	T22	T0	i_{AB}	U_{AB}
正常模式	0	1	0	1	1	—	U_c
	0	1	1	0	1	—	0
	1	0	0	1	1	—	U_c
	1	0	1	0	1	—	$2U_c$
闭锁模式	0	0	0	0	0	>0	$2U_c$
	0	0	0	0	0	<0	$-U_c$

综上所述，四种不同拓扑模块的对比分析如表 6-10 所示。

表 6-10　　　　　　　　　　　　四种不同拓扑的对比分析

对比项	半桥子模块	全桥子模块	混合型	钳位双子模块
直流故障自清除能力	无	有	有	有
损耗	小	高	中	中
零电压运行能力	否	是	是	否
可靠性	高	较高	较高	较低

为兼顾示范工程的运行效率及可靠性，同时为比较直流配用电系统对于不同技术路线的适应性，示范工程 JL 中心站采用半桥+直流断路器的配置方案、PD 中心站采用混合桥+直流负荷开关的配置方案。

混合桥换流器为了实现故障穿越，其全桥和半桥的配比需满足一定的约束关系，下面分析混合桥配比的选取原则。

（1）采用闭锁穿越的策略

发生直流双极故障时所有模块均闭锁，只有全桥子模块的电容处于投入状态。假设半桥子模块数目为 N_H，全桥子模块数目为 N_F，全桥模块占比 $\eta = N_F / (N_F + N_H)$。此时故障回路中共有 $2N_F$ 个电容投入，若要穿越故障，电容电压值总和需大于交流线电压峰值 U_{LL}，即

$$2N_F U_c \geq U_{LL} \tag{6-22}$$

根据混合型 MMC 基本运行原理，U_C、U_{dc}、U_{LL} 满足以下关系

$$\left.\begin{array}{l} U_{dc} = (N_H + N_F)U_C \\[2mm] U_{ph} = \dfrac{1}{2}MU_{dc} = \dfrac{1}{2}M(N_H + N_F)U_C \\[2mm] U_L = \sqrt{3}U_{ph} = \dfrac{\sqrt{3}}{2}M(N_H + N_F)U_C \end{array}\right\} \tag{6-23}$$

其中，M 为调制比，综上解得

$$\eta = \frac{N_F}{N_H + N_F} \geqslant \frac{\sqrt{3}M}{4} \cdot \frac{1+M}{2} \tag{6-24}$$

在示范工程中，调制比 $M=0.85$，带入解得 $\eta \geqslant 36.8\%$。

（2）采用不闭锁穿越的策略

由于全桥换流器可输出零压，因此在故障过程中，可通过控制全桥换流器输出反压，进而控制换流器输出电流为零穿越故障。此时，全桥和半桥配比需满足如下要求：

正常运行时，当全桥和半桥模块均正向投入时有

$$(N_F + N_H)U_c = U_{dc} \tag{6-25}$$

发生故障时，为了限制故障电流，直流侧电压应小于等于 0，即交流侧电压高于直流侧电压，桥臂输出负压。此时，桥臂最大负压输出能力为全桥全部反向投入，半桥不投入，即

$$N_F U_c \geqslant \frac{M}{2}U_{dc} \tag{6-26}$$

综上解得

$$\eta = \frac{N_F}{N_H + N_F} \geqslant \frac{M}{2} \tag{6-27}$$

在示范工程中，调制比 $M=0.85$，带入解得 $\eta \geqslant 42.5\%$。

根据上述结果，为留有一定裕度，同时考虑到故障情况下对故障电流的限制，选取全桥和半桥模块配比为 2:1，即 $\eta = 66.7\%$。

6.3.1.2 参数选型

本小节以混合桥换流器为例，介绍示范工程中换流器子模块个数、功率器件、桥臂电抗器、子模块电容、启动电阻及均压电阻的参数选型。

示范工程总体负荷容量为 10.51MW，吴江示范工程配置 2 个换流器，单换流器容量定为 10MW。由于交流系统接入电压等级为 10kV，考虑换流器调制比选为 0.8～0.9，直流侧电压可选范围为

$$U_{dc} = \frac{2\sqrt{2}}{\sqrt{3}M}U_{ac} = 18.14 \sim 20.41(kV) \tag{6-28}$$

因此选取直流侧电压为 ±10kV。

此时直流侧额定电流为

$$I_{dc} = \frac{P}{U_{dc}} = \frac{10}{20} = 500(A) \tag{6-29}$$

交流侧额定电流为

$$I_{ac} = \frac{P_s / 3}{U_{ac} / \sqrt{3}} = \frac{10 / 3}{10 / \sqrt{3}} = 577.37(\text{A}) \tag{6-30}$$

预估桥臂中 2 倍频环流为

$$I_{cir2} = 25\% \times \frac{I_{ac}}{2} = 72.17(\text{A}) \tag{6-31}$$

求得桥臂电流为

$$I_{arm} = \sqrt{\left(\frac{I_{ac}}{2}\right)^2 + \left(\frac{I_{dc}}{3}\right)^2 + I_{cir2}^2} = 379.75(\text{A}) \tag{6-32}$$

另一方面，由于目前通用 IGBT 的耐压等级为 1200V、1700V 和 3300V，考虑到不同子模块数目下的 THD 水平、器件经济性及运行损耗，选择子模块数目为 22 个、冗余 2 个模块，此时每个子模块电压为

$$U_{sm} = \frac{U_{dc}}{N} = \frac{20}{22} = 909(\text{V}) \tag{6-33}$$

一般情况下，器件选型时电压、电流利用率不超过 65%，故选取 IGBT 型号为 1700V/650A。选取等容量放电时间常数为 0.035s，则子模块电容为

$$C = \frac{NHP_{dc}}{3U_{dc}^2} = \frac{22 \times 0.035 \times 10}{3 \times 20^2} = 6.4(\text{mF}) \tag{6-34}$$

其中，系统在额定有功状态下，发出一定无功时，模块电压波动变大，电容选取时需考虑一定裕量，取 7mF。

确定桥臂电感参数时，一方面需避开环流谐振点，另一方面需抑制故障电流。当桥臂电感避开环流谐振点时有

$$L_0 = \frac{N}{4 \cdot w_0^2 \cdot C_0} = \frac{22}{4 \cdot 314^2 \cdot 0.007} = 7.97(\text{mH}) \tag{6-35}$$

当桥臂电感抑制故障电流时

$$L_0 = \frac{U_{dc}}{2\alpha} = \frac{20}{2 \times 10} = 1(\text{mH}) \tag{6-36}$$

桥臂电感取两者较大值，且留一定裕量，取 10mH。

在实际工程中，一般要求换流器启动电流 I_{st} 小于 50A，这样对于接入额定电压为 10kV 交流系统的 MMC 换流站，连接变压器网侧接限流电阻时，限流电阻 R_{lim} 的表达式为

$$R_{lim} \geqslant \frac{U_{sm}}{I_{st}} = \frac{\sqrt{2} \times 10 / \sqrt{3}}{50} = 163.28(\Omega) \tag{6-37}$$

当均压电阻与取能环节参数不匹配时，MMC 启动过程中将出现电容均压效果劣化的情况。因此，均压电阻与取能环节参数匹配的原则是使 MMC 即使处于静态直流充电状态时，反复启停的子模块所占比例也不超过 50%。MMC 启动时一方面要考虑调度指令下达、执行、核对等步骤所需的最低时间；另一方面要防止 MMC 长期处于静态直流充电状态，避免电容

均压情况过度劣化。因此，在柔性直流输电保护系统中设置了静态直流充电耐受时间保护定值，MMC 应在此时间内完成启动过程，且在此时间定值内反复启停的子模块数量不应超过子模块总数量的 50%。

换流器停运（尤其是因故障导致的紧急停运）后，检修人员需进入阀厅进行故障处理工作，但在电容放电完全前其门禁系统处于闭锁状态。门禁闭锁时间由换流器的放电时间决定。子模块电容放电分为两个阶段：①即取能电源工作，由取能电源和均压电阻一起放电阶段；②取能电源关断，由均压电阻进行放电阶段。放电时间为两阶段时间之和，且需满足在门禁系统闭锁时间内电容应放电完毕的条件。

基于以上分析，子模块均压电阻值选取为 33kΩ。

6.3.2 直流变压器选型

6.3.2.1 拓扑选型

相比传统交流配电系统，中低压直流配电系统可以显著提高供电的灵活性与可靠性，提高供电效率。直流变压器是直流配电系统中实现隔离和电压变换的关键设备。然而，现有工程中的直流变压器（或电力电子变压器）存在效率低、占地面积大、价格贵的问题。示范工程应用场景多样，为了降低直流变压器的体积与成本，增强示范工程的创新性，根据不同直流变压器的拓扑结构，结合应用场景特点选择直流变压器的技术方案。

（1）纯光伏接入场景

针对纯光伏接入场景，由于潮流的单向性，直流变压器只需实现单向功率传输。直流变压器的子模块拓扑结构可进行一定简化，以降低直流变压器的成本和体积，其子模块拓扑结构如图 6-40 所示。

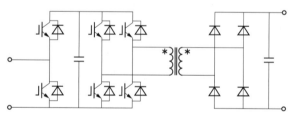

该拓扑在中压侧采用二极管构成全桥整流结构来代替有源全桥，实现单相功率传输，输入并联、输出串联以实现较高的升压比。在低压侧输入增加半桥结构，实现故障阻断、在线冗余、MPPT 及均压控制功能。二极管结构简单，耐压、耐流能力强。相比

图 6-40 光伏升压直流变压器子模块拓扑结构

有源全桥，可以进一步提高功率模块的变比，提高单个功率模块的传输功率，减小子模块数量，降低系统体积和成本。

（2）工业负荷

针对光伏、储能及各类工业负荷的接入，直流变压器需要具有双向功率传输能。采用单移相控制的传统 DAB 结构在电压不匹配和轻载情况下易丢失软开关，降低了直流变压器的效率。为进一步提高直流变压器的效率，减小散热器体积，可以采用如图 6-41 所示的开关电容+SRDAB 结构技术方案。SRDAB 变换器采用移相控制，可以实现双向

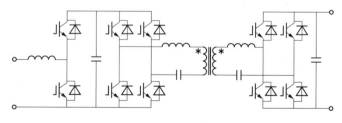

图 6-41 开关电容+SRDAB 直流变压器的子模块拓扑

功率传输。交流链路采用 CLLC 谐振结构，能够实现高压侧全桥开关管的零电压导通和低压侧全桥开关管的零电流关断，提高变换器的效率。在此基础上，通过在中压侧增加半桥结构和滤波电感，构成开关电容模块，该变换器可在输入侧电压波动时控制串联侧电容电压保持稳定，保证 SRDAB 变换器的输入、输出电压匹配，以及高压侧和低压侧全桥开关管软开关的实现。所有子模块采用输入串联、输出并联的形式连接中压侧与低压侧直流母线。

（3）充电桩负荷

充电桩负荷具有波动性强、对轻载效率要求较高、可靠性要求相对较低的特点。为了降低直流变压器的体积和制造成本，可以采用如图 6-42 所示的三电平结构替代传统两电平子模块结构。若选用相同开关管，三电平结构的子模块中压侧耐压水平为传统两电平方案的 1 倍，适合充电桩等负荷波动性强、容量较小的应用场合。采用三电平结构后，功率模块数量减小为原来的一半，可以显著降低直流

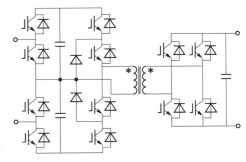

图 6-42　三电平子模块

变压器的体积。该拓扑结构在中压侧采用两个半桥串联，可进一步提升三电平子模块结构暂态及故障特性，实现故障阻断、在线冗余等功能。

（4）居民、商业、数据中心负荷

居民、商业、数据中心负荷具有多电压等级、对可靠性要求高的特点。冰箱、空调等家用电器采用 375V 电压等级供电，数据中心等负荷采用 750V 电压等级供电。因此，采用如图 6-43 所示的直流变压器并联的技术方案。采用两套设备并联，构成+375V 和−375V 低压直流母线，但是设备成本及占地均为伪双极的 2 倍。

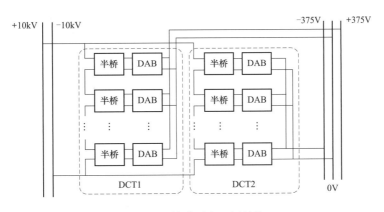

图 6-43　并联型真双极结构

6.3.2.2　直流变压器参数选型

实际工程中，为了提高直流变压器的效率，降低体积和成本，采用开关电容+SRDAB 变换器作为直流变压器的子模块拓扑结构。本小节以基于开关电容+SRDAB 变换器的直流变压器拓扑为例，介绍变换器参数的设计过程。变换器的技术参数如表 6-11 所示。

表 6-11   直流变压器技术参数

参数	数值
额定功率	1.5MW
中压侧额定电压	20kV DC（±10kV DC）±0.5kV
低压侧额定电压	750V DC
中压直流端口电流 THD	≤3%
低压侧直流电压稳态纹波	≤1%
冗余度	≥10%
冷却方式	强迫风冷

1. 开关器件、子模块数量设计

开关器件的选型需要根据变换器的额定电压和额定电流进行选择。常见的 IGBT 模块有 1200、1700、3300V 等电压等级。直流变压器低压侧直流母线电压为 750V，考虑一定的冗余，可采用 1200V IGBT 模块作为低压侧全桥开关管。考虑功率双向流动时 SRDAB 拓扑的对称性，设计子模块高频变压器变比为 1:1，中压侧模块额定电压同样为 750V，此时单个功率模块的输入、输出电压增益为 1，以获得较大的软开关范围，提高变换器的工作效率。考虑一定的冗余，采用 1200V IGBT 模块作为中压侧子模块全桥开关管。

根据开关管选型，单个子模块电压为 750V，子模块总数为

$$N = \frac{U_{\mathrm{MV}}}{U_{\mathrm{SM}}} = 26.6 \tag{6-38}$$

实际选择子模块个数 $N=26$，考虑冗余度≥10%，实际冗余子模块个数为 4，子模块总数为 30。单个子模块的额定功率为

$$P_0 = \frac{P_{\mathrm{N}}}{N} = 57.6(\mathrm{kW}) \tag{6-39}$$

根据单个子模块额定功率,忽略器件损耗,可以计算得到此时子模块额定输入电流为 76.8A，额定输出电流也为 75.8A。根据功率模块参数，功率模块开关管选用型号为 CM225DX-24T 的半桥 IGBT 模块，所选 IGBT 模块电流、电压裕度较大，能满足直流变压器 1.1 倍长期过载运行要求。IGBT 的主要参数如表 6-12 所示，外形尺寸如图 6-44 所示。

表 6-12   **CM225DX-24T 主要参数表**

参数	数值
集射极电压	1200V
集射极饱和电压	1.55V（25℃）
门极—发射极电压	±20V
集电极电流	225A
集电极峰值电流	450A

参数	数值
最高结温	175℃
开通损耗（T_{vj}=150℃）	25.5mJ
关断损耗（T_{vj}=150℃）	22.9mJ
二极管正向直流电流	225A
二极管正向电压	1.55V（25℃）
二极管反向恢复损耗	16.1mJ
R_{thJK}（IGBT/Diode）	113.5/161.5（K/kW）

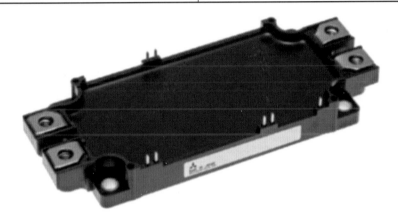

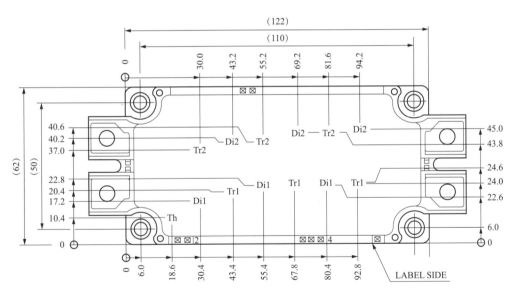

图 6-44　CM225DX-24T 外形和尺寸

2. SRDAB 参数设计

（1）谐振参数设计

SRDAB 结构如图 6-45 所示，为了简化动态特性的分析，这里近似地将输出侧视为理想

电压源，设输出电压始终保持恒定，分析开环系统的动态特性。根据经典控制理论，系统的动态特性主要由极点在复平面上的位置决定。而在现代控制理论中，系统的极点实际就是状态方程中系数矩阵 A 所对应的特征值。简化后系统的系数矩阵 A 为

$$A = \begin{bmatrix} -\dfrac{R_r}{L_r} & \omega_s & -\dfrac{1}{L_r} & 0 \\ -\omega_s & -\dfrac{R_r}{L_r} & 0 & -\dfrac{1}{L_r} \\ -\dfrac{1}{C_r} & 0 & 0 & \omega_s \\ 0 & \dfrac{1}{C_r} & -\omega_s & 0 \end{bmatrix}$$ （6-40）

由此可解的系统的 4 个极点分别为

$$\left. \begin{aligned} p_1 &= -\frac{R_r}{2L_r} + j\left(\omega_s + \sqrt{\omega_r^2 - \frac{R_r^2}{L_r^2}} \right) \approx -\frac{R_r}{2L_r} + j(\omega_s + \omega_r) \\ p_2 &= -\frac{R_r}{2L_r} - j\left(\omega_s + \sqrt{\omega_r^2 - \frac{R_r^2}{L_r^2}} \right) \approx -\frac{R_r}{2L_r} - j(\omega_s + \omega_r) \\ p_3 &= -\frac{R_r}{2L_r} + j\left(\omega_s - \sqrt{\omega_r^2 - \frac{R_r^2}{L_r^2}} \right) \approx -\frac{R_r}{2L_r} + j(\omega_s - \omega_r) \\ p_4 &= -\frac{R_r}{2L_r} - j\left(\omega_s - \sqrt{\omega_r^2 - \frac{R_r^2}{L_r^2}} \right) \approx -\frac{R_r}{2L_r} - j(\omega_s - \omega_r) \end{aligned} \right\}$$ （6-41）

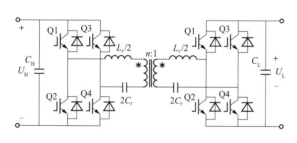

图 6-45 SRDAB 变换器拓扑结构

p_1、p_2 为一对共轭极点，p_3、p_4 为另一对共轭极点。由于频率比 k 只影响极点的虚部，因此频率比 k 对调节时间没有影响。在频率比 k 一定时，特征阻抗 Z 与谐振电感 L_r 成正比。由于这两对极点的实部与虚轴的距离和谐振电感 L_r 成反比，因此减小谐振电感 L_r 可以增大系统的阻尼比，有利于闭环系统的稳定。

优先考虑频率比 k 对开关损耗的影响，并留有一定裕度以避免等效电阻使软开关丢失，初步选定 $k=1.2$。从设计层面考虑，为了保证移相控制的精度并减少开关死区的影响，最大移相比存在下限，一般选取最大移相比的范围为 [0.05, 0.2]。因此，在确定频率比 k 后，特征阻抗的取值范围受最大移相比约束。为了满足最大移相比在 [0.05, 0.2] 范围内传输功率能达到额定功率，有不等式

$$\frac{4kU_{LV}^2}{\pi Z \cos\left(\dfrac{\pi}{2k}\right)} \left[\sin\left(\frac{1-\delta_{min}}{2k}\pi\right)\sin\left(\frac{\delta_{min}}{2k}\pi\right) \right] \leqslant P_0 \leqslant \frac{4kU_{LV}^2}{\pi Z \cos\left(\dfrac{\pi}{2k}\right)} \left[\sin\left(\frac{1-\delta_{max}}{2k}\pi\right)\sin\left(\frac{\delta_{max}}{2k}\pi\right) \right]$$ （6-42）

带入相关参数后，可得到特征阻抗 Z 的取值范围是 [0.76，2.73]。综合考虑等效电阻的影响以及各参数对动态特性的影响，确定子模块开关频率为 3kHz，最终设计谐振电感 L_r=80μH，谐振电容 C_r=50μF，实际频率比 k=1.19，谐振频率为 2.5kHz，特征阻抗 Z=1.26，最大移相比为 0.082。由于谐振电容在变压器高低压侧对称分布，因此需分别串联 100μF 的电容。

（2）子模块电容设计

输出侧电容的主要作用是：滤除双有源桥级输出电流中的高频分量，降低输出电压的谐波含量；同时为低压侧直流母线提供电压支撑，为低压侧负载的额定运行提供一定时间长度的能量储存。为了实现上述功能，需要从抑制输出电压谐波含量和提高有功功率调节动态响应速度等方面对输出侧电容进行设计。

首先考虑双有源桥输出电流对输出电压谐波的影响。由于输出电流中主要含有开关频率的二次谐波分量，所以在半个开关周期内，根据基尔霍夫电流定律，输出电容中的充电电流为

$$i_C = \frac{U_{LV}}{Z\cos\left(\dfrac{\pi}{2k}\right)}\left[\sin\left(\frac{\pi}{2k} - \frac{\omega_s t - \delta\pi}{k}\right) - \sin\left(\frac{\pi}{2k} - \frac{|R(\omega_s t)|}{k}\right)\right] - \frac{P_0}{u_2}, \omega_s t \in [\delta\pi, \delta\pi + \pi] \quad （6\text{-}43）$$

由于不采用交错移相技术，可解得电容电压波动的最大值为

$$\max\left[\text{abs}(du)\right] = \max\left[\text{abs}\left(\frac{1}{C_{LV}}\int i_C dt\right)\right] \quad （6\text{-}44）$$

根据 $THD \leqslant 1\%$ 的指标，可近似解得输出电容设计范围的下限为

$$C_{LV} \geqslant \frac{\max\left[\text{abs}\left(\int i_C dt\right)\right]}{0.01 U_{LV}} = 1.29\text{mF} \quad （6\text{-}45）$$

除此之外，还需考虑输出电容对有功功率调节动态响应时间的影响，有功功率控制时间响应必须控制在一定范围内，有

$$\frac{1}{2}C_{LV}\left[(1+\varepsilon_{dc})U_{LV}\right]^2 - \frac{1}{2}C_{LV}U_{LV}^2 \leqslant \tau P_0 \quad （6\text{-}46）$$

式中：ε_{dc} 表示低压直流母线电压的波动系数；τ 为有功功率的调节时间。

取 τ=5ms，由式 6-47）可解得输出电容的设计范围上限为

$$C_{LV} \leqslant \frac{2\tau P_0}{(2+\varepsilon_{dc})\varepsilon_{dc}U_{LV}^2} = 23.06\text{mF} \quad （6\text{-}47）$$

所以输出电容 C_{LV} 的范围为 [1.29，23.06] mF。考虑电容器的体积与成本，最终设计输出电容 C_{LV}=4.8mF。

3. 半桥开关电容设计

（1）中压侧母线电容设计

开关电容子模块电容的作用与双有源桥级的输出电容相似：缓冲直流变压器中压侧与双

有源桥级间的能量交换，并且稳定双有源桥级的输入电压。

为了实现双有源桥级的软开关,开关电容子模块的电容电压波动必须限制在一定范围内，在子模块电容容值取下限时应满足：在一个控制周期内，切除子模块的电压波动不超过离散度阈值决定的电压边界。

$$T = \frac{C_{sm}\sigma_m U_{sm\_ref}}{abs\left(\dfrac{P_N}{N U_{sm\_ref}}\right)} \geq \frac{1}{f_{ctrl}} \tag{6-48}$$

式中：C_{sm} 为子模块电容；U_{sm_ref} 为子模块电压参考值；N 为个数；P_N 为直流变压器额定功率；f_{ctrl} 为控制频率。

取离散度阈值 $\sigma_m = 0.02$，带入参数后可解得子模块电容容值的下限为

$$C_{sm} \geq \frac{P_N}{\sigma_m N U_{sm\_ref}^2 f_{ctrl}} = 7.19(mF) \tag{6-49}$$

开关电容子模块的电容上限与双有源桥级的输出电容一致，所以设计开关电容子模块的电容 C_{sm} 的范围为 [7.19，23.06] mF。考虑一定的裕度，最终选取 $C_{sm} = 9.6$mF。

开关电容级输出侧的串联电抗器对电流控制的动、静态响应特性及系统可靠性有重要影响，其作用主要包括：

1）开关电容级输出电压和中压直流配电网电压之间的能量缓冲，对直流变压器注入直流配电网系统的电流具有一定的平滑作用；

2）抑制中压直流配电网侧的电流纹波，起到滤波的作用；

3）提高系统的可靠性，对短路故障电流上升率有一定的限制作用等。

（2）中压侧滤波电抗器设计

在采用混合 PWM 调制策略时，任何时刻都只有一个开关电容子模块处于斩波状态。当该子模块的开通占空比为 0.5 时，谐波电流的峰值最大，所以以此为基础计算电抗器电感下限值。谐波电流的峰值 Δi 需满足下式

$$\Delta i = \frac{U_{sm\_ref}}{4 f_s L} \leq 0.05 \frac{P_N}{U_{MV}} \tag{6-50}$$

由此可解得电抗器电感的设计下限值为 $L \geq 2.93$mH。

电抗器电感的上限值受有功控制响应速度限制。由于额定工况下开关电容级的等效占空比大于 0.5，因此应对有功增长和有功减少的响应速度极限不同，且在响应有功减少时的速度极限较小。取有功功率的调节时间 $\tau = 5$ms，并忽略调节过程中子模块电容电压的变化，则电感的上限值为

$$L \leq \frac{\tau U_{MV}(N U_{sm\_ref} - U_{MV})}{P_N} = 38.4(mH) \tag{6-51}$$

综上，设计串联电抗器的电感 L 范围为 [2.93，38.4] mH。考虑电抗器的体积与成本，最终设计串联电抗器的电感 $L = 5$mH。

4. 均压电阻

均压电阻能够实现中压侧串联子模块间的静态均压和功率模块电容自放电。考虑放电时间以及放电电阻的功率损耗，要求直流电容从运行电压放电到 24V 安全电压不超过 30min。结合工程实际，选择子模块电容放电时间为 $4R_C$，子模块电容值为 4.8mF，则电阻值应小于 375kΩ。考虑不控充电时，中压侧模块的串联均压及电阻功耗，最终选择电阻为 300kΩ。

按照低压侧直流电容的电压额定值 750V 计算，放电电阻的功耗为

$$P = \frac{U^2}{R} = \frac{750 \times 750}{300000} = 1.857(\text{W}) \tag{6-52}$$

按照中压侧直流电容的电压额定值 750V 计算，子模块电容值为 9.6mF，电阻值应小于 187.5kΩ，选择放电电阻的阻值为 150kΩ，放电电阻的功耗为 3.75W。

根据以上计算，模块高、低压侧分别使用阻值为 300kΩ 和 150kΩ 的电阻各 1 只，阻值精度±1%，电阻功率为 150W，可使用风冷散热器对其进行散热。

6.3.3 直流断路器及负荷开关选型

6.3.3.1 系统需求概述

根据系统特性，在系统满负荷稳态运行时，系统额定电流达到 1kA（参照 6.2.5 节），考虑系统中存在的短时 2 倍额定电流过载要求，负荷开关的开断能力要求为 2kA；同时考虑双极性线路上各配备一台负荷开关，因此要求负荷开关额定电流为 2kA。负荷开关在系统中承担系统调试过程和正常运行投切功能，在系统调试或低负荷运行时，存在几十安培的小电流工况，为了快速响应系统工况的变化，要求负荷开关需要在全电流范围开断时间小于 3ms。

根据系统故障暂态特性的计算（参照 6.2.5 节），直流配电网系统最严峻故障工况为 MMC 出线端发生双极短路故障，若 MMC 及时闭锁，则半桥 MMC 故障电流峰值约 7kA；若 MMC 中因器件故障等原因出现闭锁失败的工况，故障电流峰值将达到约 10kA。在考虑裕量的情况下，要求直流断路器的开断能力为 15kA。关于断路器的开断时间，考虑到系统的故障定位延时、控制保护策略和信号传输延时需要一定时间，为避免长时间短路电流冲击对系统其他设备造成损坏（例如 MMC 子模块二极管的热冲击），要求断路器的开断时间小于 2ms。

6.3.3.2 技术路线选型

目前主流的直流开断方案包括空气式、机械式、混合式和固态式直流断路器，其技术特点对比如表 6-13 所示。

根据上述分析，结合系统工程的参数需求，针对负荷开关和断路器选择不同的技术路线。

负荷开关要求成本低、开断性能适中、全电流范围开断速度快，因此，选取磁耦合电流注入式开断方案作为负荷开关技术方案。其拓扑结构如图 6-46 所示，通过磁耦合模块一次转移即可实现电流从断口到 MOV 的快速转移，不需转移电容。这一方面解决了传统机械式小电流开断速度慢的难题，另一方面大幅降低了成本和体积，将体积降低了 30%～40%，成本降低约 30%。

对于直流断路器，考虑到 2ms 内 15kA 快速截流的指标参数，选取混合式开断方案作为目标技术。为解决传统混合式的电流回路串接电力电子器件的问题，采用真空弧压增强断口，

通过机械开关实现电流的快速转移。其拓扑结构如图 6-47 所示，无需辅助器件，大幅降低了断路器通态损耗，同时保持了全电流快速开断的优势，且整体成本降低了约 20%。

表 6-13   现有技术方案对比

断路器	拓扑结构	技术特点	适用场合
空气式直流断路器	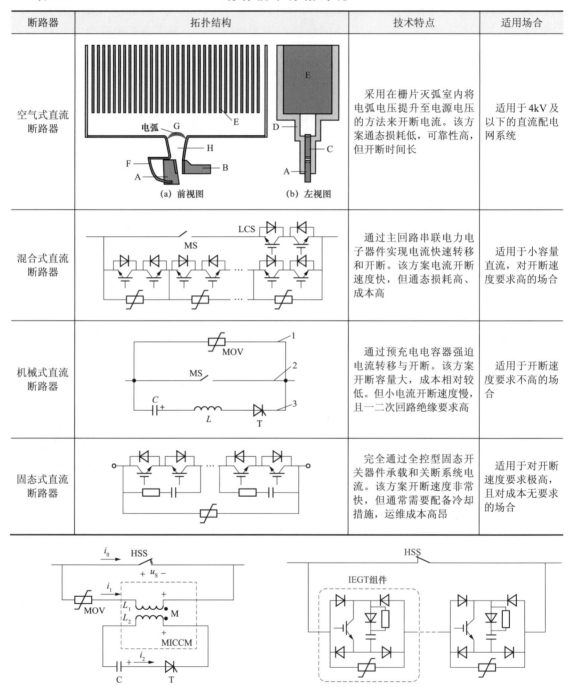 (a) 前视图 (b) 左视图	采用在栅片灭弧室内将电弧电压提升至电源电压的方法来开断电流。该方案通态损耗低，可靠性高，但开断时间长	适用于 4kV 及以下的直流配电网系统
混合式直流断路器		通过主回路串联电力电子器件实现电流快速转移和开断。该方案电流开断速度快，但通态损耗高、成本高	适用于小容量直流，对开断速度要求高的场合
机械式直流断路器		通过预充电电容器强迫电流转移与开断。该方案开断容量大，成本相对较低。但小电流开断速度慢，且一二次回路绝缘要求高	适用于开断速度要求不高的场合
固态式直流断路器		完全通过全控型固态开关器件承载和关断系统电流。该方案开断速度非常快，但通常需要配备冷却措施，运维成本高昂	适用于对开断速度要求极高，且对成本无要求的场合

图 6-46 磁耦合电流注入式拓扑结构   图 6-47 弧压增强混合式直流断路器拓扑结构

6.3.3.3 直流断路器关键设备选型

直流断路器关键设备包括高速机械开关、IEGT 组件与 MOV 组件，选型策略如下。

（1）高速机械开关

高速机械开关不仅需要承载额定电流，也需要在开断后耐受开断过电压。为此，为了可靠耐受开断过电压，提出高速机械开关的参数如表 6-14 所示。

表 6-14　　　　　　　　　　　高速机械开关主要技术参数

序号	项目名称		单位	参数值
1	额定直流电压		kV	DC12
2	额定直流电流		A	2000
3	额定直流耐受电压	对地（60min）	kV	30
		隔离断口、真空断口（60min）		24
4	额定雷电冲击耐受电压（1.2/50μs）	对地	kV	75
		隔离断口、真空断口		75
5	额定短时耐受电流		kA	20
6	额定短路持续时间		s	2
7	额定峰值耐受电流（峰值）		kA	50
8	机械寿命		次	5000
9	分闸时间		ms	≤5
10	合闸时间		ms	≤10
11	平均分闸速度		m/s	2.5±0.5
12	平均合闸速度		m/s	1.5±0.5
13	触头开距		mm	15±1

（2）MOV 组件

MOV 组件是直流断路器和负荷开关中耗散系统能量的关键设备，结合系统额定容量和短路容量的计算（参照 6.2.5 节），以及直流断路器开断过电压小于 20kV 的指标参数，MOV 的参数如表 6-15 所示。

表 6-15　　　　　　　　　　　MOV 组 件 参 数 表

序号	项目名称	单位	参数值
1	额定直流电压	kV	10
2	额定直流电流	kA	20
3	额定直流耐受电压	kV	35
4	额定雷电冲击耐受电压（1.2/50μs）	kV	75
5	额定峰值耐受电流（峰值）	kA	20

序号	项目名称	单位	参数值
6	预期寿命	次	5000
7	额定电流下残压	kV	≤20
8	额定容量（断路器）	kJ	≥500

（3）IEGT 组件

IEGT 组件是直流断路器中关断短路电流的核心器件，断路器的关断参数要求为 15kA，结合断路器的其他指标参数，对 IEGT 器件提出参数要求如表 6-16 所示。

表 6-16   IEGT 组 件 参 数 表

序号	项目名称	单位	参数值
1	额定直流电压	kV	10
2	额定直流电流	A	—
3	额定直流耐受电压	kV	30
4	额定雷电冲击耐受电压（1.2/50μs）	kV	75
5	额定峰值耐受电流（峰值）	kA	15
6	预期寿命	次	1000000
7	关断响应时间	μs	≤2
8	导通响应时间	μs	≤2

6.3.3.4 直流负荷关键设备选型

直流负荷开关关键设备包括高速机械开关和 MOV 组件，其中，负荷开关的高速机械开关参数一致。由于负荷开关开断容量低于断路器开断容量，因此其 MOV 容量相比断路器中 MOV 参数降低，具体参数选型如表 6-17 所示。

表 6-17   负荷开关 MOV 组件参数表

序号	项目名称	单位	参数值
1	额定直流电压	kV	10
2	额定直流电流	kA	20
3	额定直流耐受电压	kV	35
4	额定雷电冲击耐受电压（1.2/50μs）	kV	75
5	额定峰值耐受电流（峰值）	kA	20
6	预期寿命	次	5000
7	额定电流下残压	kV	≤20
8	额定容量（负荷开关）	kJ	≥250

6.3.4 传感器选型

6.3.4.1 示范工程选型要求

示范工程中压侧拓扑如图 6-33 所示，额定电流±500A，额定电压±10kV。在中压电网中任一处发生故障后，配电房处除光伏外 DC/DC 在 100μs 内闭锁，仅提供很小短路电流；光伏 DC/DC 无闭锁功能，其中压侧电容将对故障点放电，放电持续时间短，由于电容较小，电流也较小，不超过 1kA；全桥换流器在限流电抗器的作用下，同时考虑器件安全，其提供的短路电流最大不超过 2kA，到达最大值时间约为 1ms；半桥换流器 1ms 左右闭锁，闭锁后短路电流持续由换流器交流侧提供，直到出口直流断路器跳开截流，其最大短路电流不超过 24kA，直流断路器跳开截流时间约为 5ms。

综上所述，示范工程中压直流电网在合环运行情况下，故障电流最大，最大不超过 6kA。考虑一定的裕度，保护用电流传感器的测量范围选择为 –8kA～8kA。考虑到单极故障时故障电流较小，约为 50A，此时仍要求保护可靠动作，因此要求在 10%额定电流至 200%额定电流范围时的精度为 0.5%以下，其余范围精度可以放宽，在 5%以下即可。目前直流电网保护要求采样率为 50kHz，保护用 TA 出口不小于 3 个口。

示范工程中压直流电网额定电流为 500A，按照计量要求，计量用电流传感器需要在±5%额定电流时精度为 0.75%，±20%额定电流时精度为 0.35%，–110%～–20%和 20%～110%额定电流时精度分别为 0.2%。计量用电压传感器需要在 10%～100%额定电压时精度为 0.2%，计量测量用出口不小于 2 个口。

考虑电流电压传感器的数据将同时发给不同保护装置、测控装置和计量装置使用，因此二次侧出口数较多，不建议采用模拟量出口。应采用数字量出口，并结合本书 3.4 节中对各类型电流传感器的介绍，光 TA、电子式 TA 和隧道磁电阻 TA 均能满足示范工程保护和计量要求，其中光 TA、电子式 TA 精度较高，而隧道磁电阻 TA 价格较低，电子式 TA 价格较高、体积较大，抗干扰能力需要进一步测试，在 6.3.4.2 节中进行详细叙述。

6.3.4.2 传感器实测结果

初步选取全光纤型 TA、分流器型电子式 TA、隧道磁阻式 TA 作为示范工程中应用的电流传感器，并对厂家提供的传感器分别进行了直流稳态实验、频率响应实验及阶跃响应实验测试，传感器外观如图 6-48 所示。

（a）分流器型电子式 TA　　　　　（b）全光纤型 TA　　　　　（c）隧道磁阻式 TA

图 6-48　传感器外观图

直流稳态实验具体实验结果如表 6-18 所示。可知，在 0～600A 电流范围内，隧道磁阻式 TA 与全光纤型 TA 稳态测量性能较为接近，皆优于分流器型电子式 TA。在 1000～3800A 电流范围内，隧道磁阻式 TA 与分流器型电子式 TA 的稳态传变特性较为接近，皆优于全光纤型 TA。

表 6-18   电流传感器直流稳态实验测试结果

电流（A）	分流器型电子式 TA 的比差（%）	全光纤型 TA 的比差（%）	隧道磁阻式 TA 的比差（%）
50（10%）	0.2510	0.1173	0.1135
100（20%）	0.2192	0.1066	0.1053
200（40%）	0.1231	0.0453	0.0177
400（80%）	0.0569	0.0158	−0.0333
500（100%）	0.0414	−0.0034	−0.0262
600（120%）	−0.0595	−0.0007	−0.0330
1000（200%）	−0.0368	0.0716	0.0036
1500（300%）	−0.0141	0.0715	0.0274
2000（400%）	−0.0204	0.0714	0.0049
3000（600%）	−0.0077	0.0653	−0.0536
3800（760%）	−0.0888	−0.1686	−0.0493

电流传感器的频率响应实验测试结果如表 6-19 所示。可知，在 0～600Hz 范围内，分流器型电子式 TA 的基波误差最小，全光纤型 TA 次之，隧道磁阻式 TA 基波误差最大。但随频率增大，1200Hz 和 2500Hz 的测试结果说明在高频情况下分流器型电子式 TA 的基波误差较大，全光纤型 TA 的基波误差最小，隧道磁阻式 TA 介于二者之间。

表 6-19   电流传感器频率响应实验测试结果

基波频率（Hz）	分流器型电子式 TA 的基波误差（%）	全光纤型 TA 的基波误差（%）	隧道磁阻式 TA 的基波误差（%）
50	0.0229	0.1811	−0.6650
100	0.0231	0.1792	−0.6877
150	0.0657	0.1317	−0.6877
300	0.3048	0.0308	−0.7304
600	0.1880	−0.1880	−0.8916
1200	3.3011	−0.7965	−1.4184
2500	10.5162	−3.0096	−3.6079

电流传感器的阶跃响应实验结果如表 6-20 所示。可知，全光纤型 TA 在电流阶跃情况下趋稳时间最短，过冲最小，但其时间误差较大，说明了全光纤型 TA 针对电流阶跃的动态跟踪较慢，但是其跟随稳态性能较好。分流器型电子式 TA 过冲过大，且趋稳时间较长，说明其动态响应相比于其他两种传感器性能较差，而隧道磁阻式 TA 则介于两者之间。

表 6-20 电流传感器阶跃响应实验测试结果

工况	分流器型电子式 TA 的性能	全光纤型 TA 的性能	隧道磁阻式 TA 的性能
0A 到 100A 到 0A	上升工况： 时间误差：−1.6μs 过冲：66.5% 趋稳时间：0.338ms 下降工况： 时间误差：−3.1μs 过冲：61.2% 趋稳时间：0.206ms	上升工况： 时间误差：15.4μs 过冲：15.8% 趋稳时间：0.073ms 下降工况： 时间误差：16.0μs 过冲：13.8% 趋稳时间：0.073ms	上升工况： 时间误差：8.9μs 过冲：29.4% 趋稳时间：0.337ms 下降工况： 时间误差：11.3μs 过冲：9.1% 趋稳时间：0.222ms
0A 到 200A 到 0A	上升工况： 误差：−13.1μs 过冲：59.1% 趋稳时间：0.346ms 下降工况： 时间误差：−7.2μs 过冲：63.5% 趋稳时间：0.253ms	上升工况： 时间误差：15.1μs 过冲：16.2% 趋稳时间：0.086ms 下降工况： 时间误差：16.6μs 过冲：14.3% 趋稳时间：0.076ms	上升工况： 时间误差：6.8μs 过冲：29.4% 趋稳时间：0.297ms 下降工况： 时间误差：8.1μs 过冲：30.6% 趋稳时间：0.186ms
0A 到 300A 到 0A	上升工况： 时间误差：−11.5μs 过冲：36.7% 趋稳时间：0.270ms 下降工况： 时间误差：−15.3μs 过冲：43.6% 趋稳时间：0.217ms	上升工况： 时间误差：11.3μs 过冲：17.1% 趋稳时间：0.132ms 下降工况： 时间误差：14.5μs 过冲：17.0% 趋稳时间：0.081ms	上升工况： 时间误差：6.8μs 过冲：18.7% 趋稳时间：0.188ms 下降工况： 时间误差：7.7μs 过冲：22.0% 趋稳时间：0.187ms

6.3.4.3 传感器工程选型

结合表 6-21 传感器参数要求及测试结果可知，由于隧道磁阻式 TA 在低频情况下误差大于 0.5%，不符合工程要求，因此最终选择全光纤 TA 及分流器型电子式 TA 作为示范工程电流传感器，具体安装位置如表 6-21 所示。

表 6-21 示范工程电流传感器参数要求及安装位置

序号	类别	设备安装位置	传感器参数
1	光学式直流传感器	PD 中心站换流站母线	①准确级： 5～30A，2%； 30～50A，0.5%； 50～1000A，0.2%； 1000～2000A，0.5%； 2000～7500A，3%； ②过载电流（A/ms）：10000/50 ③采样频率： （kHz）≥50 ④电流传感器测量延时： μs≤150 ⑤阶跃响应上升时间：μs≤100 ⑥阶跃响应趋稳时间：μs≤400 ⑦频率响应误差： 50～600Hz，≤0.5% 600～1200Hz，≤5% 1200～2500Hz，≤10%
2	分流器式直流传感器	PD 中心站开关站母线	
3	分流器式直流传感器	JL 中心站换流站母线	
4	光学式直流传感器/ 分流器式直流传感器	JL 中心站开关站母线	
5	分流器式直流传感器	HJ 配电房	
6	分流器式直流传感器	BT 光伏升压站	
7	光学式直流传感器	TL 配电房	

6.3.4.4 直流电表工程应用

利用电能表配合传感器进行电能计量，其中低压直流电能表电流量由分流器接入直流电能表，接线示意图如图 6-49 所示，电压量采用直采方式接入电能表。

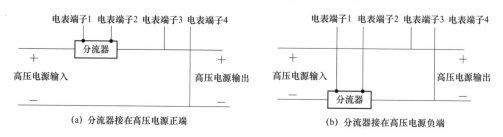

图 6-49　直流电能表端子与分流器配合接线示意图

在伪双极接线方式下，直流电能表采集单极电流及正、负极间电压完成电能量计算。在真双极接线方式下，配置正极直流电能表、负极直流电能表、正极分流器、负极分流器。正极直流电能表采集正极电流、正极与零极间电压，负极直流电能表采集负极电流、负极与零极间电压，接线示意图如图 6-50 所示。

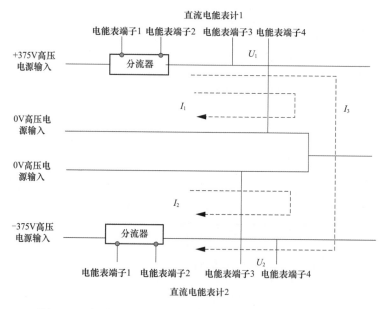

图 6-50　真双极下直流电能表端子与分流器配合接线示意图

根据 DL/T 448《电能计量装置技术管理规程》，电能计量装置根据计量对象重要程度和管理需要分为五类，示范工程计量所涉及的为第三类和第四类。电能计量装置应配置的电能表、互感器准确度等级不应小于表 6-22 所示值。

示范工程低压侧电压为 ±375V（DC750V、DC375V），需满足 IV 类电能计量装置要求。故示范工程 ±375V 电能表计（含 DC750V、DC375V）精度选择为有功电能精度为 1 级。所对应电压、电流互感器精度不小于 0.5 级。示范工程选择低压电流分流器的精度为 0.2 级，满足规范要求。

表 6-22 准 确 度 等 级 表

电能计量装置类别	准确度等级			
	电能表		电力互感器	
	有功	无功	电压互感器	电流互感器
III	0.5S	2	0.5	0.5S
IV	1	2	0.5	0.5S

中压侧±10kV 表计需满足III类电能计量要求,故工程±10kV 直流电能表精度选择为 0.5 级。直流电压电流传感器精度为 0.2 级。

6.4 控制保护架构设计

示范工程配置直流电源、光伏电站、直流充电桩、工业直流电机、服务器负荷、直流办公负荷、直流家用电器。中压骨干网采用两端环型网架结构,有 2 个换流站、2 个开关站、6 个配电房、3 个光伏升压站,如图 6-51 所示。其中,JL 换流站采用半桥换流器,PD 换流站采用全桥换流器(合环运行的主电源)。K1、K2 均采用单母线分段方式,分别由 2 个换流站功能区各出线 1 回接入两段母线。9 个直流配电室功能区中有 2 个接入开关站功能区 K1、7 个接入开关站功能区 K2,各负荷点和分布式电源接入就近的配电室功能区。

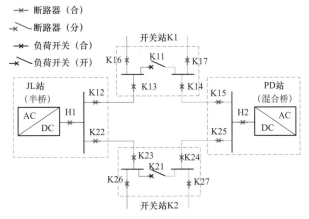

图 6-51 示范工程网架拓扑结构

6.4.1 系统运行控制架构

6.4.1.1 直流运行协调控制系统内部组成结构

如图 6-52 所示,直流运行协调控制系统内部有运行控制器与协调控制器两部分组成,其中运行控制器用于识别系统运行状态、根据主站下发命令计算并下发系统调节功率;协调控制器用于控制环上开关分闸、合闸等合解环操作。

(1)运行控制器

运行控制器由状态识别模块和运行控制模块组成,部分模块之间采用 104 通信规约方式。运行控制模块采用 104 规约分别连接主站、JL 换流阀、JL 监控系统、PD 换流阀及 PD 监控系统,获得系统数据信息。运行控制模块根据主站下发遥控指令及状态识别模块给出的系统

运行状态，通过实时计算给 JL 或 PD 换流阀发出需要调整的功率或电压指令，调整环上开关两侧的电压或功率。当系统运行状态达到要求后，给协调控制器下发环上开关分合指令，由协调控制器完成环上开关的分合及换流阀的状态切换操作。

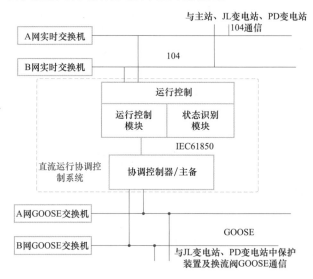

图 6-52　直流运行协调控制系统组成结构

状态识别模块从运行控制模块中获得环上各个开关的运行状态信息，当状态识别模块采集到 JL 和 PD 换流站及 K1、K2 开关站内开关信息后，通过各个开关的开合状态，来识别判断系统当前的运行状态，并将系统的运行状态信号发给运行控制模块。

（2）协调控制器

协调控制器与运行控制器之间采用 61850 通信规约，运行控制器通过计算来调整系统运行状态，当系统满足环上开关可以分合的条件后，给协调控制器发送开关分合指令，协调控制器通过 GOOSE61850 信号连接环上开关保护装置，控制环上开关的合解环操作。

协调控制器分为主备机，均与运行控制器连接，两台协调控制器给运行控制器发送是否值班指令。运行控制器在下发遥控命令前，首先检查运行控制器是否处于值班状态，并给处于值班状态的协调控制器发送遥控指令。

6.4.1.2　直流运行协调控制系统通信方案

直流运行协调控制系统对外通信结构如图 6-53 所示，直流运行协调控制系统与主站、JL 站、PD 站进行通信。直流运行协调控制系统通过采用 104 规约对上连接主站、JL 站换流阀及监控系统、PD 换流阀及监控系统获取以下信息：

1）断路器状态信号，包括：两个换流站出口断路器 H1、H2，母联断路器 K11、K21 状态信号，并可遥控；

K1 开关站联络断路器 K12、K13、K14、K15 运行状态信号，并可遥控；

K2 开关站联络断路器 K22、K23、K24、K25 运行状态信号，并可遥控。

2）电气模拟信号，包括：

K1 开关站联络断路器 K11 两侧电压、K11 开关两侧母线功率或流经 K11 电流；K2 开闭

所联络断路器 K21 两侧电压、K21 开关两侧母线功率或流经 K11 电流；两个换流站的输出电压，输出功率，并可遥控调整。

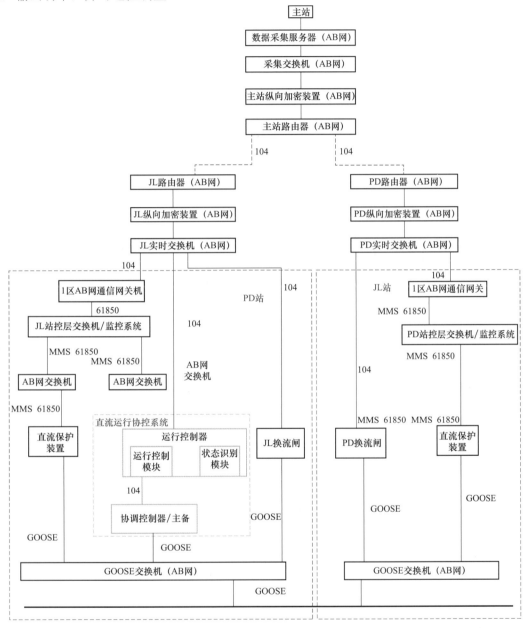

图 6-53　直流运行协调控制系统通信网架架构

6.4.1.3　直流运行协调控制策略配置

根据运行控制器与协调控制器的功能定义，中压侧直流配电网的控制可划分为区域运行控制和协调控制。根据系统运行方式及功能需求，通过区域运行控制和协调控制的策略配置，可实现中压直流骨干网架运行方式的自动识别、启停控制、运行方式切换、合解环控制、检修控制、故障恢复等运行控制操作，具体分为以下四类控制策略：

（1）运行控制策略

区域运行协调控制设备按区域进行功能配置，主要包括设备启停控制、运行方式控制、功率调节控制、负荷控制、能量管理及潮流优化控制、黑启动控制等功能，实现直流配电网整体的优化运行。

（2）过程层协调控制策略

中压直流配电网过程层基于 IEC61850 的 GOOSE 机制进行通信建模，通过 AC/DC 换流阀、DC/DC 直流变压器、直流保护、过程层来协调控制设备的通信组网，通过精准的时序控制，实现对直流配电网的运行方式切换、故障自愈重构。

（3）联络线功率控制策略

运行控制系统接收到主站的联络线功率指令后，通过对区域内发电单元、储能单元、可控负载的功率进行调节，实现联络线关口功率的平滑输出，保障直流系统的稳定运行。

（4）运行方式切换控制策略

合环转解环控制：直流配电网中 2 个 AC/DC 换流阀采用主从工作模式并列运行时，运行控制系统接收到上级系统的解环操作指令后控制解环点出力，调节完成后发解环命令；过程层协调控制装置收到解环命令后，根据时序控制指令，实现分合闸操作和运行方式转换。

解环转合环控制：直流配电网中 2 个 AC/DC 换流阀采用电压源工作。模式分列运行时，运行控制系统接收到上级系统的合环操作指令后，向过程层协调控制装置发合环命令，协调过程层控制装置收到并网合环命令后，实现换流阀工作模式转换和环上开关分合闸操作。所涉及的实际操作可分为基本操作和操作。

6.4.2　系统保护架构

6.4.2.1　保护配置原则

示范工程具有多换流站并网、多电压等级的特点，考虑到电力电子设备的脆弱特性及示范工程拓扑结构的复杂性，以及交流线路、直流线路等被保护设备的运行状态和故障特性不尽相同，对保护的快速性和选择性都有较高的要求。因此，应划分保护区域，分别制定合适的保护配置方案。每一套保护都制定保护范围或保护区域，只有在保护范围内发生故障该保护才动作。为保证任意处的故障都置于保护区内，保护区域必须重叠。

此外，在重叠区内发生故障时，会造成 2 个保护区内所有的负荷开关跳闸，进而扩大停电范围，因此重叠区域越小越好。直流区域故障时换流站要根据故障类型动作，在单极短路时系统维持正常运行，在双极短路时系统采用"前加速"控制策略。首先换流阀闭锁或者进入故障运行状态，在故障切除后，保护装置要与控制策略配合实现供电的快速恢复。负荷保护区要考虑故障后保护装置、断路器、DC/DC 变换器在保护逻辑和时间上的配合，保证故障区的快速切除和非故障负荷区在供电恢复前的平稳过渡。

系统保护配置基于以下思路：

1）继电保护应满足可靠性、选择性、灵敏性和速动性的要求，中压直流保护支持 GOOSE 通信功能。

2）继电保护应能反应被保护设备或线路的各种故障及异常状态，并能动作于跳闸或给出信号。

3）直流线路配置的保护应能反映单极接地故障、极间短路故障、过流故障。

4）中压侧故障发生后，通过通信组网方式实现故障区的快速隔离，以及与非故障区域的快速恢复供电。

5）正常运行时，JL 换流站和 PD 换流站采用分列运行方式，一个换流站故障或检修时，另外一个换流站带负荷运行。

6）AC/CD 换流阀、DC/DC 直流变压器保护应考虑设备本体的承受能力，必须保证在任何运行工况下其所保护的每一设备或区域都能得到正确保护，任一单元故障都不应造成保护误动作。

7）直流保护装置的性能要求：线路差动保护 5ms 内识别故障；母差保护 2ms 内识别故障。

6.4.2.2 保护配置分区

根据示范工程电压等级、保护目的等特点，将全区分为四个保护区域：交流保护区、直流保护区、负荷保护区、装置级保护区。四个区均由主保护和后备保护构成，各区之间逻辑时间互相配合且实现主后备保护装置一体化。且直流母线发生故障时，保护装置与控制协调配合以实现供电的快速恢复。示范工程保护分区如图 6-54 所示。

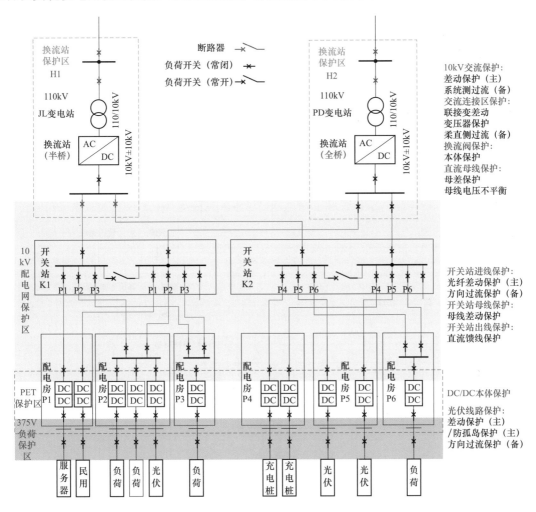

图 6-54 中低压直流配用电系统控制保护架构

对交流保护区，将差动保护作为交流线路主保护、过流保护作为后备保护，配备连接变压器保护和换流阀保护。对 10kV 直流保护区，将光纤差动保护作为直流母线主保护、方向过流保护作为后备保护，开关站出线配备直流馈线保护。对直流变压器保护区，配备直流变压器本体保护；对负荷保护区，将差动保护作为线路主保护、过流保护作为后备保护，光伏配备防孤岛保护。

此外，对低压侧用电保护区，根据低压电网辐射状拓扑的特点，基于简单可靠的故障保护思路，利用电力电子变压器的低穿能力和开关过流脱扣特性来构造低压直流配电网故障保护方案。

6.4.2.3 开环运行下故障隔离与故障恢复方式

中压侧开环运行时全桥端双极短路故障隔离及恢复时序如图 6-55 所示。中压侧开环运行时半桥端双极短路故障隔离及恢复时序如图 6-56 所示。具体保护动作逻辑配置如下：

（1）切除故障

1）半桥端：

a. 半桥端换流器：线路出口处的直流断路器通过过流保护直接跳开直流断路器，切除故障；

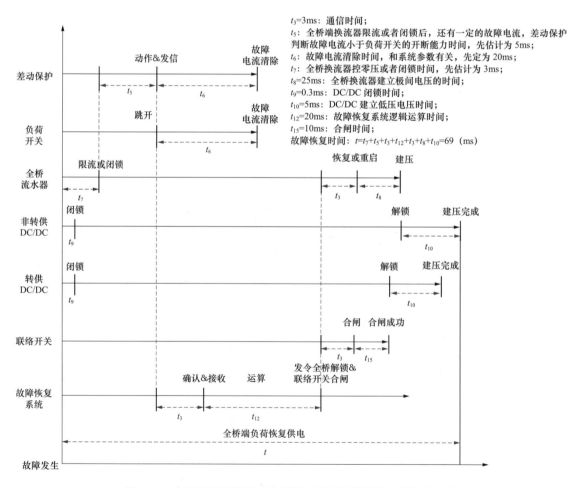

图 6-55　中压侧开环运行时全桥端双极短路故障隔离及恢复时序

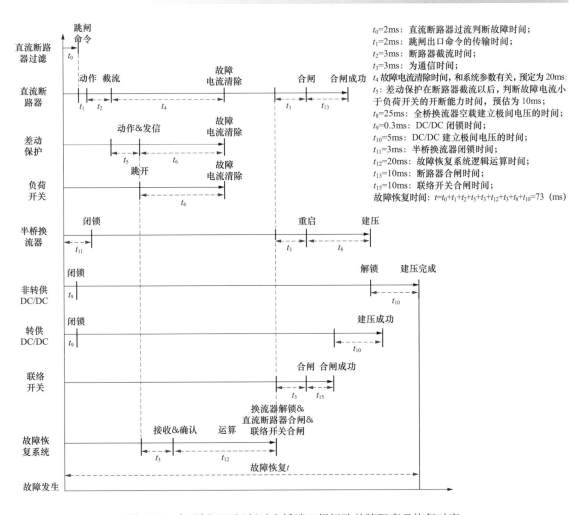

t_0=2ms：直流断路器过流判断故障时间；
t_1=2ms：跳闸出口命令的传输时间；
t_2=3ms：断路器截流时间；
t_3=3ms：为通信时间；
t_4故障电流清除时间，和系统参数有关，预定为20ms；
t_5：差动保护在断路器截流以后，判断故障电流小于负荷开关的开断能力时间，预估为10ms；
t_8=25ms：全桥换流器空载建立极间电压的时间；
t_9=0.3ms：DC/DC闭锁时间；
t_{10}=5ms：DC/DC建立极间电压的时间；
t_{11}=3ms：半桥换流器闭锁时间；
t_{12}=20ms：故障恢复系统逻辑运算时间；
t_{13}=10ms：断路器合闸时间；
t_{15}=10ms：联络开关合闸时间；
故障恢复时间：$t=t_0+t_1+t_2+t_5+t_3+t_{12}+t_3+t_8+t_{10}$=73（ms）

图 6-56　中压侧开环运行时半桥端双极短路故障隔离及恢复时序

b．DC/DC：在发生双极短路故障时 DC/DC 闭锁，并将闭锁信息发给故障恢复系统。

2）全桥端：

a．全桥端换流器：全桥侧不配置出口断路器，故障后快速将电压限制为零或闭锁；

b．DC/DC：在发生双极短路故障时 DC/DC 闭锁，并将闭锁信息发给故障恢复系统。

（2）故障隔离

a．半桥换流器出口至母线出线直流断路器线路故障由交流断路器动作进行隔离；

b．环网电缆故障由线路差动保护动作跳开负荷开关隔离故障；

c．K1、K2 间隔母线故障，由直流母差保护动作隔离故障；

d．P1、P2、P3、P4、P5、P6 馈线故障，由线路差动保护动作隔离故障；

e．故障隔离后，执行故障隔离的直流保护将故障隔离成功的信息发给故障恢复系统。

（3）故障恢复

1）全桥端：

a．故障恢复系统确认故障隔离成功，根据拓扑状态以及运行方式向相应开关发出命令，

进行负荷转供；

　　b. 故障恢复系统向全桥换流器发令恢复极间电压；

　　c. 中压电网极间电压恢复后，DC/DC 重启，建立低压侧极间电压；

　　d. DC/DC 正常向负荷端供电。

　　2）半桥端：

　　a. 故障恢复系统确认故障隔离成功，根据拓扑状态以及运行方式向相应开关发出命令，进行负荷转供；

　　b. 故障恢复系统向半桥换流器发令重启；

　　c. 故障恢复系统发令给直流断路器合上开关；

　　d. 中压电网极间电压恢复后，DC/DC 重启，建立低压侧极间电压；

　　e. DC/DC 正常向负荷端供电。

6.4.2.4　中压侧单极故障的故障隔离与故障恢复策略

（1）总体原则

　　a. 充分利用负荷开关的开断能力，直接隔离故障。

　　b. 半桥换流器不闭锁。

　　c. 全桥换流器不限流。

　　d. DC/DC 不闭锁（单极短路发生时，非故障极电位抬升为 2 倍的额定电压，但是几乎无故障电流应力，所以 DC/DC 设备可以不闭锁运行，需要 DC/DC 设备对地能够耐受短时 2 倍额定过电压）。

（2）故障隔离与故障恢复方式

中压侧单极接地短路故障隔离及恢复时序如图 6-57 所示，具体保护动作逻辑配置如下：

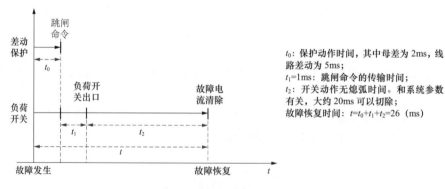

图 6-57　中压侧单极接地短路故障隔离及恢复时序

　　a. 故障发生后，由于接地电流较小，整个系统还能正常运行一段时间；

　　b. 发生单极接地故障时，差动保护直接跳负荷开关隔离故障，负荷开关采用短延时+非过流方式跳闸；

　　c. 故障隔离后，由于整个系统还在正常运行，供电恢复。

6.4.2.5　低压侧故障隔离与故障恢复策略

（1）总体原则

　　基于简单可靠的故障保护思路，根据低压电网辐射状拓扑特点，利用电力电子变压器的低穿能力和开关过流脱扣特性构造低压直流配电网的故障保护方案。

　　（2）故障隔离与故障恢复方式

　　如图 6-58 所示，以下介绍一种基于故障限流的低压直流配电网选择性保护及故障恢复策略。

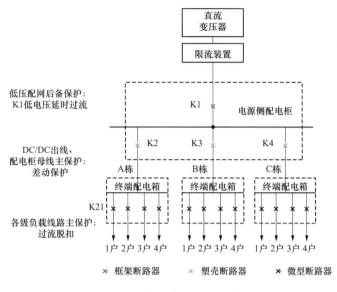

图 6-58　低压保护配置方案

　　在直流变压器出口配置限流装置以限制故障电流略高于额定电流。对于终端用户故障，利用辐射状低压直流配电网正常运行时负荷支路的分流特性，及故障时故障支路流过同一故障电流的特性，在各级配电箱出线处配置带定值和时延级差的过流保护以实现上下级保护的选择性。对于直流变压器出线侧故障，采用差动保护作为主保护。全网的后备保护为直流变压器出线侧的低电压过流保护。故障清除后，通过检测限流装置电流恢复至额定值附近，来切换回正常运行模式，实现故障恢复。

　　两种短路情况（见图 6-59），一种发生在低压馈线，发生故障后直流电源依然可以为其他未发生故障的地区供电，此时只跳开脱扣开关。一种是发生在 DC/DC 低压侧出口，此时无法给任何地区供电，此时 DC/DC 出口闭锁，断路器联跳。

　　具体保护动作时序如下：

　　a. DC/DC：故障发生后，DC/DC 能够持续不小于 40ms 提供 1.2p.μ.短路电流；

　　b. 馈线开关具有 3p.μ.～5 p.μ.过流 20ms 跳开的能力；

　　c. 低穿结束，DC/DC 重启。

6.4.3　系统监控架构

　　示范工程在 JL 中心站、PD 中心站、HJ 配电房、某居民小区配电房及 BT 光伏升压站设置本地监控系统，监控系统采用三层两网的网络架构，设置站控层、间隔层、过程层、站控层 MMS 网络和过程层 GOOSE 网络。换流阀、直流变压器、中低压直流开关及保护测控等间隔

层装置对上接入站控层 MMS 网络，对下接入过程 GOOSE 网络，实现系统信息交互。各站点将站内信息汇集后，统一接入集中控制主站，实现信息汇总及融合，由集中控制主站完成与苏州地调和吴江县调的信息交互。

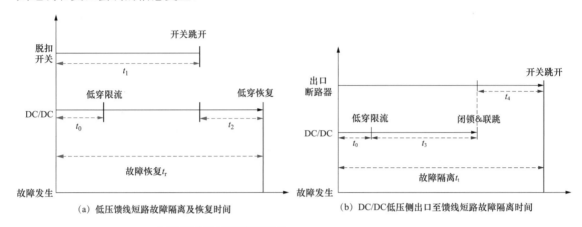

（a）低压馈线短路故障隔离及恢复时间　　　　　（b）DC/DC低压侧出口至馈线短路故障隔离时间

t_0=1ms：DC/DC进入低电压穿越限流时间；
t_1=20ms：脱扣开关跳开时间；
t_2=10ms：DC/DC从低电压穿越限流恢复时间；
t_0=1ms：DC/DC进入低电压穿越限流时间；
t_3=50ms：DC/DC低电压穿越时间；
t_4=20ms：出口断路器跳开时间；
故障恢复时间：t_r=t_1+t_2=30（ms）；
故障隔离时间：t_i=t_0+t_3+t_4=71（ms）

图 6-59　低压侧短路故障隔离及恢复时序

中低压直流配用电系统监控采用"集中决策层—区域分布控制层—设备控制层"分层分级的监视控制体系，如图 6-60 所示。在区域分布控制层，站房内设备信息和负荷侧接入信息在站房内汇集接入站房监控系统，站房内组建单层站内站控层网络，实现站内信息的监视和控制。在集中决策层，各站房信息通过站控层双网汇集至集控主站——交直流配用电运行控制系统，进行分布式电源功率预测、柔性负荷预测、可调度容量分析、协调控制策略优化等智能分析决策，有效提升电网的安全可靠运行水平和经济性，提高可再生能源消纳能力。

6.4.3.1　集中决策层

集中决策层设计为交直流配用电监控系统，布置于集控中心，对下收集 2 个换流站、2 个开关站、9 个配电房区域的"四遥"数据运行监控数据以及区域协调控制数据，负责各个区域整体协调控制，正常运行情况下不对具体的设备进行控制。通过收集区域分布控制层的总体数据，对区域直流配电网的运行情况、控制模式、可调容量等进行分析。正常运行情况下，通过下发关口指标类策略控制该区域的运行方式、控制模式、关口交互功率等；故障情况下，由区域分布控制层完成故障判断及故障隔离。

6.4.3.2　区域分布控制层

JL 变换流站功能区 H1、PD 换流站功能区 H2 区域的就地监控系统集合 AC/DC 柔性直流配电单元、开关柜、变压器等一次设备以及保护、测控、对时、故障录波装置、智能辅助、一体化电源等二次设备的数据，形成稳定可靠的±10kV/10MVA 的直流电源点。

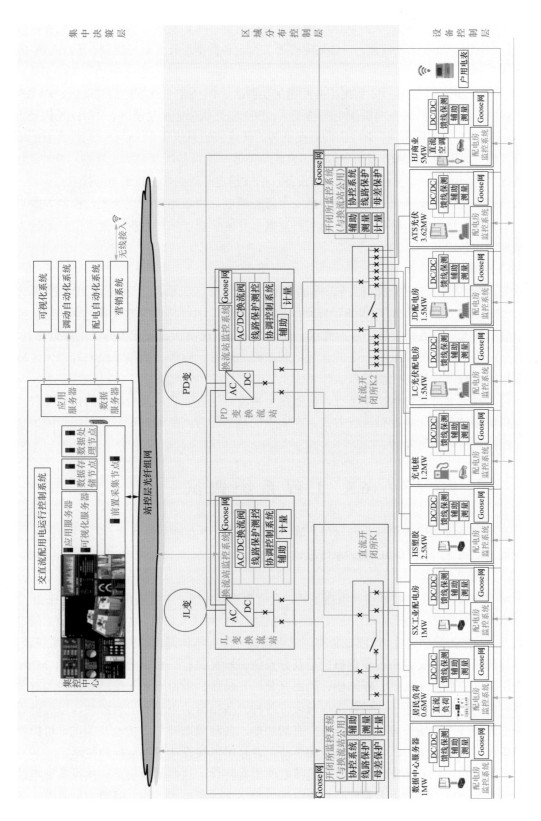

图 6-60 低压直流配用电系统监控架构

开关站 K1、K2 功能区域的就地监控系统对站内的 10kV 直流开关柜等一次设备以及保护、测控、对时、故障录波装置、一体化电源等二次设备数据进行采集与控制，形成正负 10kV 双单环网的网架结构。

P1 某居民小区配电房，P2 数据中心配电房功能区、P3 SX 工业配电房功能区、P4 HS 塑胶配电房功能区、P5 直流充电桩配电房功能区、P6 LC 光伏配电房功能区、P7 JD 光伏升压站配电房、P8 ATS 光伏配电房、P9 HJ 商业配电房的就地监控系统集合 DC/DC 柔性直流配电单元、开关柜、站用电 DC/AC 双向变流器、直流负荷等一次设备以及保护、测控、对时、故障录波装置、智能辅助、一体化电源等二次设备，形成稳定可靠的低压直流电源接入点。

按照根据电力二次系统的特点与信息安全防护原则，将就地监控系统生产控制大区划分为Ⅰ区数据和Ⅱ区数据，其中Ⅰ区传送实时数据、Ⅱ区传送非实时数据，视频信息通过 MIS 交换机单独上传。

6.4.3.3　设备控制层

设备控制层为区域直流配电网范围的单体或成套一二次设备，包含 AC/DC 换流阀、DC/DC 变换器、交流保护测控设备、直流保护测控设备、运行协调控制设备、就地稳定控制设备、直流储能、直流充电桩、直流光伏、直流负荷（居民负荷、商业负荷、工业负荷）、辅助设备（站内电源、故障录波、电能计量、智能辅助设备、时钟、新风系统）等，为区域分布控制层提供数据采集与控制接口。

示范工程通过部署协调控制装置，控制两个换流站运行方式以及合解环的协调配合，保证直流供电系统可以无缝切换运行方式，在实现切换运行方式的同时可持续不间断的为负荷供电，提高了供电的可靠性。

6.5　工 程 系 统 调 试

示范工程系统调试工作分为三阶段：第一阶段为 PD 中心站系统调试，第二阶段 JL 中心站系统调试，第三阶段 PD-JL 双站系统联调。

6.5.1　调试流程

示范工程调试设备主要涵盖换流器系统、直流变压器系统、中低压直流开关、中低压交流开关、超容储能系统、集控主站系统、协调控制系统、故障恢复系统、站房就地监控系统以及站内的保护及生产辅助设备。按照试验类型工程调试可分为单体调试、分系统调试和系统调试。

单体调试在设备安装和初步调整之后及分系统试验前进行。被试验的设备包括 MMC、直流变压器、交直流变换器、断路器、隔离开关、互感器、避雷器和其他辅助设备的有关试验项目。这些试验的目的是在设备送电前验证各种设备自身的电气和机械特性，以保证设备在运输中无损坏，现场安装正确并具备应有的功能，各种隔离开关、接地开关正常可操作，全部设备已有合适的保护、可以通电或加负荷，并且可以按设计预期运行和使用。

分系统试验的目的是检验若干设备连接后的组合特性。这些试验仍是一次设备通电前的试验。分系统主要包括站用电系统、直流电源系统、不间断电源系统、暖通空调系统、站内通信系统、工作和事故照明、消防系统、交流场分系统、直流场分系统、变压器分系统、直

流控制保护分系统、换流阀及阀控分系统、水冷分系统和远动通信分系统等。

系统调试是在分系统调试完成并施工验收合格的基础上进行，其目的是验证各个分系统之间是否协调，是否达到规定的性能指标，考核整个工程中各分系统的所有功能，包括设备带功率运行、直流控制保护、故障恢复、双站协调控制等试验。

6.5.2 PD 中心站系统调试

PD 中心站系统调试工作包含 1 台 MMC 换流器、20 余台中压直流开关和 8 台直流变压器等关键设备的充电、带功率、故障恢复等 3 大类 96 项试验内容。PD 中心站系统调试范围如图 6-61 所示。

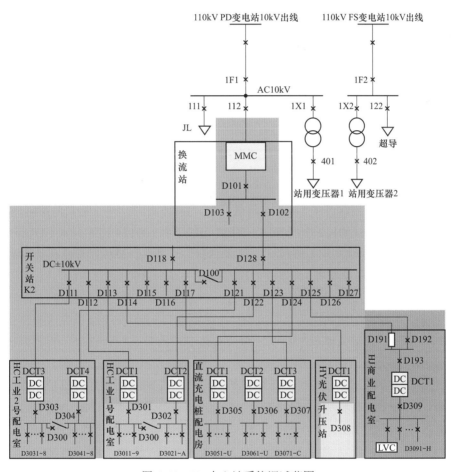

图 6-61 PD 中心站系统调试范围

系统调试工作分三部分实施：第一部分为 MMC 及中压直流配电网启动调试，包括 MMC 启动调试、中压直流开关冲击试验；第二部分为 DCT 及低压直流配电网启动调试，包括直流变压器启动调试、汇金商业配电室 LVC 启动调试；第三部分为中压直流配电网故障恢复策略试验，包括单直流变压器故障恢复试验、全直流变压器故障恢复试验。

6.5.2.1 MMC 及中压直流配电网启动调试

完成 PD 站 MMC 换流器充电试验、PD 站 MMC 内开关及控制保护装置核相校验以及 PD

站直流 10kV Ⅰ 母、Ⅱ 母同电源核相工作。

（1）MMC 启动调试

合上 112 换流阀开关以及 MMC 顺控操作，完成 MMC 充电试验；使用"自动启动"与"自动停运断电"按钮完成 MMC 正常启停试验；手动按控制台"紧急停运"按钮完成 MMC 紧急停运试验。

将 MMC 控制模式选为"直流电压、STATCOM 控制"，设置无功功率指令为-0.5、-1、-2、-5Mrar，期间密切关注交流母线电压是否在 9.5～10.5kV 范围内；将 MMC 控制模式选为"定交流电压控制"，设置 MMC 电压指令升降各 0.3kV，达到稳态值后确认无功输出是否在运行范围内，完成 MMC 的 STATCOM 试验。

将 MMC 进线开关 D101 转运行，通过在 MMC 控制保护软件中置数模拟过流保护动作与直流电抗器差动保护动作，通过关闭值班水泵电源模拟唯一水泵故障，核实 MMC 闭锁、开关跳开并检查录波和事件；切断 MMC 值班控制保护电源模拟值班控制保护故障，拔掉 MMC 值班控制保护至阀控的上行光纤模拟通信故障，分别观测备用控制保护切换为值班状态，核实后台报紧急故障，完成 MMC 控制系统切换及保护跳闸试验。

（2）中压直流开关冲击试验

依次将直流开关站出线开关 D102、联络开关 D103 转运行，将进线开关 D128 与母联开关 D100 转运行，分别充电直流 10kV Ⅰ 母和Ⅱ 母，依次将 D118 进线开关、D111 出线开关、D112 出线开关、D113 出线开关、D114 出线开关、D115 出线开关、D116 备用一、D117 出线开关、D121 出线开关、D122 出线开关、D123 出线开关、D124 出线开关、D125 出线开关、D126 备用三、D127 备用二开关转运行；将 D191 进线开关、D193 出线开关转运行（D191 进线开关和 D192 进线开关互锁），完成中压直流开关冲击试验。

6.5.2.2 DCT 及低压直流配电网启动调试

将各直流变压器控制模式选为"低压侧、电压控制"，使用一键顺控完成直流变压器充电试验；手动按控制台"紧急停运"按钮，完成直流变压器紧急停运试验；将各低压侧开关转运行，完成其充电试验。

分别在各直流变压器控制保护软件中置数模拟过压保护动作与过流保护动作，核实直流变压器闭锁、上级出线开关与下级进线开关跳闸，检查录波和事件。对 HS 直流 1 号变压器与 HS 直流 2 号变压器、HS 直流 3 号变压器与 HS 直流 4 号变压器进行低压直流备自投试验，确认一台直流变压器闭锁跳闸后，母联开关自动投入将另一台直流变压器接入。

按 HS 直流 1 号变压器与 HS 直流 2 号变压器、HS 直流 3 号变压器与 HS 直流 4 号变压器、充电直流 1 号变压器与充电直流 2 号变压器、充电直流 2 号变压器与充电直流 3 号变压器，分 4 组进行直流变压器的功率对拖试验，一台直流变压器设置为"低压侧、定电压控制"，另一台设置为"低压侧、功率控制"，定功率的直流变压器指令设置为-1000～1000kW，以 100kW/s 与 1MW/s 的变功率速率完成功率对拖与功率阶跃试验。

6.5.2.3 中压直流配电网故障恢复策略试验

（1）单直流变压器故障恢复试验

逐个将 PD 中心站直流变压器投入运行，通过 MMC 置数直流低穿控制投入，模拟中压

直流故障，核实：BT 出线开关 D115 跳开、MMC 换流阀控零压后恢复正常运行、试验直流变压器临时闭锁后恢复正常运行、±10kV 直流恢复正常运行时间不超过 100ms。

（2）全直流变压器故障恢复试验

将 PD 中心站的直流变压器全部投入运行，通过 MMC 置数直流低穿控制投入，模拟中压直流故障，核实：BT 出线开关 D115 跳开，MMC 换流阀控零压后恢复正常运行，HS 直流 1 号变压器、HS 直流 2 号变压器、HS 直流 3 号变压器、HS 直流 4 号变压器、充电直流 1 号变压器、充电直流 2 号变压器、充电直流 3 号变压器、HY 直流 1 号变压器、HJ 直流 1 号变压器临时闭锁后依次按优先级顺序恢复正常运行，±10kV 直流恢复正常运行时间不超过 100ms。

6.5.3 JL 中心站系统调试

JL 中心站系统调试工作包含 1 台 MMC 换流器、30 余台中低压直流开关、6 台直流变压器和 2 台交直流变换器等关键设备的充电、带功率、故障恢复等 3 大类 102 项试验内容。JL 中心站系统调试范围如图 6-62 所示。

系统调试工作分三部分实施：第一部分为 MMC 及中压直流配电网启动调试，包括 MMC 启动调试、中压直流开关冲击试验；第二部分为 DCT 及低压直流配电网启动调试，包括直流变压器启动调试、数据中心配电室 LVC 启动调试；第三部分为中压直流配电网故障恢复策略试验，包括单直流变压器故障恢复试验、全直流变压器故障恢复试验。

6.5.3.1 MMC 及中压直流配电网启动调试

完成 JL 站 MMC 换流器充电试验、JL 站 MMC 内开关及控制保护装置核相校验以及 JL 站直流 10kV Ⅰ 母、Ⅱ 母同电源核相工作。

（1）MMC 启动调试

合上 112 换流阀开关及 MMC 顺控操作，完成 MMC 充电试验；使用"自动启动"与"自动停运断电"按钮完成 MMC 正常启停试验；手动按控制台"紧急停运"按钮，完成 MMC 紧急停运试验。

将 MMC 控制模式选为"直流电压、STATCOM 控制"，设置无功功率指令为–0.5、–1、–2、–5Mvar，期间密切关注交流母线电压是否在 9.5～10.5kV 范围内；将 MMC 控制模式选为"定交流电压控制"，设置 MMC 电压指令升降各 0.3kV，达到稳态值后确认无功输出是否在运行范围内，完成 MMC 的 STATCOM 试验。

将 MMC 进线开关 D101 转运行，通过在 MMC 控制保护软件中置数模拟过流保护动作与直流电抗器差动保护动作，通过关闭值班水泵电源来模拟唯一水泵故障，核实 MMC 闭锁、开关跳开并检查录波和事件；切断 MMC 值班控制保护电源来模拟值班控制保护故障，拔掉 MMC 值班控制保护至阀控的上行光纤模拟通信故障，分别观测备用控制保护切换为值班状态，核实后台报紧急故障，完成 MMC 控制系统切换及保护跳闸试验。

（2）中压直流开关冲击试验

依次将直流开关站出线开关 D102、九中庞中联络开关 D103 转运行，将 JL 进线开关 D116 与母联开关 D100 转运行，分别充电直流 10kV Ⅰ 母和 Ⅱ 母，依次将 D121 庞中进线开关、D111 明志出线开关、D112 直一出线开关、D113 数一出线开关、D114 数二出线开关、D115

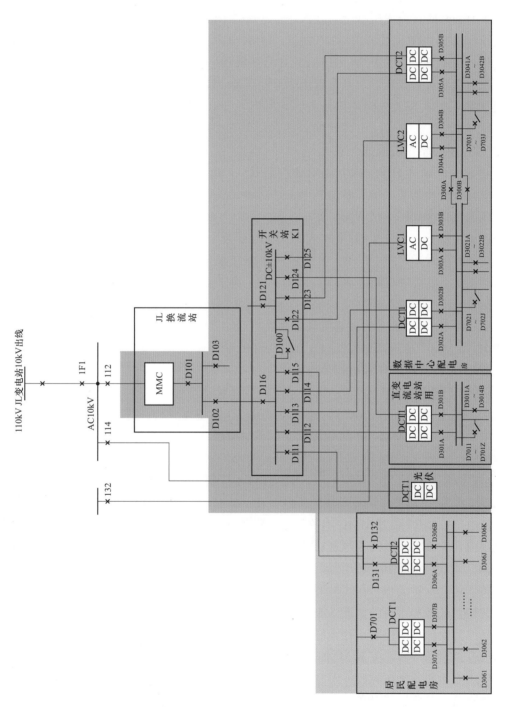

图 6-62　JL 中心站系统调试范围

同嘉出线开关、D125 备用出线开关、D124 直二出线开关、D123 数四出线开关、D122 数三出线开关转运行；依次将 D131 真双 1 号出线开关、D132 真双 2 号出线开关转运行，完成中压直流开关冲击试验。

6.5.3.2 DCT 及低压直流配电网启动试验

将各直流变压器控制模式选为"低压侧、电压控制"，使用一键顺控完成直流变压器充电试验；手动按控制台"紧急停运"按钮，完成直流变压器紧急停运试验；将各低压侧开关转运行，完成其充电试验。

分别在各直流变压器控制保护软件中置数模拟过压保护动作与过流保护动作，核实直流变压器闭锁、上级出线开关与下级进线开关跳闸，检查录波和事件。对某居民小区直流 1 号变压器与某居民小区直流 2 号变压器、数据直流 1 号变压器与数据直流 2 号变压器、数据直流 1 号变压器与数据 LVC1 号变压器、数据直流 2 号变压器与数据 LVC2 号变压器进行低压直流备自投试验，确认一台直流变压器闭锁跳闸后，母联开关自动投入将另一台直流变压器接入。

按某居民小区直流 1 号变压器与某居民小区直流 2 号变压器、数据直流 1 号变压器与数据直流 2 号变压器、数据直流 1 号变压器与数据 LVC1 号变压器、数据 LVC1 号变压器与数据 LVC2 号变压器，分 4 组进行直流变压器的功率对拖试验，一台直流变压器设置为"低压侧、定电压控制"，另一台设置为"低压侧、功率控制"，定功率的直流变压器指令设置为 $-1000 \sim 1000$ kW，以 100kW/s 与 1MW/s 的变功率速率完成功率对拖与功率阶跃试验。

6.5.3.3 中压直流配电网故障恢复策略试验

（1）单直流变压器故障恢复试验

逐个将 JL 中心站直流变压器投入运行，通过 MMC 置数直流低穿控制投入，模拟中压直流故障，核实：D124 开关跳开、D101 开关重合、MMC 换流阀恢复正常运行、相应直流变压器临时闭锁后恢复正常运行、±10kV 直流恢复正常运行时间不超过 100ms。

（2）全直流变压器故障恢复试验

将 JL 中心站直流变压器全部投入运行，通过 MMC 置数直流低穿控制投入，模拟中压直流故障，核实：D124 开关跳开、D101 开关重合、MMC 换流阀恢复正常运行，MZ 光伏直流 1 号变压器、直流站用 1 号变压器、数据直流 1 号变压器、数据直流 2 号变压器、某居民小区直流 2 号变压器临时闭锁后恢复正常运行，±10kV 直流恢复正常运行时间不超过 100ms。

6.5.4 双站联调

PD-JL 双站联调范围如图 6-63 所示。联调工作分两部分实施：第一部分为 PD-JL 协调控制试验，包括直流设备启停试验、主备电源切换试验、合解环试验、MMC 功率对拖试验、一键顺控启停试验；第二部分为中压直流配电网故障恢复试验，包括开环方式下负荷转供试验、合环方式下故障恢复试验。

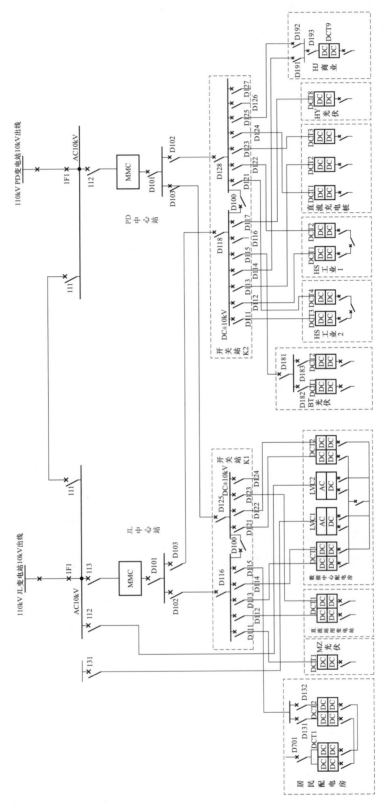

图 6-63 PD-JL 双站联调范围

6.5.4.1　PD-JL 协调控制试验

（1）直流设备启停试验

先将 PD 站 MMC 控制模式选为"直流电压、无功功率控制"，启机；依次将 PD 站 D101、D102、D128、D100、D118 开关转运行；依次将 JL 站 D103、D102、D116、D100、D121 开关转运行；将 JL 站 MMC 控制模式选为"有功功率控制"，启机；将 JL 站 MMC 控制模式选为"直流电压控制"，将 PD 站 MMC 控制模式选为"有功功率控制"；完成 PD-JL 双站联调直流设备启停试验。

（2）主备电源切换试验

将 JL 站切换为定电压模式，核实 PD 站切换为定功率模式；将 PD 站切换为定电压模式，核实 JL 站切换为定功率模式。

（3）合解环试验

将 JL 站 D100 开关转热备用；将 PD 站 D103 开关转运行；将 PD 站 D100 开关转运行，核实 PD 站切换为定功率模式；将 PD 站 D100 开关转热备用，核实 PD 站切换为定电压模式；将 JL 站 D100 开关转运行，核实 JL 站切换为定功率模式；将 JL 站 D100 开关转热备用，核实 JL 站切换为定电压模式。

（4）MMC 功率对拖试验

在 PD 站与 JL 站 MMC 之间进行直流变压器的功率对拖试验，一站 MMC 设置为"定电压控制"，另一站 MMC 设置为"功率控制"，定功率的 MMC 指令设置为–10MW～10kW，以 100kW/s 与 1MW/s 的变功率速率完成功率对拖与功率阶跃试验。

（5）一键顺控启停试验

执行直流网一键停机控制，逐步执行，核实：JL 站 D116、D102 开关依次转热备用；PD 站 D118、JL 站 D103 开关依次转热备用；JL 站 D101 开关转热备用；JL 站 MMC 停机；JL 站 D121、PD 站 D103 开关依次转热备用；PD 站 D128、D102 开关依次转热备用；PD 站 D101 开关转热备用；PD 站 MMC 停机。

执行直流网一键启机控制，逐步执行，核实：JL 站 MMC 定电压启机；JL 站 D101 开关转运行；JL 站 D102、D116 开关依次转运行；JL 站 D103、PD 站 D118 开关依次转运行；PD 站 MMC 定电压启机；PD 站 D101 开关转运行；PD 站 D103、JL 站 D121 开关依次转运行；PD 站 D102、D128 开关依次转运行。

6.5.4.2　中压直流配电网故障恢复试验

（1）开环方式下负荷转供试验

首先启动 JL 站与 PD 站 MMC，各直流变压器启动，控制模式均设置为"低压侧、电压控制"；JL 站在换流阀出口小母线差动保护中置数模拟母线保护动作，核实：JL 站 D101、D102、D103 开关转热备用；JL 站 D100 开关、PD 站 D100 开关转运行；各直流变压器临时闭锁后恢复正常运行；±10kV 直流恢复正常运行时间不超过 100ms。

将 JL 站 MMC 控制模式选为"有功功率、无功功率控制"，将 JL 站 D100 开关转热备用；将 PD 站 D100 开关转热备用；PD 站在换流阀出口小母线差动保护中置数模拟母线保护动作，核实：PD 站 D101、D102、D103 开关转热备用；JL 站 D100 开关、PD 站 D100 开关转运行；

各直流变压器临时闭锁后恢复正常运行；±10kV 直流恢复正常运行时间不超过 100ms。

将 PD 站 MMC 控制模式选为"有功功率、无功功率控制"，将 PD 站 D103 开关转运行；将 JL 站 D100 开关转热备用；将 PD 站 D100 开关转热备用；将 JL 站 MMC 置数模拟交流侧过流保护动作，使其闭锁并连跳 112、D101 开关，模拟 MMC 故障，核实：JL 站 112、D101 开关转热备用；JL 站 D100 开关、PD 站 D100 开关转运行；各直流变压器临时闭锁后恢复正常运行；±10kV 直流恢复正常运行时间不超过 100ms。

将 JL 站 MMC 控制模式选为"有功功率、无功功率控制"；将 JL 站 D100 开关转热备用；将 PD 站 D100 开关转热备用；PD 站 MMC 置数模拟交流侧过流保护动作，使其闭锁并连跳 112、D101 开关，模拟 MMC 故障，核实：PD 站 112、D101 开关转热备用；JL 站 D100 开关、PD 站 D100 开关转运行；各直流变压器临时闭锁后恢复正常运行；±10kV 直流恢复正常运行时间不超过 100ms。

（2）合环方式下故障恢复试验

首先将 JL 站 D100 开关转运行，核实 PD 站定电压、JL 站定功率系统正常运行。PD 站 MMC 置数直流低穿控制投入，模拟中压直流故障，核实：D126 开关跳开；PD 站 MMC 换流阀控零压后恢复正常运行；JL 站 MMC 换流阀过流闭锁并连跳 D101 开关；直流变压器临时闭锁后恢复正常运行；JL 站 D101 开关重合；JL 站 MMC 换流阀重解锁；±10kV 直流恢复正常运行时间不超过 100ms。

将 JL 站切换为定电压模式，核实 PD 站切换为定功率模式；PD 站 MMC 置数直流低穿控制投入，模拟中压直流故障，核实：D126 开关跳开；PD 站 MMC 换流阀控零压后恢复正常运行；JL 站 MMC 换流阀过流闭锁并连跳 D101 开关；直流变压器临时闭锁后恢复正常运行；JL 站 D101 开关重合；JL 站 MMC 换流阀重解锁；±10kV 直流恢复正常运行时间不超过 100ms。

6.5.5 调试阶段工程化问题分析

6.5.5.1 中低压直流配电网故障恢复策略调试方法

直流故障后，快速上升的短路电流使换流装置在极短时间内切断与电网联系，造成全网失电。该过程中短路电流持续时间短，全网失电后重启恢复时间久，一方面保护难以识别故障，另一方面严重影响供电可靠性。本书 5.3 节中介绍的"保护前加速隔离+故障恢复"的故障控制保护策略，可以实现在极短时间内识别并隔离故障，同时协调恢复众多换流设备的工作状态，保障供电可靠性。

为在系统调试中验证故障恢复策略，需要解决真实故障与保护动作的模拟以及多设备的通信与协调等问题。调试中利用 MMC 零压零流模式触发馈线低压保护，通过与设备厂家的沟通和延时参数的反复迭代，将故障发生、换流阀闭锁、保护跳闸、MMC 解锁建压、DCT 解锁全过程时间控制在 100ms 内，从而保证低压侧负荷的可靠供电。

以 PD 中心站全 DCT 故障恢复试验为例（见图 6-64），设置 HS 直流 1 号变压器、HS 直流 2 号变压器、HS 直流 3 号变压器、HS 直流 4 号变压器、充电桩直流 1 号变压器、充电桩直流 2 号变压器、充电桩直流 3 号变压器参与全 DCT 故障恢复试验，模拟故障设置于 D115 开关保护动作。

故障恢复装置状态量时序如图 6-65 所示，录波图如图 6-66 所示，装置启动后，62ms 后解锁 MMC，83ms 后解锁 PD 站。

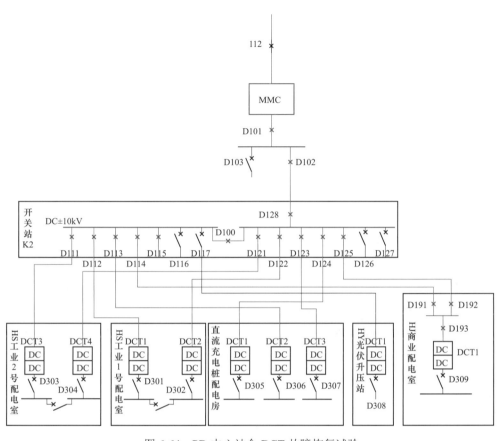

图 6-64 PD 中心站全 DCT 故障恢复试验

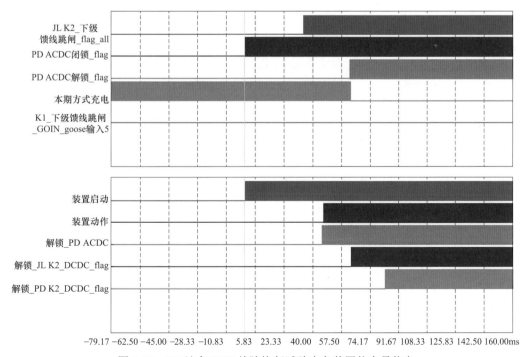

图 6-65 PD 站全 DCT 故障恢复试验中各装置状态量信息

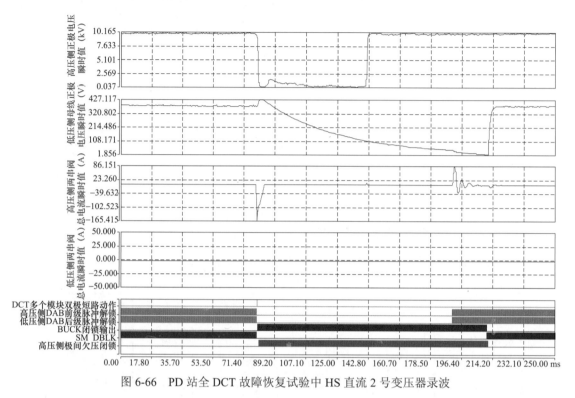

图 6-66　PD 站全 DCT 故障恢复试验中 HS 直流 2 号变压器录波

6.5.5.2　直流变压器功率试验低频振荡现象分析

6 月 7 日，PD 站系统调试时发生 DCT 对拖过程中±375V 母线振荡现象。20 时 36 分，充电桩配电房，2MW DCT1 定电压，2MW DCT2 定功率，二者对拖运行；DCT2 功率为 700kW，方向为低压侧流向中压侧。低压系统振荡波型如图 6-67 所示，频率约 21Hz，电压在 748～766V 范围内波动，电流在 823～1025A 范围内波动，功率在 622.08～780.55kW 范围内波动，且实

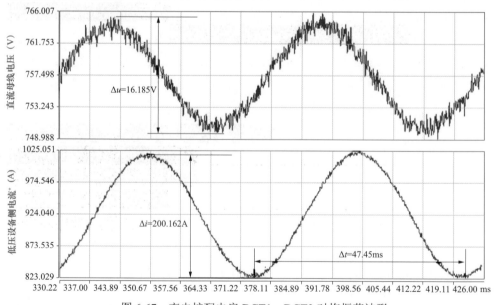

图 6-67　充电桩配电房 DCT1、DCT2 对拖振荡波形

际功率无法随定值增加而增加，随后调试人员手动拍停系统。

2MW DCT 对拖工况的阻抗特性如图 6-68 所示，根据发生振荡时 2 台变压器控制参数得出的阻抗特性如图 6-68（a）所示，谐振频率为 20.6Hz，且相位裕度为 -5.28°，系统不稳定；这与实际系统发生的 21Hz 振荡基本吻合。如图 6-68（b）所示，将 DCT1 控制器 KP 参数由 1.5 调节至 0.75 后，系统相位裕度为 16.95°，系统稳定。

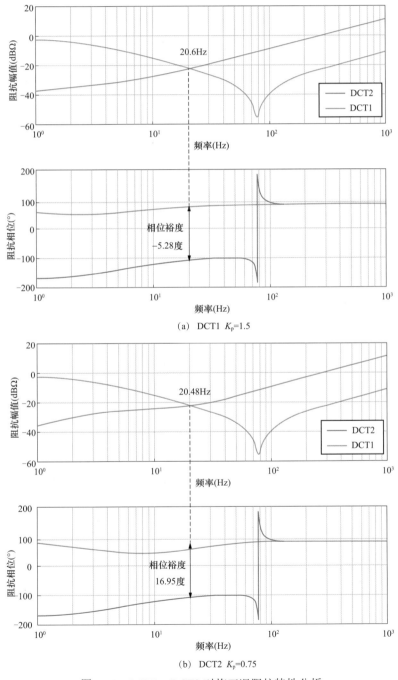

（a）DCT1 K_p=1.5

（b）DCT2 K_p=0.75

图 6-68　DCT1、DCT2 对拖工况阻抗特性分析

进一步分析不同工作点下两组控制参数对系统稳定性的影响，如图 6-69～图 6-74 所示。在全功率运行点下，原控制参数 K_P=1.5 使系统相位裕度始终小于 3°，系统稳定性差。采用优化参数 K_P=0.75 后，系统稳定裕度在全工作点下均提升 10°以上，保障了系统的稳定性。

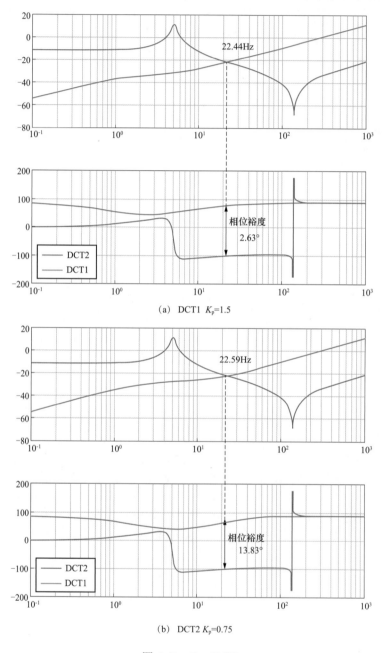

图 6-69　P=−2MW

本次对拖振荡事件，谐振频率均位于中频段（10～100Hz）。通过调整电压源型 DCT 电压环的比例系数 K_p，可减小与功率源 DCT 在中频段的阻抗相位差，增加相位裕度，从而提高系统稳定性。

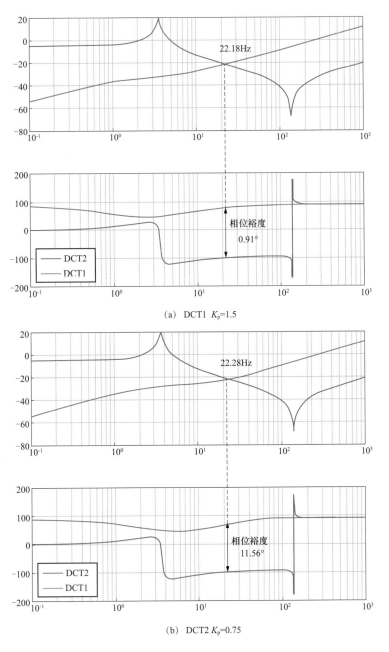

（a）DCT1 K_p=1.5

（b）DCT2 K_p=0.75

图 6-70　P=−1MW

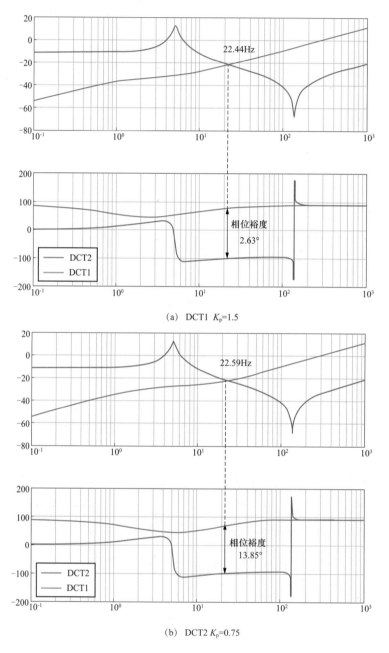

（a） DCT1 K_p=1.5

（b） DCT2 K_p=0.75

图 6-71　$P=-0.2MW$

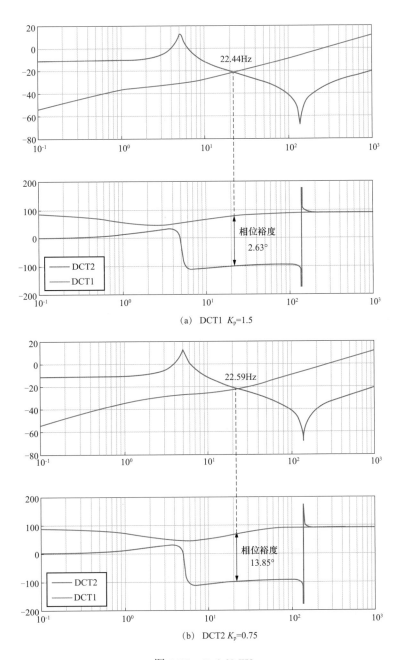

(a) DCT1 K_p=1.5

(b) DCT2 K_p=0.75

图 6-72 P=0.2MW

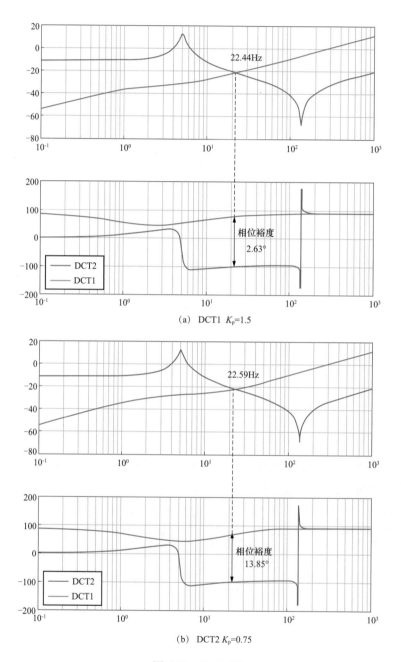

(a) DCT1 K_p=1.5

(b) DCT2 K_p=0.75

图 6-73 P=1MW

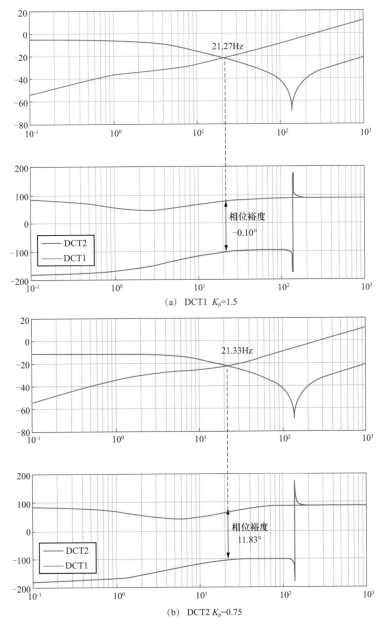

(a) DCT1 K_p=1.5

(b) DCT2 K_p=0.75

图 6-74 P=2MW

基于 DAB 传输功率的受控源等效建模方法,可有效作为阻抗分析的基础,定性分析参数变化对阻抗稳定性的影响。

6.5.5.3 直流变压器功率试验过流保护动作分析

PD 站系统调试执行泓晟直流 3 号与 4 号变压器功率对拖试验中,DCT4 定电压方式运行,DCT3 定功率方式运行,功率变化率为 20kW/s,功率指令依次设为 100、200、400、600、800、1000kW,电流流向为图 6-75 中的逆时针方向。当 DCT3 功率达到 1000kW 后,D121、D111、D128、D100 相继跳闸。

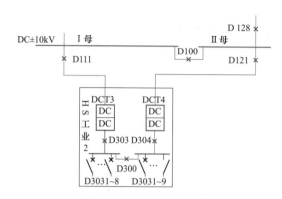

图 6-75 PD 中心站系统调试中 HS 直流 3 号和 4 号变压器功率对拖试验示意图

查看故障录波后发现，事故源头为 D121 出口电流波动，随后 DCT3 直流变压器保护动作，而后 D111 直流网络拓扑保护动作，最后 DCT4 直流变压器保护动作，存在较复杂的保护动作流程，整理得到故障录波如图 6-76 所示。

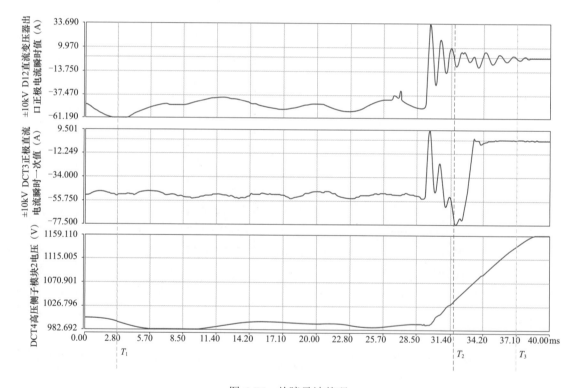

图 6-76 故障录波整理

DCT3 功率达到 1000kW 后，由于控制器未能实现稳定功率控制，系统电流发生波动，在 T_1 时刻 D121 出口电流最大瞬时值约 61.19A，超过 60A 的开关过流保护整定值，26ms 后开关过流保护动作；由于电流方向为流向 II 母线，判定为母线故障，22ms 后 D128 母线保护动作。关于上述过程延时的说明详如图 6-77 所示。

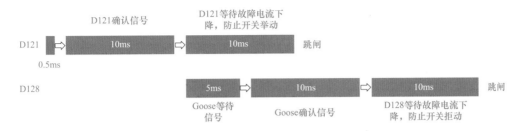

图 6-77 关于 D121 与 D128 动作延时的说明

在 D121 跳闸约 2ms 后，母线电压与系统电流波动加剧，在 T_2 时刻，DCT3 电流最大瞬时值约 74.76A，超过 70A 的 DCT 过流保护整定值，0.5ms 后 DCT 过流保护动作，D111 跳闸；同时电流超过 60A 的直流网络拓扑保护整定值，经 10ms 延时后保护动作，再 10ms 延时后 D111 开关再次跳闸。

在 D121 跳闸后，DCT4 高压侧各子模块电压开始波动，在 T_3 时刻，子模块 2 电压最大瞬时值约 1159V，超过 1150V 的 DCT 子模块过压保护整定值，0.7ms 后 DCT4 过压保护动作，D121 再次跳闸。

故障发生后，经现场排查发现直流变压器功率对拖试验中系统电流波动较大，现有开关与 DCT 过流保护整定值分别按照最大负载电流的 1.2 倍与 1.4 倍设置为 60A 与 70A，实际运行中电流瞬时波动可达 50%以上。经与调控部门协商将开关与 DCT 过流保护整定值分别设定为 120A 与 140A 后，上述故障消失。因此，中低压直流配电网调试运行中开关与直流变压器的过流保护定值整定应综合考虑控制环节带来的功率波动问题。